高等职业教育机电类专业"十三五"规划教材

单片机应用技术项目教程
（C 语言版）

赵俊生　仇士玉　徐大诏　主编

徐建国　刘映群　施卫民　张英光　轩建举　副主编

唐义锋　主审

U0316706

中国铁道出版社

CHINA RAILWAY PUBLISHING HOUSE

内 容 简 介

本书根据高等职业教育机电类专业"单片机应用技术项目教程（C语言版）"课程的教学要求编写而成。本书借鉴 CDIO 工程教育理念，采用"项目驱动"的编写思路，紧密结合单片机应用实际情况，以实训项目为主线，理论联系实际，充分体现了高等职业教育的应用特色和能力本位，突出了人才应用能力的创新素质的培养。从技术和工程应用的角度出发，为适应不同层次不同专业的需要，全书共设计 10 个项目，主要介绍单片机开发系统、单片机并行端口的应用、定时器/计数器、中断系统、串行通信技术、接口技术，以及单片机应用系统设计方法等内容。从教学做角度设计了近 50 个技能训练以达到"理论学习与技能训练相结合"的教学目的。本书以实例的形式系统地介绍了单片机技术基础知识和技能实训内容，突出了工程实践能力的培养，可用于学生的理论学习与实训操作、课程设计与毕业设计。

本书适合作为高等职业教育工业电气技术、工业电气自动化、应用电子技术、信息工程技术、机电一体化应用技术、机械自动化等相关专业单片机技术课程的教材，也可作为广大工程技术人员短期培训的教材和学习参考用书。

图书在版编目（CIP）数据

单片机应用技术项目教程:C 语言版/赵俊生，
仇士玉,徐大诏主编 . —北京:中国铁道出版社,2016.7
高等职业教育机电类专业"十三五"规划教材
ISBN 978-7-113-21939-0

Ⅰ. ①单… Ⅱ. ①赵… ②仇… ③徐… Ⅲ. ①单片微
型计算机—C 语言—程序设计—高等职业教育—教材
Ⅳ. ①TP368.1②TP312

中国版本图书馆 CIP 数据核字（2016）第 135079 号

书　　名:单片机应用技术项目教程（C 语言版）
作　　者:赵俊生　仇士玉　徐大诏　主编

策　　划:何红艳　　　　　　　　　　读者热线:(010)63550836
责任编辑:何红艳
编辑助理:绳　超
封面设计:付　巍
封面制作:白　雪
责任校对:汤淑梅
责任印制:郭向伟

出版发行:中国铁道出版社(100054,北京市西城区右安门西街 8 号)
网　　址:http://www.51eds.com
印　　刷:北京尚品荣华印刷有限公司
版　　次:2016 年 7 月第 1 版　　2016 年 7 月第 1 次印刷
开　　本:787 mm×1 092 mm　1/16　印张:17.5　字数:414 千
印　　数:1~2 000 册
书　　号:ISBN 978-7-113-21939-0
定　　价:42.00 元

为了适应社会经济和科学技术的迅速发展及职业教育教学改革的需要，根据"以就业为导向"的原则，注重以先进的科学发展观调整和组织教学内容，增强认知结构与能力结构的有机结合，强调培养对象对职业岗位（群）的适应程度，经过广泛调研，在江苏淮安和无锡两地分别召开全国高等职业教育电子信息类专业课程体系及教材建设方案研讨会，组织编写了对电子信息类教材的整体优化、力图有所突破、有所创新的教材《单片机应用技术项目教程（C 语言版）》。

本书主要特色如下：

（1）借鉴 CDIO 工程教育理念，采用"项目驱动"的编写思路，突出技能培养在课程中的主体地位。本书以解决实际项目的思路和方法为编写主线，贯穿多个知识点，使理论从属于技能培养。教会学生如何完成实训项目，关注学生能做什么，不知道什么，知识、技能的学习结合实训项目的完成过程来进行。在内容的选取方面，将理论和实训合二为一，以"必需"与"够用"为度，将知识点做了较为精密的整合，内容深入浅出，通俗易懂。既有利于教，又有利于学。

（2）与职业岗位标准密切接轨，已获得行业协会认可，作为认证教材，具有独特的"双证书"特色。

（3）既适合教学，又符合企业实际工作需要。注重采用企业真实项目，贴近企业岗位实际需求。本书在拉近单片机教学与职业岗位需求距离的同时，兼顾知识的系统性和完整性。

（4）在结构的组织方面大胆打破常规，以实训项目为教学主线，通过设计不同的实训项目，将知识点和技能训练融于各个项目之中。各个项目按照知识点与技能要求循序渐进编排，突出技能的提高，努力符合职业教育"工学结合"的特点，达到真正符合职业教育的特色。学生学习这些项目后可以实现零距离上岗。

（5）全新的仿真教学模式（采用 C 语言编程）。本书打破了传统教材原有界限，与职业岗位基本技能融合在一起，引入 Proteus 仿真软件（本书中部分电路图为仿真软件制图，其图形符号与国家标准符号不符，二者对照关系详见附录 A），采用 C 语言编程，将学生从单片机复杂的硬件结构中解放出来，侧重高职高专学生单片机技术与 C 语言应用技能和动手能力的培养，实现了在计算机上完成单片机电路设计，软件设计、调试与仿真；真正实现了从概念到产品的完整设计，使学生理解和掌握从概念到产品的完整过程。

本书由赵俊生、仇士玉、徐大诏任主编，徐建国、刘映群、施卫民、张英光、轩建举任副主编。具体分工如下：江苏财经职业技术学院赵俊生编写项目 7 和项目 9；江苏财经职业技术学院徐大诏和广东岭南职业技术学院刘映群编写项目 1 和项目 2；淮安市高级职业技术学校仇士玉编写项目 3 和项目 10；炎黄职业技术学院徐建国编写项目 4、项目 5 和项目 8；炎黄职业技术学院张英光、施卫民和许昌电气职业学院轩建举编写项目 6。全书由赵俊生统稿，江苏财经职业技术学院唐义锋主审。

本书在编写过程中得到了江苏财经职业技术学院、淮安市高级职业技术学校和炎黄职业技术学院领导的关心与帮助，亦得到了中国铁道出版社的大力支持，在此一并表示衷心感谢。此外，还要感谢书后所附参考文献的各位作者。

由于时间仓促，加之编者水平有限，书中难免有疏漏和不妥之处，恳请广大读者批评指正。

编　者
2016 年 4 月

项目 **1** 单片机基础知识及 LED 控制与实现

 学习目标

(1)了解单片机的概念、特点、发展及应用范围。
(2)能完成单片机最小系统和输出电路的设计。
(3)掌握常用的进位计数制及各种数制的转换方法。
(4)掌握原码、补码、反码的表示方法及其相互转换。
(5)掌握 8421BCD 码和 ASCII 码的表示方法。
(6)能应用 C 语言程序完成单片机输入/输出控制,实现对 LED(发光二极管)控制的设计、运行及调试。

项目描述

使用 AT89S52 单片机,其 P1.0 引脚接 LED 的阴极,通过 C 语言程序控制,从 P1.0 引脚输出低电平,使 LED 点亮。

知识链接

一、单片机技术应用系统认识

(一)单片机概述

1. 用 Proteus 设计第一个 LED 控制电路

Proteus 是英国 Labcenter Electronics 公司开发的多功能 EDA(电子设计自动化)软件。Proteus 不仅是模拟电路、数字电路、模/数混合电路的设计与仿真平台,也是目前较先进的单片机和嵌入式系统的设计与仿真平台。它实现了在计算机上完成从原理图与电路设计、电路分析与仿真、单片机代码级调试与仿真、系统测试与功能验证到形成 PCB(印制电路板)的完整的电子设计、研发过程。

按照项目描述要求,点亮一个 LED 的电路由 AT89S52 单片机和一个 LED 构成。AT89S52 单片机是美国 Atmel 公司生产的低电压、高性能 8 位单片机,具有丰富的内部资源。使用 AT89S52 单片机无须外部存储器。

LED 加正向电压发光,反之不发光。一般接法是阳极接高电平,阴极接单片机的某一输出口线,当该输出口线为低电平时,LED 点亮;当输出口线为高电平时,LED 熄灭。这样只要编程控制单片机该输出口,就可控制 LED 亮或灭。

在本项目描述中,LED 的阳极通过 220 Ω 限流电阻器后连接到 5 V 电源上,限流电阻器

在这里起到了限流作用,使通过 LED 的电流被限制在十几毫安左右。P1.0 引脚接 LED 阴极,P1.0 引脚输出低电平时对应的 LED 点亮,输出高电平时对应的 LED 熄灭。LED 点亮电路的设计将在项目实施中详细介绍。

2. 单片机的概念

单片微型计算机简称单片机,是典型的嵌入式微控制器(Microcontroller Unit),常用英文字母缩写 MCU 表示单片机。单片机又称单片微控制器,它是将计算机的主要部件(CPU、RAM、ROM、定时器/计数器、输入/输出接口电路等)集成在一块大规模的集成电路中,形成芯片级的微型计算机。它不是完成某一个逻辑功能的芯片,而是把一个计算机系统集成到一个芯片上,和计算机相比,单片机缺少了外围设备等。概括地讲,一个芯片就成了一台计算机。自单片机问世以来,就在控制领域得到广泛应用,特别是近年来,许多功能电路都被集成在单片机内部,如 A/D(模/数)、D/A(数/模)、PWM(脉冲宽度调制)、WDT(把关定时器,俗称"看门狗")、I^2C 总线接口等,极大地提高了单片机的测量和控制能力。现在所说的单片机已突破了微型计算机(Microcomputer)的传统内容,更准确的名称应为微控制器(Microcontroller),虽然仍称其为单片机,但应把它认为是一个单片形态的微控制器。

(二) 单片机的历史及发展概况

根据单片机发展过程中各个阶段的特点,其发展历史大概可划分为以下 4 个阶段:

第一阶段(1974 年起):单片机的初级阶段。因工艺限制,单片机采用双片的形式,而且功能简单。

第二阶段(1976 年起):低性能单片机阶段。以 Intel 公司制造的 MCS 48 系列单片机为代表。

第三阶段(1978 年起):高性能单片机阶段。这个阶段推出的单片机普遍带有串行 I/O口、多级中断处理系统、16 位定时器/计数器,片内 ROM、RAM 容量加大,且寻址范围可达64 KB,有的还内置有 A/D 转换器。这类单片机的代表是 Intel 公司的 MCS – 51 系列,Motorola 公司的 6805 和 Zilog 公司的 Z8 等。

第四阶段(1983 年至今):8 位单片机的巩固发展以及 16 位单片机、32 位单片机推出阶段。此阶段的主要特征是一方面发展 16 位单片机、32 位单片机及专用型单片机;另一方面不断完善高档 8 位单片机,改善其结构,以满足不同用户的需要。16 位单片机的典型产品如 Intel 公司生产的 MCS-96 系列单片机。而 32 位单片机除了具有更高的集成度外,其振荡频率已达 20 MHz 或更高,这使 32 位单片机的数据处理速度比 16 位单片机快许多,性能与 8位、16 位单片机相比,具有更大的优越性。

计算机厂家已投放市场的产品就有 70 多个系列,500 多个品种。单片机的产品已占整个微机(包括一般的微处理器)产品的 80% 以上,其中 8 位单片机的产量又占整个单片机产量的 60% 以上,因此可以看出,8 位单片机在最近若干年里,在工业检测、控制应用上将继续占有一定的市场份额。

(三) 单片机的特点及应用领域

单片机已渗透到人们生活的各个领域,几乎很难找到哪个领域没有单片机的踪迹。导弹的导航装置,飞机上各种仪表的控制,计算机的网络通信与数据传输,工业自动化过程的实时控制和数据处理,广泛使用的各种智能 IC 卡,民用豪华轿车的安全保障系统,录像机、摄像机、全自动洗衣机的控制,以及程控玩具、电子宠物等,这些都离不开单片机。更不用说自动控制领域的机器人、智能仪表、医疗器械以及各种智能机械了。因此,单片机的学习、开发与应用将造就一批计算机应用与智能化控制的科学家、工程师。

1. 单片机的特点

(1)小巧灵活、成本低、易于产品化。能组装成各种智能式测控设备及智能仪器仪表。

(2)可靠性好,应用范围广。单片机芯片本身是按工业测控环境要求设计的,抗干扰性强,能适应各种恶劣的环境,这是其他机种无法比拟的。

(3)易扩展,很容易构成各种规模的应用系统,控制功能强。单片机的逻辑控制功能很强,指令系统有各种控制功能指令,可以对逻辑功能比较复杂的系统进行控制。

(4)具有通信功能,可以很方便地实现多机和分布式控制,形成控制网络和远程控制。

2. 单片机的应用领域

(1)工业控制:单片机具有体积小、控制功能强、功耗低、环境适应能力强、扩展灵活和使用方便等优点。用单片机可以构成形式多样的控制系统、数据采集系统、通信系统、信号检测系统、无线传感系统、测控系统、机器人等应用控制系统。例如,工厂流水线的智能化管理、电梯智能化控制、各种报警系统,与计算机联网构成二级控制系统等。

(2)智能仪器仪表:广泛应用于仪器仪表中,结合不同类型的传感器,可实现诸如电压、电流、功率、频率、湿度、温度、流量、速度、厚度、角度、长度、硬度、元素、压力等物理量的测量。采用单片机控制使得仪器仪表数字化、智能化、微型化,且功能比起采用电子或数字电路更加强大。例如,精密的测量设备(电压表、功率计、示波器、各种分析仪)。

(3)网络和通信:现代的单片机普遍具备通信接口,可以很方便地与计算机进行数据通信,为在计算机网络和通信设备间的应用提供了极好的物质条件,通信设备基本上都实现了单片机智能控制,从手机、电话机、小型程控交换机、楼宇自动通信呼叫系统、列车无线通信,到日常工作中随处可见的移动电话、集群移动通信、无线电对讲机等。

(4)家用电器:家用电器广泛采用了单片机控制,从电饭煲、洗衣机、电冰箱、空调机、彩电、其他音响视频器材,到电子秤量设备和白色家电等。

(5)导弹与控制:导弹控制、鱼雷制导控制、智能武器装备、飞机导航系统等都有单片机的应用。

(6)汽车电子产品:单片机在汽车电子产品中的应用非常广泛,例如汽车中的发动机控制器、基于 CAN 总线的汽车发动机智能电子控制器、GPS 导航系统、ABS 防抱死系统、制动系统、胎压检测等都有单片机的应用。

此外,单片机在工商、金融、科研、教育、电力、通信、物流和国防航空航天等领域都有着十分广泛的用途。

(四)单片机的分类

1. 按厂家分类

(1)美国的英特尔(Intel)公司、摩托罗拉(Motorola)公司、国家半导体(NS)公司、爱特梅尔（Atmel）公司、微芯（Microchip）公司、罗克韦尔（Rockwell）公司、齐格洛（Zilog）公司、仙童（Fairchid）公司、得州仪器（TI）公司等。

（2）日本的东芝（Toshiba）公司、富士通（Fujitsu）公司、松下（Panasonic）公司、日立（Hitachi）公司、日电（NEC）公司、夏普（Sharp）公司等。

（3）荷兰的飞利浦（Philips）公司、德国的西门子（Siemens）公司、韩国现代（Hyundai）公司、中国台湾省的华邦（Winbond）公司等。

2. 按字长分类

字长是CPU的主要技术指标之一，指的是CPU一次能并行处理的二进制位数。

（1）4位单片机：4位单片机的控制功能较弱，CPU一次只能处理4位二进制数。这类单片机常用于计算器、各种形态的智能单元以及作为家用电器中的控制器。典型产品有NEC公司的UPD75××系列、NS公司的COP400系列、Panasonic公司的MN1400系列、Rockwell公司的PPS/1系列、Fujitsu公司的MB88系列、Sharp公司的SM××系列、Toshiba公司的TMP47×××系列等。

（2）8位单片机：8位单片机的控制功能较强，品种最为齐全，由于其片内资源丰富和功能强大，主要在工业控制、智能仪表、家用电器和办公自动化系统中应用。代表产品有Intel公司的MCS-48系列和MCS-51系列、Microchip公司的PIC16C××系列和PIC17C××系列以及PIC1400系列、Motorola公司的M68HC05系列和M68HC11系列、Zilog公司的Z8系列、Philips公司的80C51系列（与MCS-51兼容）、Atmel公司的AT89系列（与MCS-51兼容）、NEC公司的UPD78××系列等。

①51系列单片机：8031/8051/8751是Intel公司早期的产品。应用早，影响大，已成为世界上的工业标准。后来很多芯片厂商以各种方式与Intel公司合作，也推出了同类型的单片机，如同一种单片机的多个版本一样，虽都在不断地改变制造工艺，但内核却一样，也就是说这类单片机指令系统完全兼容，绝大多数引脚也兼容；在使用上基本可以直接互换。一般统称这些与8051内核相同的单片机为"51系列单片机"。51系列单片机目前已有多种型号，市场上目前供货比较足的芯片主要有Atmel的51芯片、52芯片，Hyundai的GMS97系列，Winbond的78e52、78e58、77e58等。

②PIC系列单片机：由美国Microchip公司推出的PIC单片机系列产品，首先采用了RISC（Reduced Instruction Set Computer，精简指令集计算机）结构的嵌入式微控制器，其高速度、低电压、低功耗、大电流LCD驱动能力和低价位一次性可编程（OTP）技术等都体现出单片机产业的新趋势。

③AVR系列单片机：AVR系列单片机是1997年由Atmel公司研发出的增强型内置Flash的RISC高速8位单片机。AVR系列单片机可以广泛应用于计算机外围设备、工业实时控制、仪器仪表、通信设备、家用电器等各个领域。

（3）16位单片机：CPU是16位的，运算速度普遍高于8位机，有的单片机的寻址能力高达1MB，片内含有A/D和D/A转换电路，支持高级语言。这类单片机主要用于过程控制、智能仪表、家用电器以及作为计算机外围设备的控制器等。典型产品有Intel公司的MCS-96/98系列、Motorola公司的M68HC16系列、NS公司的783××系列、TI公司的MSP430系列等。

（4）32位单片机：32位单片机的字长为32位，是单片机的顶级产品，具有极高的运算速度。代表产品有 Intel 公司的 MCS-80960 系列、Motorola 公司的 M68300 系列、Hitachi 公司的 Super H(简称 SH)系列等。

3. 按制造工艺分类

(1)HMOS 工艺:高密度短沟道 MOS 工艺,具有高速度、高密度的特点。

(2)CHMOS(或 HCMOS)工艺:互补的金属氧化物的 HMOS 工艺,是 CMOS 和 HMOS 的结合,具有高密度、高速度、低功耗的特点。Intel 公司产品型号中若带有字母"C",Motorola 公司产品型号中若带有字母"HC"或"L",通常为 CHMOS 工艺。

二、单片机应用系统的开发过程

单片机应用系统指以单片机(MCU)为核心,配以一定的外围电路和软件,能实现某种或几种功能的应用系统。单片机应用系统的开发由以下几部分组成:①硬件设计;②软件设计;③硬件、软件的抗干扰设计;④电子工艺设计;⑤调试方案设计。

(一)单片机应用系统设计过程

1. 设计前的准备工作

(1)可行性调研:分析现有参考资料,从理论上、实际条件上分析具备的立项条件。

(2)系统总体方案设计:下达项目任务书及技术指标,确定系统软硬件完成功能和方法,反复推敲设计,完善总体方案设计。

2. 应用系统的硬件设计

(1)单片机选择设计:速度、功耗、端口数量、功能的选择设计。

(2)单片机系统扩展部分设计:I/O 端口、RAM、ROM 扩展部分设计。

(3)应用功能模块设计:采集、测量、控制、通信等模块设计。

3. 应用系统的软件设计

(1)功能软件:完成各种实质性功能的程序,如测量、计算、打印、显示等。

(2)应用软件:协调功能软件与应用的关系(主程序)。

4. 电子工艺设计

完成对系统整体结构、面板设计和电路板设计等,确保产品可靠性和电磁兼容性。

5. 调试方案设计

完成对系统功能、技术指标调试时所用到的调试技术、方法、数据、自检辅助电路设计。

(二) 单片机应用系统的传统开发方式——在线仿真技术

一个单片机应用系统经过调研、总体设计、硬件设计、软件设计、制板、元件安装,以及在系统的程序存储器中放入编制好的应用程序,系统即可运行。但一次性成功几乎是不可能的,需要通过调试来发现错误并加以改正。为了能调试程序,检查硬件、软件运行状态,就要借助某种开发工具模拟用户实际的单片机,并能随时观察运行的中间过程而不改变运行中原有的数据、性能和结果,从而进行模仿现场的真实调试。完成这一在线仿真工作的开发工具是单片机在线仿真器,如图 1-1 所示。之所以称为仿真器,是因为它们经常用来模拟嵌入式系统中的中央处理器。通常来说,它通过一个插头插在一个与 CPU 一样的底座上。由于是模拟主处理器,仿真器可以在程序员的控制下做任何处理器可以做的操作。

单片机在线仿真器必须具有以下基本功能:

(1)能输入和修改用户的应用程序。

(2)能对用户系统硬件电路进行检查与诊断。

(3)能将用户源程序编译成目标码并固化到 EPROM 中。

(4)能以单步、断点、连续方式运行用户程序,正确反映用户程序执行的中间结果。

(5)不占用户单片机资源和 RAM 空间。

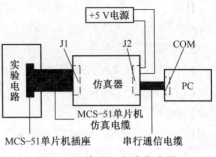

图 1-1　单片机在线仿真器

(三) 单片机应用系统的新开发方式——在线编程技术

随着电子技术的日益发展,芯片的规模越来越大,封装日趋小型化,相应地对系统板级调试的困难也在加大。在传统的调试方式中,频繁调试和更换程序需要频繁地插拔芯片,开发效率极低。随着单片机技术的发展,出现了可以在线编程的单片机。这种在线编程目前有两种实现方法:在系统编程(ISP)和在应用编程(IAP)。

ISP 技术一般是通过单片机专用的串行编程接口对单片机内部的 Flash 存储器进行编程。

IAP 技术是从结构上将 Flash 存储器映射为两个存储体,当运行一个存储体上的用户程序时,可对另一个存储体重新编程,之后将控制从一个存储体转向另一个存储体。ISP 的实现一般需要很少的外部电路辅助实现,而 IAP 的实现更加灵活,通常可利用单片机的串行接口接到计算机的 RS-232 口,通过专门设计的固件程序来编程内部存储器。例如,Atmel 公司的单片机 AT89S8252 就提供了一个 SPI 串行接口对内部程序存储器编程,而 SST 公司的单片机 SST89C54 内部包含两块独立的存储区,通过预先编程在其中一块存储区中的程序就可以通过串行接口与计算机相连,使用 PC 上专用的用户界面程序直接下载程序代码到单片机的另一块存储区中。

ISP 和 IAP 为单片机的实验和开发带来了很大的方便和灵活性,也为广大单片机爱好者带来了福音。利用 ISP 和 IAP,不需要编程器就可以进行单片机的实验和开发,单片机芯片可以直接焊接到电路板上,调试结束即成成品,甚至可以远程在线升级或改变单片机中的程序。

三、逻辑数据的表示

单片机作为微型计算机的一个分支,其基本功能就是对数据进行大量的算术运算和逻辑操作,但是它只能识别二进制数。对于接下来研究的 8 位单片机,数的存在方式主要有位(bit)、字节(byte,B)和字(word)。

1. 位

所谓"位"就是 1 位二进制数,是单片机内部数据处理的最小单位,即"1"或"0",用来表示信息的两种不同状态。例如,开关的"通"和"断"、电平的"高"和"低"等。

2. 字节

字节是计算机中表示存储容量的最常用的基本单位。规定 1 字节由 8 个二进制位构成，即 1 字节等于 8 比特(1 B = 8 bit)，既可以表示实际的数，也可以表示多个状态的组合信息。8 位单片机处理的数据绝大部分都是 8 位二进制数，也就是以字节为单位的，单片机执行的程序也以字节形式存放在存储器中。

字节是一个比较小的单位，常用的还有 KB 和 MB 等。

$$1 \text{ KB} = 1\ 024 \text{ B}$$
$$1 \text{ MB} = 1\ 024 \text{ KB} = 1\ 024 \times 1\ 024 \text{ B}$$

3. 字与字长

2 字节组成 1 个字，即 16 位二进制数。它代表计算机处理指令或数据的二进制数位数，是计算机进行数据存储和数据处理的运算单位。通常称 16 位是 1 个字，32 位是 1 个双字，64 位是 2 个双字。

字长：字的位数称为字长。不同档次的机器有不同的字长。例如，一台 8 位机，它的 1 个字就等于 1 字节，字长为 8 位；一台 16 位机，它的 1 个字就等于 2 字节，字长为 16 位。

四、单片机中数制的表示方法

了解十进制数、二进制数、十六进制数之间的关系和运算方法，是学习单片机的基础。

(一) 十进制数、二进制数、十六进制数

1. 十进制数(Decimal)

十进制数的主要特点：基数为 10，由 0、1、2、3、4、5、6、7、8、9 十个数码构成。进位规则是"逢十进一"。

所谓基数是指计数制中所用到的数码个数，如十进制数共有 0~9 十个数码，所以基数是 10。当某一位数计满基数时就向它邻近的高位进一，十进制数的进位规则是"逢十进一"。十进制数一般在数的后面加符号 D 表示，D 可以省略。任何一个十进制数都可以展开成幂级数形式。例如：

$$123.45 \text{ D} = 1 \times 10^2 + 2 \times 10^1 + 3 \times 10^0 + 4 \times 10^{-1} + 5 \times 10^{-2}$$

其中，10^2、10^1、10^0、10^{-1}、10^{-2} 为十进制数各数位的权。

2. 二进制数(Binary)

二进制数的主要特点：基数为 2，由 0、1 两个数码构成。进位规则是"逢二进一"。

二进制数一般在数的后面加符号 B 表示，B 不可省略。二进制数也可以展开成幂级数形式。例如：

$$1011.01 \text{ B} = 1 \times 2^3 + 0 \times 2^2 + 1 \times 2^1 + 1 \times 2^0 + 0 \times 2^{-1} + 1 \times 2^{-2} = 11.25 \text{ D}$$

其中，2^3、2^2、2^1、2^0、2^{-1}、2^{-2} 为二进制数各数位的权。

3. 十六进制数(Hexadecimal)

十六进制数的主要特点：基数为 16，由 0、1、2、3、4、5、6、7、8、9、A、B、C、D、E、F 十六个数码构成，其中 A、B、C、D、E、F 分别代表十进制数的 10、11、12、13、14、15。进位规则是"逢十六进一"。

十六进制数一般在数的后面加符号 H 表示，H 不可省略。十六进制数也可以展开成幂级数形式。例如：

$$123.45 \text{ H} = 1 \times 16^2 + 2 \times 16^1 + 3 \times 16^0 + 4 \times 16^{-1} + 5 \times 16^{-2} = 291.269\ 531\ 25 \text{ D}$$

其中，16^2、16^1、16^0、16^{-1}、16^{-2} 为十六进制数各数位的权。

十六进制数与二进制数相比，大大缩短了数的位数，一个 4 位的二进制数只需要 1 位十六进制数表示，计算机中普遍用十六进制数表示。表 1-1 为十进制数、二进制数、十六进制数的对应关系。

表 1-1 十进制数、二进制数、十六进制数的对应关系

十进制数	十六进制数	二进制数	十进制数	十六进制数	二进制数
0	0 H	0000 B	8	8 H	1000 B
1	1 H	0001 B	9	9 H	1001 B
2	2 H	0010 B	10	A H	1010 B
3	3 H	0011 B	11	B H	1011 B
4	4 H	0100 B	12	C H	1100 B
5	5 H	0101 B	13	D H	1101 B
6	6 H	0110 B	14	E H	1110 B
7	7 H	0111 B	15	F H	1111 B

（二）数制转换

1. 二进制数与十六进制数的转换

（1）二进制数转换为十六进制数。采用 4 位二进制数合成为 1 位十六进制数的方法，以小数点为界分成左侧整数部分和右侧小数部分。整数部分从小数点开始，向左每 4 位二进制数一组，不足 4 位在数的前面补 0；小数部分从小数点开始，向右每 4 位二进制数一组，不足 4 位在数的后面补 0，然后每组用十六进制数码表示，并按序相连即可。

【例 1.1】 把 111010.011110 B 转换为十六进制数。

解：
$$\underset{3}{0011}\ \underset{A}{1010}\ .\ \underset{7}{0111}\ \underset{8}{1000}\ \text{B} = 3\text{A}.78 \text{ H}$$

（2）十六进制数转换为二进制数。将十六进制数的每位分别用 4 位二进制数码表示，然后它们按序连在一起即为对应的二进制数。

【例 1.2】 把 2BD4 H 和 20.5 H 转换为二进制数

解： 　　　　　2BD4 H = 0010 1011 1101 0100 B

　　　　　　　20.5 H = 0010 0000.0101 B

2. 二进制数与十进制数的转换

（1）二进制数转换为十进制数。将二进制数按权展开后求和即得到相应的十进制数。

【例 1.3】 把 1001.01 B 转换为十进制数。

解： 　　1001.01 B $= 1 \times 2^3 + 0 \times 2^2 + 0 \times 2^1 + 1 \times 2^0 + 0 \times 2^{-1} + 1 \times 2^{-2} = 9.25$

（2）十进制数转换为二进制数。十进制数转换为二进制数一般分为两步，即将整数部分

和小数部分分别转换成二进制数的整数部分和小数部分。

整数部分转换通常采用"除 2 取余法"即用 2 连续去除十进制数,每次把余数单独写出,直到商为 0,依次记下每次除的余数,然后按先得到的余数为最低位,最后得到的余数为最高位的次序依次排列,就得到转换后的二进制数。

【例 1.4】　将十进制数 47 转换为二进制数。

解：

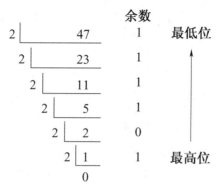

则 47 = 101111 B。

小数部分转换通常采用"乘 2 取整法",即依次用 2 乘小数部分,记下每次得到的整数,直到积的小数为 0,最先得到的整数为小数的最高位,最后得到的整数为小数的最低位。积的小数有可能连续乘 2 达不到 0,这时转换出的二进制小数为无穷小数,可根据精度要求保留适当的有效位数即可。

【例 1.5】　将十进制数 0.8125 转换为二进制数。

解：

```
        0.8125
      ×      2        整数
      ──────────
        1.6250        1        最高位
        0.6250
      ×      2
      ──────────
        1.2500        1
        0.2500
      ×      2
      ──────────
        0.5000        0
      ×      2
      ──────────
        1.0000        1        最低位
```

则 0.8125 = 0.1101 B。

3. 十六进制数与十进制数的转换

(1)十六进制数转换为十进制数。将十六进制数按权展开后求和即得到十进制数。

【例 1.6】　将十六进制数 3DF2 H 转换为十进制数。

解：　　　　　　$3DF2\ H = 3×16^3+13×16^2+15×16^1+2×16^0 = 15\ 858$

(2)十进制数转换成十六进制数。十进制数转换为十六进制数的方法与十进制数转换为二进制数的方法相似,整数部分和小数部分分别转换。整数部分采用"除 16 取余法",小数部分采用"乘16取整法"。

【**例1.7**】 将十进制数47转换成十六进制数。将十进制数0.480 468 75转换成十六进制数。

解：

$$
\begin{array}{r|l}
16 & 47 \\
16 & 2 \\
& 0
\end{array}
\qquad
\begin{array}{l}
\text{余数} \\
15(F)\,H \\
2
\end{array}
\qquad
\begin{array}{l}
\text{低位}\;\uparrow \\
\text{高位}
\end{array}
$$

则 47 = 2F H。

$$
\begin{array}{r}
0.48046875 \\
\times \quad\quad 16 \\
\hline
7.68750000 \\
0.68750000 \\
\times \quad\quad 16 \\
\hline
11.00000000
\end{array}
\qquad
\begin{array}{l}
\text{整数} \\
7 \\
\\
\\
11(B)H
\end{array}
\qquad
\begin{array}{l}
\text{高位} \\
\\
\downarrow \\
\text{低位}
\end{array}
$$

则 0.48046875 = 0.7B H。

从例1-7可以看出十进制数转换为二进制数的步骤较多，而十进制数转换为十六进制数的步数较少，以后将十进制数转换为二进制数，可先将其转换为十六进制数，再由十六进制数转换为二进制数，可以减少许多计算步骤。例如：

$$47 = 2F\,H = 101111\,B$$

(三) 二进制数的运算

二进制数的运算比较简单，包括算术运算和逻辑运算，这里简要介绍一下算术运算，逻辑运算将结合单片机的逻辑运算指令在项目3中进行介绍。

1. 加法运算

运算规则：$0 + 0 = 0$, $0 + 1 = 1 + 0 = 1$, $1 + 1 = 10$(向高位进位)。

例如：

$$
\begin{array}{r}
01101010\;B \\
+\,00111011\;B \\
\hline
10100101\;B
\end{array}
$$

2. 减法运算

运算规则：$0-0 = 0$, $1-0 = 1$, $1-1 = 0$, $0-1 = 1$(向高位借位)。

例如：

$$
\begin{array}{r}
10110101\;B \\
-\,01001101\;B \\
\hline
01101000\;B
\end{array}
$$

3. 乘法运算

运算规则：$0\times0 = 0$, $0\times1 = 1\times0 = 0$, $1\times1 = 1$。

两个二进制数的乘法运算与十进制数乘法类似，用乘法的每一位分别去乘被乘数的每一位，所得结果的最低位与相应乘数位对齐，最后把所得结果相应相加，就得到两个数的积。

【例 1.8】 求 1010 B×1001 B 的积。

解：

$$
\begin{array}{r}
1010\ \text{B} \qquad \text{被乘数}\\
\times 1001\ \text{B} \qquad \text{乘数}\\
\hline
1010 \qquad\quad\\
0000 \qquad\quad\\
0000 \qquad\quad\\
1010 \qquad\quad\\
\hline
1011010\ \text{B} \qquad \text{积}
\end{array}
$$

则 1010 B×1001 B = 1011010 B。

由例 1.8 可知，二进制数的乘法运算实质上是由"加"（加被乘数）和"移位"（对齐乘数位）两种操作实现的。

4. 除法运算

除法运算是乘法运算的逆运算。与十进制数类似，从被除数的最高位开始取出除数相同的位数，减去除数，够减商记为 1，不够减商记为 0，然后将被除数的下一位移到余数上，重复前面的减除数操作，直到被除数的位数都下移为止。

【例 1.9】 求 11001011 B÷110 B 的值。

解：

$$
\begin{array}{r}
100001\ \text{B} \qquad \text{商}\\
\text{除数}\ 110\ \text{B}\,\overline{)\,11001011\ \text{B}} \qquad \text{被除数}\\
110 \qquad\qquad\qquad\\
\hline
001011 \qquad\qquad\\
110 \qquad\qquad\\
\hline
101 \qquad \text{余数}
\end{array}
$$

则 11001011 B÷110 B = 100001 B，余数 101 B。

综上所述，二进制数的加、减、乘、除运算，可以归纳为加、减、移位 3 种操作。后文中所要讲述的单片机都有相应的操作指令。

（四）原码、反码、补码

前面已经提到，在 8 位单片机中，数是以字节为单位的，即以 8 位二进制数的形式存在，每字节存放数的范围为 0~255，这样的数又称无符号数。而现实中数是有符号的，单片机包括微型计算机表示符号数的方法：规定用最高位表示数的符号，并且规定 0 表示"+"，1 表示"−"。其余位为数值位，表示数的大小，8 位有符号数的结构如图 1-2 所示。

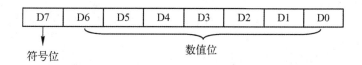

图 1-2 8 位有符号数的结构

例如，+1 表示为 00000001 B，−1 表示为 10000001 B，为区别实际的数和它在单片机中的表示形式，把数码化了的带符号位的数称为机器数，把实际的数称为机器数的真值。

00000001 B 和 10000001 B 为机器数,+1 和−1 分别为它们的真值。双字节数和多字节数有类似的结构,最高位为符号位,其余位为数值位。单片机中机器数的表示方法有 3 种形式:原码、反码和补码。

1. 原码(true form)

符号位用 0 表示"+",用 1 表示"−",数值位与该数绝对值一样,这种表示机器数的方法称为原码表示法。

正数的原码与原来的数相同,负数的原码符号位为 1,数值位与对应的正数数值位相同。

$[+1]_原 = 00000001\ B$,$[-1]_原 = 10000001\ B$,显然 8 位二进制数原码表示的范围为 $-127 \sim +127$。

0 的原码有两种表示方法:+0 和−0。$[+0]_原 = 00000000\ B$,$[-0]_原 = 10000000\ B$。

2. 反码(one's complement)

一个数的反码可以由它的原码求得,正数的反码与正数的原码相同,负数的反码符号位为 1,数值位为对应原码的数值位按位取反。例如:

$[+1]_反 = [+1]_原 = 00000001\ B$。

$[-1]_反 = 11111110\ B$。

$[+0]_反 = [+0]_原 = 00000000\ B$。

$[-0]_反 = 11111111\ B$。

8 位二进制数反码表示的范围为 $-127 \sim +127$。

3. 补码(two's complement)

补码的概念可以通过调钟表的例子来理解。假设现在钟表指示的时间是 4 点,而实际的时间是 6 点,现有两种方法来校正,一是顺时针拨 2 h,是加法运算,即 4 + 2 = 6;二是逆时针拨 10 h,是减法运算,但 4−10 不够减,由于钟表是 12 h 循环,该拨时的方法可由下式表示:12(模)+ 4−10 = 6,与顺时针拨时是一致的,数学上称为按模 12 的减法。可见 4 + 2 的加法运算和 4−10 按模 12 的减法是等价的。类似的还有按模的加法运算,两个数的和超过模,只保留超过的部分,模丢失。这里的 2 和 10 是互补的,数学上的关系为:$[X]_补 = 模+X$。

8 位二进制数满 256 向高位进位,256 自动丢失,因此 8 位二进制数模为 $2^8 = 256$。

一个数的补码可由该数的反码求得。正数的补码与正数的反码和原码一致,负数的补码等于该数的反码加 1。例如:

$[+1]_补 = [+1]_原 = [+1]_反 = 00000001\ B$。

$[-1]_补 = 11111111\ B$。

$[-0]_反 = 11111111\ B$,加 1 得 00000000 B,所以:

$[-0]_补 = 00000000\ B = [+0]_补$,0 的补码只有一种表示方法。

8 位二进制数补码的表示范围为 $-128 \sim +127$。8 位二进制数的原码、反码、补码的对应关系如表 1−2 所示。

表 1−2 8 位二进制数的原码、反码、补码的对应关系

二 进 制 数	原 码	反 码	补 码
00000000 B	+0	+0	0
00000001 B	+1	+1	+1

二 进 制 数	原　　码	反　　码	补　　码
00000010 B	+2	+2	+2
…	…	…	…
01111101 B	+125	+125	+125
01111110 B	+126	+126	+126
01111111 B	+127	+127	+127
10000000 B	−0	−127	−128
10000001 B	−1	−126	−127
10000010 B	−2	−125	−126
…	…	…	…
11111101 B	−125	−2	−3
11111110 B	−126	−1	−2
11111111 B	−127	−0	−1

单片机指令处理数据的运算都是对机器数进行运算。请注意观察下面的例子。

【例 1.10】　单片机处理 1−2 的过程。

解：

$$00000001 \text{ B}\quad(+1的补码)\qquad 00000001 \text{ B}\quad(+1的补码)$$
$$\underline{-00000001 \text{ B}\quad(+2的补码)}\qquad \underline{+11111110 \text{ B}\quad(-2的补码)}$$
$$11111111 \text{ B}\quad(-1的补码)\qquad 11111111 \text{ B}\quad(-1的补码)$$

从该例可以看出，对于加减运算，数据是用补码表示的，运算的结果也是用补码表示的数。单片机(微机)处理数据时，加减法用补码，乘除法用原码。

【例 1.11】　求−5 的补码，再将结果作为原码，求其补码。

解：

$$
\begin{array}{ll}
10000101 \text{ B} & (-5的原码) \\
11111010 \text{ B} & (-5的反码) \\
11111011 \text{ B} & (-5的补码)
\end{array}
\qquad
\begin{array}{ll}
11111011 \text{ B} & (原码) \\
10000100 \text{ B} & (反码) \\
10000101 \text{ B} & (补码)
\end{array}
$$

从该例可以看出，对于一个负数进行两次求补过程，又得到这个数本身，正数的原码和补码又是一致的，可以得出结论：原码和补码是互补的。相互转换的方法和步骤也是一样的。在进行四则运算时经常需要进行原码和补码的相互转换。

（五）8421BCD 码

单片机只能对二进制数进行运算处理，而人们习惯用十进制数，人和单片机交流时就需要经常进行二进制数和十进制数的转换，既浪费时间，也会影响单片机的运行速度和效率。为避免上述情况，计算机和单片机中常用 BCD 码（Binary Coded Decimal Code），用二进制数对每位的十进制数编码，数据形式为二进制数，但保留了十进制数的权，便于人们识别，BCD 码的种类很多，最常用的是 8421BCD 码，它用 4 位二进制数的十进制数的数码进行编码，

8421分别代表每位的权,用0000 B~1001 B分别代表十进制数的0~9,表1-3为它们的对应关系。

表1-3 BCD码与十进制数的对应关系

十 进 制 数	BCD 码	十 进 制 数	BCD 码
0	0000 B	5	0101 B
1	0001 B	6	0110 B
2	0010 B	7	0111 B
3	0011 B	8	1000 B
4	0100 B	9	1001 B

BCD码在书写时通常加方括号,并以BCD作为下标,例如:52D = $[0101\ 0010]_{BCD}$。MCS-51系列单片机中只有BCD码的加法运算,因此本书也只介绍BCD码的加法运算。

由于8421BCD码是用4位二进制数表示的,4位二进制数是"逢十六进一",而BCD码高位和低位之间是"逢十进一",单片机运算时把其作为二进制数处理。因此,两个BCD码相加时,当低4位向高4位进位,或高4位向更高位进位时,需要对该4位加六调整,高、低位出现非法码(即1010~1111)时,对应4位也要加六调整。

【例1.12】 BCD码 $X = 23, Y = 49,$ 求 $X + Y$。

解:

```
  0010 0011=23
+ 0100 1001=49
  ───────────
  0110 1100      低4位出现非法码
+      0110
  ───────────
  0111 0010=72
```

【例1.13】 BCD码 $X = 28, Y = 49,$ 求 $X + Y$。

解:

```
  0010 1000=28
+ 0100 1001=49
  ───────────
  0111 0001      低4位向高4位进位
+      0110
  ───────────
  0111 0111=77
```

(六) ASCII 码

在单片机中,除了要处理数字信息,在某些应用场合也需要处理一些字符信息,要对这些字符信息进行二进制编码后,单片机才能识别和处理。目前普遍采用 ASCII(American Standard Code for Information Interchange,美国信息交换标准代码)编码表,如表1-4所示。

ASCII码用7位二进制数,共128个字符,其中包括数码0~9,英文字母,标点符号和控制字符。数码"0"的编码为0110000 B,即30 H,字母A的编码为1000001 B,即41 H。

表 1-4　ASCII 编码表

b7b6b5 b4b3b2b1	000 B	001 B	010 B	011 B	100 B	101 B	110 B	111 B
0000 B	NUL	DLE	SP	0	@	P	'	p
0001 B	SOH	DC1	!	1	A	Q	a	q
0010 B	STX	DC2	"	2	B	R	b	r
0011 B	ETX	DC3	#	3	C	S	c	s
0100 B	EOT	DC4	$	4	D	T	d	t
0101 B	ENQ	NAK	%	5	E	U	e	u
0110 B	ACK	SYN	&	6	F	V	f	v
0111 B	BEL	ETB	'	7	G	W	g	w
1000 B	BS	CAN	(	8	H	X	h	x
1001 B	HT	EM	)	9	I	Y	i	y
1010 B	LF	SUB	*	:	J	Z	j	z
1011 B	VT	ESC	+	;	K	[	k	{
1100 B	FF	FS	,	<	L	\	l		
1101 B	CR	GS	−	=	M	]	m	}
1110 B	SO	RS	·	>	N	^	n	~
1111 B	SI	US	/	?	O	–	o	DEL

五、单片机应用系统入门的有效方法和基本条件

单片机是一门课程,因此,学习单片机与学习其他课程的基本方法是一样的。就是要加强理解、强化记忆,做到在理解的基础上记忆;单片机更是一门技术,学习它的最终目标是要用好它,要能用它来解决实际问题。因此,实践环节尤其重要,只有通过实践,才能展现单片机的价值、体会到单片机的精髓,激发起学好这门课程的动力。

1. 加强理解

理解是学习和记忆一切知识的前提。学习单片机尤其强调理解。许多学生学不好单片机,抱怨单片机的内容太难,其根本原因就是方法不对,还像中学阶段一样在死记硬背。为了做到理解,通常要完成以下 3 步:

(1)课前预习,便于理解。高职教育的一个突出特点就是学时压缩,所以老师讲课的进度可能比较快,而单片机课程本身又确实比较抽象,因此建议大家养成课前预习的好习惯。在预习中弄个半懂,听课的效率会提高几倍。

(2)课后复习,巩固理解。我们常有这样的体会:在课堂上感到挺明白的内容,课下时间一长就忘了。因此,课后必须及时巩固,加深理解。

(3)勤做练习,深入理解。高职院校的学生有个普遍特点:不愿意做练习题。可能大家认为,高职教育培养的是动手能力,做题是应试教育的事情。笔者认为,这种想法有些偏颇。高职教育培养的动手能力是建立在一定基础之上的,而多做题多动脑恰恰是形成思路、打好基础的一种重要手段。

2. 强化记忆

学习单片机,仅做到理解还不行,该记的内容一定要记。不记忆单片机的一些基本和必要的内容就谈不上应用。试想,一个连指令或语句格式都记不住的人,能编出程序吗?至少编不出好的程序。因此,我们强调的是理解基础上的记忆。在记忆时,首先要树立一定能够牢记以上内容的自信心,根据教学经验,高职学生不是记不住而是不相信自己能记住;其次是在理解的基础上记忆,并注意要将记忆的内容转化为空间形象。

3. 多练多实践

单片机是微型计算机的一个分支,因此它的学习方法必然带有计算机的一些特点。学过计算机、用过计算机的人都有体会:计算机是"玩"出来的。只学不练,用不好计算机,单片机也是一样。因此,要求大家一定要重视实践环节,多上机练习(如果有条件,应该把所有的作业拿到单片机系统上调出来)。那种满足于"上课能听懂,教材能看懂"的想法是要不得的。有些问题,别人讲半天,你也未必明白,拿到实验室一做自然就清楚了。有句话叫"百闻不如一见",我们说学习单片机是"百闻不如一练"。

项目实施

【技能训练】 单片机最小系统应用——开关控制 LED 点亮

实施步骤是通过程序使 P1.0 引脚输出低电平来点亮 LED 的。如果通过开关控制 LED 点亮,该如何实现呢?

1. 单片机最小系统应用

单片机最小系统只是单片机能满足工作的最低要求,它不能对外完成控制任务,实现人机对话。要进行人工对话还要一些输入/输出部件,用作控制时还要有执行部件。常见的输入部件有开关、按钮、键盘、鼠标等,输出部件有指示灯(LED)、数码管、显示器等,执行部件有继电器、电磁阀等。

2. 电路设计

开关控制 LED 点亮是 AT89S52 单片机的一种最简单的电路,它包括 3 部分:单片机最小系统、输入电路和输出电路。单片机最小系统由 AT89S52 单片机、晶振电路和加电复位电路构成,输入部件是开关 SW,输出部件是 LED,如图 1-3 所示。由于只使用内部程序存储器,AT89S52 的$\overline{EA}$端接电源正端。

3. 程序设计

(1)开关控制点亮 LED 分析。开关闭合:P1.0=0,LED 点亮;开关断开:P1.0=1,LED 熄灭。流程图如图 1-4 所示。

(2)编写开关控制 LED 点亮程序。具体程序如下:

```
#include <AT89S52.H>        //包含 AT89S52.H 头文件
Sbit  SW=P3.0;             //定义 SW 是 P3.0 位对应的引用符号
Sbit  LED=P1.0;            //定义 LED 是 P1.0 位对应的引用符号
Void  main (Void)
{
    While(1)
```

```
    }
    if(SW = 0)
        LED = 0;                    //开关闭合 SW = 0:P1.0 = 0,LED 点亮
    else
        LED = 1;                    //开关断开 SW = 1:P1.0 = 1,LED 熄灭
    }
}
```

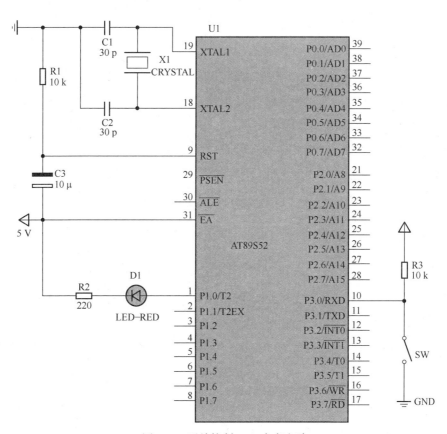

图 1-3　开关控制 LED 点亮电路

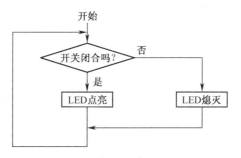

图 1-4　开关控制点亮 LED 流程图

1-1　简述单片机的发展历史及发展趋势。

1-2　简述单片机的主要应用领域。

1-3　单片机最小系统由哪几部分组成？现要求 LED 的阳极接在 P1.0 引脚上,请完成 LED 点亮电路及其 C 语言程序设计。

1-4　请完成开关控制 LED 闪烁快和慢两种效果的电路及其 C 语言程序设计。

1-5　求十进制数 120 所对应的二进制数、八进制数、十六进制数。

1-6　将二进制数 0101011.001 转化为八进制数、十进制数、十六进制数。

1-7　用十六进制表示下列二进制数:1010 0011B、1100 1110B、0011 1111B、1111 0001B。

1-8　将下列十进制数转换为二进制数:29、125、81、49。

1-9　将下列十六进制数转换为二进制数:35H、12H、F6H、ABH。

1-10　单片机内部采用什么数制工作？为什么？学习十六进制数的目的是什么？

1-11　什么是单片机？单片机主要应用于哪些领域？

1-12　用 BCD 码完成 15+51 的运算。

1-13　单片机有哪几个发展阶段,各有什么特点？

学习目标

(1)熟悉仿真软件 Proteus 的使用。

(2)熟悉 Keil C51 软件的使用。

(3)了解烧写器及其使用。

(4)掌握单片机 LED 的闪烁控制。

项目描述

本项目通过 P1.0 引脚接 LED(发光二极管)的阴极,通过程序控制,使 P1.0 引脚交替输出高电平和低电平,使 LED 闪烁。

知识链接

一、仿真软件 Proteus 的使用

仿真软件 Proteus 是英国 Labcenter electronics 公司出品的 EDA 工具软件。它不仅具有其他 EDA 工具软件的仿真功能,还能仿真单片机及外围器件。它是目前最好的仿真单片机及外围器件的工具。虽然目前国内推广刚起步,但已受到单片机爱好者、从事单片机教学的教师、致力于单片机开发应用的科技工作者的青睐。Proteus 是世界上著名的 EDA 工具(仿真软件),从原理图布图、代码调试到单片机与外围电路协同仿真,一键切换到 PCB(印制电路板)设计,真正实现了从概念到产品的完整设计。迄今为止是世界上唯一将电路仿真软件、PCB 设计软件和虚拟模型仿真软件三合一的设计平台。

仿真软件 Proteus 包括两个环境:ISIS 和 ARES。电路图设计是在 ISIS 中,ARES 用于 PCB 设计。Proteus ISIS 是基于 Windows 平台的电路分析与实物仿真软件,可以仿真、分析(SPICE)各种模拟器件和集成电路,该软件的特点如下:

(1)实现了单片机仿真和 SPICE 电路仿真相结合。具有模拟电路仿真、数字电路仿真、单片机及其外围电路组成的系统的仿真、RS-232 动态仿真、I^2C 调试器、SPI 调试器、键盘和 LCD 系统仿真的功能;有各种虚拟仪器,如示波器、逻辑分析仪、信号发生器等。

(2)支持主流单片机系统的仿真。目前支持的单片机类型有:68000 系列、8051 系列、AVR 系列、PIC12 系列、PIC16 系列、PIC18 系列、Z80 系列、HC11 系列以及各种外围芯片。

(3)提供软件调试功能。具有全速、单步、设置断点等调试功能,同时可以观察各个变量、寄存器等的当前状态;同时支持第三方的软件编译和调试环境,如 Keil C51 μVision2 等软件。

（4）具有强大的原理图绘制功能。

二、功能感受——Proteus 仿真单片机播放音乐

（1）安装 Proteus 仿真软件，打开配套光盘中的"仿真实例\PlayMusic"文件夹，双击"PlayMusic. DSN"彩色图标，弹出如图 2-1 所示的 Proteus 仿真原理图。

（2）单击仿真工具栏中的仿真启动按钮，系统就会启动仿真。如果计算机上接有音箱，就能听到优美的音乐。

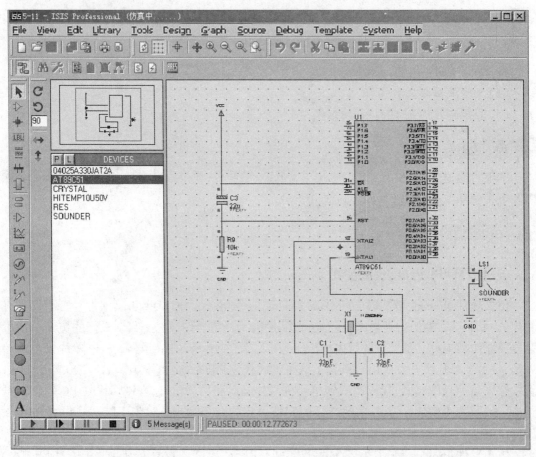

图 2-1　Proteus 仿真原理图

Proteus 仿真设计快速入门

1. Proteus 7 Professional 界面简介

安装完 Proteus 后，运行 Proteus 的 ISIS 模块，进入仿真软件的主界面，如图 2-2 所示。

如图 2-2 所示，区域①为主菜单及标准工具栏，区域②为预览窗口，区域③为对象选择器窗口，区域④为图形编辑窗口，区域⑤为绘图工具栏，区域⑥为元器件调整工具栏，区域⑦为运行工具条。下面简单介绍各部分的功能：

（1）图形编辑窗口：顾名思义，它是用来绘制原理图的。区域④为可编辑区，元件要放到

它里面。注意,这个窗口是没有滚动条的,可用预览窗口来改变原理图的可视范围。

(2)预览窗口:它可显示两个内容,一个是当你在元件列表中选择一个元件时,它会显示该元件的预览图;另一个是,当你的鼠标光标落在图形编辑窗口时(即放置元件到图形编辑窗口后或在图形编辑窗口中单击后),它会显示整张原理图的缩略图,并会显示一个绿色的方框,绿色的方框里面的内容就是当前图形编辑窗口中显示的内容,因此,可用鼠标在它上面单击来改变绿色方框的位置,从而改变原理图的可视范围。

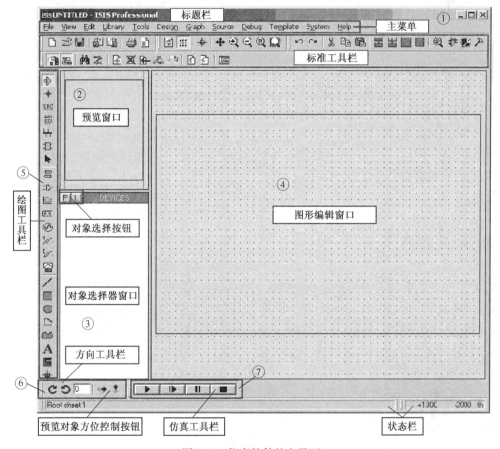

图 2-2　仿真软件的主界面

(3)绘图工具栏:左侧绘图工具栏中包括了模型选择工具栏、配件、2D 图形等。

①模型选择工具栏(Mode Selector Toolbar)。具体如下:

:用于即时编辑元件参数(先单击该图标再单击要修改的元件)。

:选择元件(components)(默认选择)。

:放置连接点。

:放置标签(用总线时会用到)。

:放置文本。

:用于绘制总线。

:用于放置子电路。

②配件(Gadgets)。具体如下:

▤:终端接口(terminals):有 VCC、地、输出、输入等接口。

⇥:器件引脚:用于绘制各种引脚。

⬔:仿真图表(graph):用于各种分析,如 Noise Analysis。

▭:录音机。

◉:信号发生器(generators)。

⬈:电压探针:使用仿真图表时要用到,数字电路记录逻辑电平及强度,模拟电路中记录实际值。

⬈:电流探针:使用仿真图表时要用到,仅在模拟电路中使用。

▱:虚拟仪表:有示波器等。

③2D 图形(2D Graphics)。具体如下:

╱:画各种直线。

▆:画各种方框。

●:画各种圆。

◠:画各种圆弧。

◕:画各种多边形。

A:写各种文本。

▤:画符号。

✚:画原点等。

(4)对象选择器窗口。用于显示所挑选元件(components)、终端接口(terminals)、信号发生器(generators)、仿真图表(graph)等。例如,当选择"元件(components)"后,单击"P"按钮会弹出挑选元件对话框,选择一个元件后(单击 OK 按钮后),该元件会在对象选择器窗口中显示,以后要用到该元件时,只需要在元件列表中选择即可。

(5)方向工具栏。具体如下:

旋转:↻ ↺ ▭ 旋转角度只能是 90°的整数倍。

翻转:↔ ↕ 完成水平翻转和垂直翻转。

使用方法:先右击元件,再单击(左击)相应的旋转图标。

(6)仿真工具栏。具体如下:

▶:运行; ▶❘:单步运行; ❚❚:暂停; ■:停止。

2. Proteus 仿真软件的基本操作步骤

1)Proteus 电路设计

(1)新建设计。运行 Proteus 仿真软件的 ISIS 模块,进入仿真软件的主界面。单击工具栏上的"新建"按钮▯,新建一个设计文档。单击"保存"按钮▤,弹出如图 2-3 所示的"保存 ISIS 设计文件"对话框,在"保存在"下拉列表框中选择保存路径,在"文件名"文本框中输入"LED"(简单实例的文件名),再单击"保存"按钮,完成新建设计文件操作,其后缀名自动为 . DSN。

(2)选取元器件。此简单实例需要如下元器件:

①单片机:AT89C51。

②发光二极管:LED-RED。

③片电容器:CAP＊。

④电阻器:RES＊。

⑤晶振:CRYSTAL。

⑥按钮:BUTTON。

单击图 2-4 中的 P 按钮 P,弹出图 2-5 所示的选取元器件窗口,在此对话框左上角 "Keywords(关键词)" 一栏中输入元器件名称,如 "AT89C51",系统在对象库中进行搜索查找,并将与关键词匹配的元器件显示在 Results 栏中。在 Results 栏中的列表项中,双击 "AT89C51",则可将 "AT89C51" 添加至对象选择器窗口。按照此方法完成其他元器件的选取,如果忘记关键词的完整写法,可以用 "＊" 代替,如 "CRY＊" 可以找到晶振。被选取的元器件均加入到 ISIS 对象选择器中,如图 2-6 所示。

图 2-3　"保存 ISIS 设计文件" 对话框

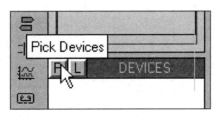

图 2-4　单击 P 按钮选取元器件

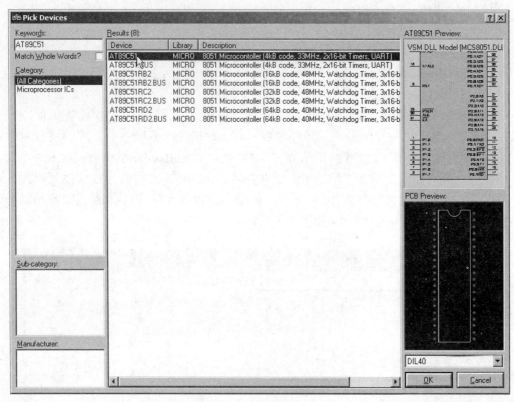

图 2-5　选取元器件窗口

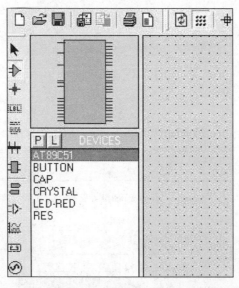

图 2-6　被选取的元器件均加入到 ISIS 对象选择器中

　　(3)放置元器件至图形编辑窗口。在对象选择器窗口中,选中 AT89C51,将鼠标置于图形编辑窗口该对象的欲放置的位置,单击,完成该对象的放置。同理,将 BUTTON、RES 等放置到图形编辑窗口中,如图 2-7 所示。

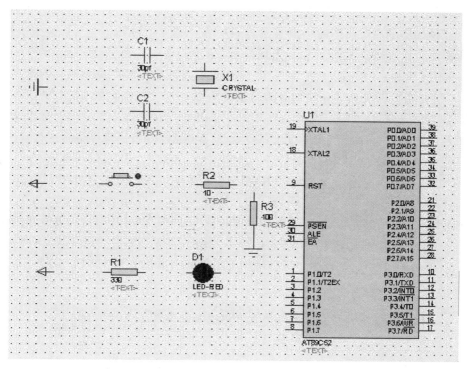

图 2-7 各元器件放在 ISIS 编辑窗口中合适的位置

若元器件方向需要调整,先在 ISIS 对象选择器窗口中单击选中该元器件,再单击工具栏上相应的转向按钮↔ ↕ °⟲ ⟳,把元器件旋转到合适的方向后再将其放置于图形编辑窗口中。

若对象位置需要移动,将光标移到该对象上,右击,此时注意到,该对象的颜色已变至红色,表明该对象已被选中,按下鼠标左键,拖动鼠标,将对象移至新位置后,松开鼠标左键,完成移动操作。

通过一系列的移动、旋转、放置等操作,将元器件放在 ISIS 编辑窗口中合适的位置,如图 2-7 所示。

(4)放置终端(电源、地)。放置电源操作:单击工具栏中的终端接口按钮🖳,在对象选择器窗口中选择 POWER,如图 2-8 所示,再在图形编辑区中选择要放电源的位置,单击完成。放置地(GROUND)的操作与此类似。

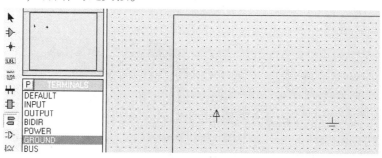

图 2-8 放置终端符号

（5）元器件之间的连线。Proteus 的智能化可以在用户想要画线的时候进行自动检测。下面，将电阻器 R1 的右端连接到 LED 显示器的左端，如图 2-7 所示。当鼠标的指针靠近 R1 右端的连接点时，跟着鼠标的指针就会出现一个"□"号，表明找到了 R1 的连接点，单击，移动鼠标（不用拖动鼠标），将鼠标的指针靠近 LED 的左端的连接点时，跟着鼠标的指针就会出现一个"□"号，表明找到了 LED 显示器的连接点，单击即可完成电阻器 R1 和 LED 的连线。

Proteus 具有线路自动路径功能（简称 WAR），当选中两个连接点后，WAR 将选择一个合适的路径连线。WAR 可通过使用标准工具栏里的"WAR"命令按钮 来关闭或打开，也可以在菜单栏的 Tools 下找到这个图标。

同理，可以完成其他连线。在此过程的任何时刻，都可以按【Esc】键或者右击来放弃画线。

（6）修改、设置元器件的属性。Proteus 库中的元器件都有相应的属性，要设置修改元器件的属性，只需要双击 ISIS 编辑区中的该元器件。例如，发光二极管的限流电阻器 R1，双击，弹出图 2-9 所示的属性窗口，在窗口中已经将电阻器的阻值修改为 330 Ω。图 2-10 是编辑完成的简单实例的电路。

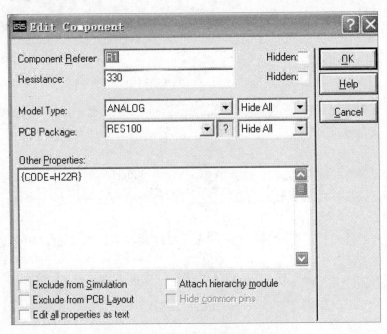

图 2-9　设置限流电阻器阻值为 330 Ω

2）Proteus 仿真

（1）加载目标代码文件。双击编辑窗口的 AT89C52 器件，在弹出图 2-11 所示属性编辑对话框 Program File 一栏中单击"打开"按钮 ，弹出"文件浏览"对话框，找到 FLASH_LED. HEX（用 Keil C51 软件生成）文件，单击"打开"按钮，完成文件添加。在 Clock Frequency 栏中把频率设置为 12 MHz，仿真系统则以 12 MHz 的时钟频率运行。因为单片机运行的时钟频率以属性设置中的 Clock frequency 为准，所以在编辑区设计 MCS-51 系列单片机系统电路时，可以略去单片机振荡电路，并且复位电路也可以略去。

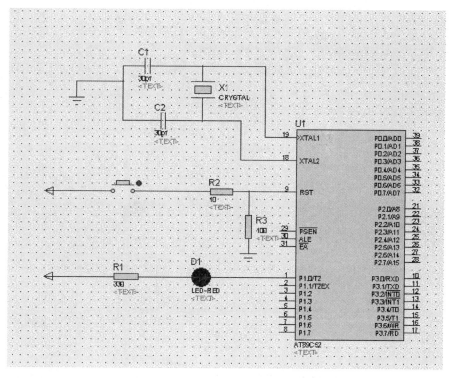

图 2-10　编辑完成的简单实例的电路图

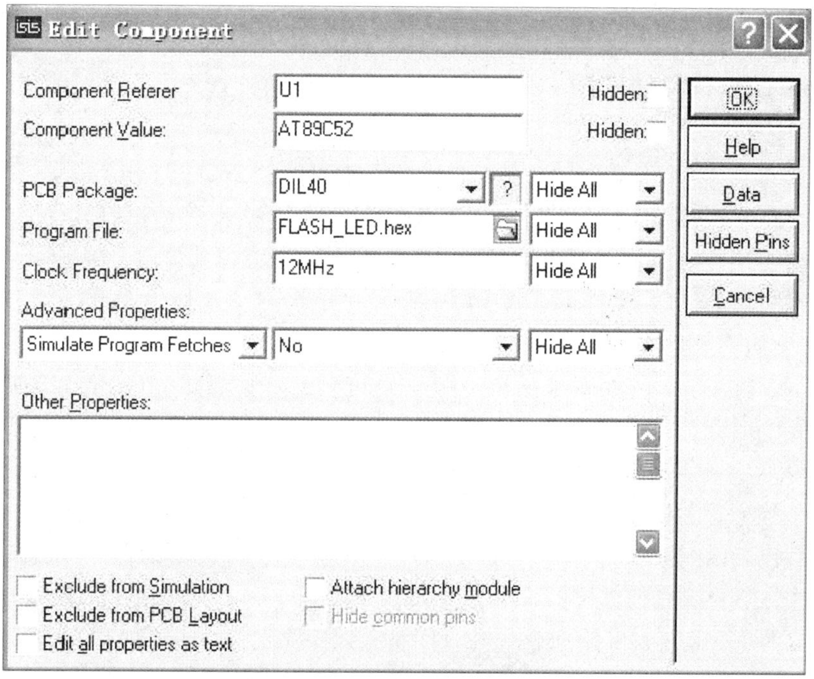

图 2-11　加载目标代码文件窗口

（2）仿真。单击按钮 ▶，启动仿真，仿真运行片段如图 2-12 所示。发光二极管间隔 500 ms 闪烁。

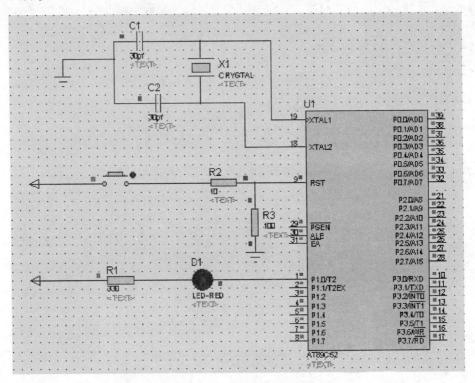

图 2-12　仿真运行片段

三、Keil C51 软件的使用

（一）Keil C51 软件概述

Keil C51 是美国 Keil Software 公司出品的 51 系列兼容单片机 C 语言软件开发系统。使用接近于传统 C 语言的语法来开发，与汇编语言相比，C 语言在功能上、结构性上、可读性上、可维护性上有明显的优势，因而易学易用，而且大大地提高了工作效率和项目开发周期，它还能嵌入汇编，用户可以在关键的位置嵌入，使程序达到接近于汇编的工作效率。

Keil C51 软件提供丰富的库函数和功能强大的集成开发调试工具，全 Windows 界面，使用户能在很短的时间内就能学会使用 Keil C51 来开发单片机应用程序。另外重要的一点，只要看一下编译后生成的汇编代码，就能体会到 Keil C51 生成的目标代码效率非常高，多数语句生成的汇编代码很紧凑，容易理解。在开发大型软件时更能体现高级语言的优势。

C51 工具包可以完成编辑、编译、连接、调试、仿真等整个开发流程。开发人员可用集成开发环境（IDE）本身或其他编辑器编辑 C 或汇编源文件。然后分别由 C51 及 C51 编译器编译生成目标文件（.OBJ）。目标文件可由 LIB51 创建生成库文件，也可以与库文件一起经 LIB51 连接定位生成绝对目标文件（.ABS）。ABS 文件由 OH51 转换成标准的 hex 文件，以供调试器 dScope51 或 tScope51 使用，进行源代码级调试；也可供仿真器使用，直接对目标板进行调试;也可以直接写入程序存储器如 EPROM 中。

(二) Keil C51 软件的使用

双击桌面快捷图标■,启动软件,启动界面如图 2-13 所示。几秒后出现软件操作界面
如图 2-14 所示。

图 2-13   启动界面

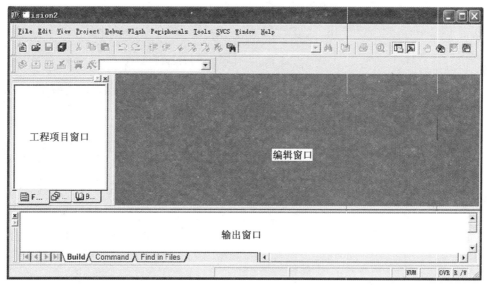

图 2-14   软件操作界面

1. 建立工程

(1)单击 Project 菜单,在弹出的下拉菜单中选择 New Project 命令,如图 2-15 所示。弹
出 Create New Project 窗口,在"文件名"文本框中输入 C 程序项目名称(只要符合 Windows 文
件规则的文件名都可以),这里用"FLASH_LED"作为文件名,在"保存在"下拉列表框中选择
项目保存路径,如图 2-16 所示,然后单击"保存"按钮。

(2)这时会弹出一个对话框,要求选择单片机的型号。用户可以根据所使用的单片机来
选择,Keil C51 几乎支持所有的 51 核的单片机,这里以用得比较多的 Atmel 的 AT89C51 来说
明,如图 2-17 所示,选择 AT89C51 之后,右边栏是对这个单片机的基本的说明,单击"确定"
按钮后,出现图 2-18 所示对话框,单击"否"按钮,返回主界面。

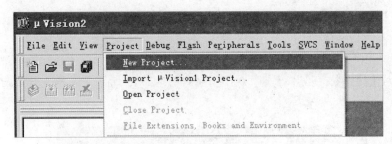

图 2-15　选择 New Project 命令

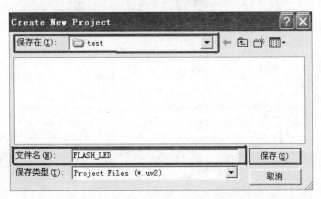

图 2-16　Create New Projcct 窗口

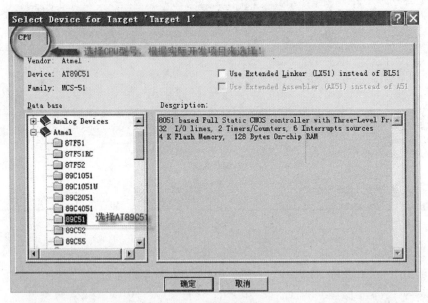

图 2-17　器件选择窗口

图 2-18　"是""否"对话框

到现在为止,还没有编写一句程序,下面开始编写第一个程序。

(3) 单击 File 菜单,在弹出的下拉菜单中选择 New 命令,弹出的界面如图 2-19 所示。此时光标在编辑窗口里闪烁,这时可以输入用户的应用程序了。输入源程序后如图 2-20 所示,然后单击"保存"按钮 ![save],弹出 Save As 对话框,如图 2-21 所示。在"文件名"文本框中输

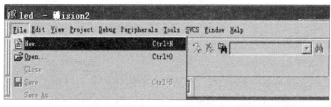

图 2-19　New 命令

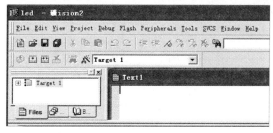

```c
#include<reg52.h>          //头文件
#define uint unsigned int  //宏定义
sbit D1=P1^0;              //声明单片机P1口的第一位
void delay(uint z);        //声明子函数
void main()
{
        while(1)           //大循环
        {
                D1=0;          //点亮第一个发光二极管
                delay(500);    //延时500毫秒
                D1=1;          //关闭第一个发光二极管
                delay(500);    //延时500毫秒
        }
}

void delay(uint z)      //延时子程序延时约z毫秒
{
        uint x,y;
        for(x=z;x>0;x--)
                for(y=110;y>0;y--);
}
```

图 2-20　输入用户源程序

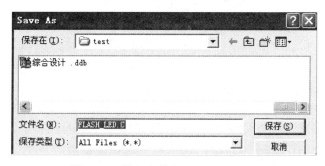

图 2-21　输入文件名 FLASH_LED.C

入欲使用的文件名,同时,必须输入正确的扩展名,在这里输入 FLASH_LED. C。[注意,如果用 C 语言编写程序,则扩展名为(.c);如果用汇编语言编写程序,则扩展名必须为(.asm)。]然后,单击"保存"按钮。

(4) 单击 Target1 前面的"┼"号,出现下一层的 Source Group1,这时的工程还是一个空的工程,里面没有文件,需要把编写好的源程序加入,单击"Source Group1"使其反白显示,然后右击,出现如图 2-22 所示的下拉菜单。选择 Add file to Group'Source Group1'命令,弹出图 2-23 所示对话框,要求寻找源文件 FLASH_LED. C,单击 Add 按钮。(注意,该对话框下面的"文件类型"默认为 .c source file(* .c),也就是以 .c 为扩展名的文件,如为汇编文件,需要将文件类型改为".Asm"。)

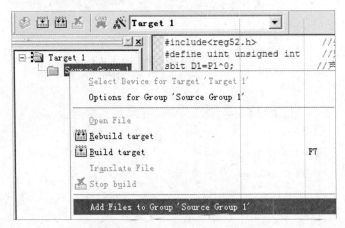

图 2-22　选择 Add Files to Group'Source Group 1'命令

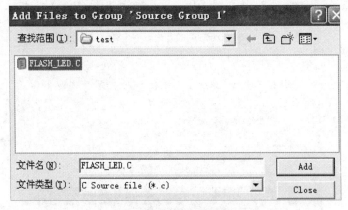

图 2-23　加入源文件

2. 工程设置

工程建立好以后,还要对工程进行进一步的设置,以满足要求。首先单击左边 Project 窗口的 Target 1,然后单击 Project 菜单,在弹出的下拉菜单中选择 Option for target'target1'命令,即出现对工程设置的对话框,这个对话框可谓非常复杂,共有 8 个选项卡,要全部搞清楚可不容易。在这里只有 Target,Output 选项卡中有选项需要稍做修改,其余绝大部分设置默认值就可以了。

（1）设置对话框中的 Target 选项卡。Target 选项卡设置如图 2-24 所示。Target 选项卡中 Xtal（MHz）为 12.0,其余选项选择默认值。Xtal（MHz）表示晶振频率值,默认值是所选目标 CPU 的最高可用频率值,根据需要进行设置。该数值与最终产生的目标代码无关,仅用于软件模拟调试时显示程序执行时间。正确设置该数值可使显示时间与实际所用时间一致,一般将其设置成与硬件所用晶振频率相同,如果没必要了解程序执行的时间,也可以不设。

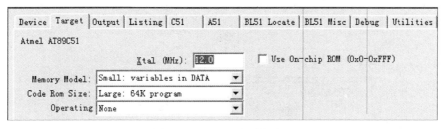

图 2-24　Target 选项卡设置

（2）设置对话框中的 Output 选项卡。Output 选项卡设置如图 2-25 所示。在 Output 选项卡中,选中 Create HEX File 复选框,这样能够保证在编译、连接之后能产生 hex 为后缀的文件,从而供第三方软件使用,比如 Proteus 仿真软件。

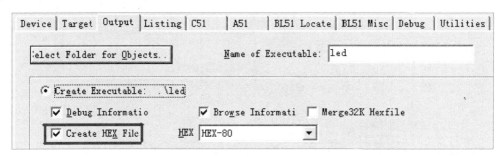

图 2-25　Output 选项卡设置

（3）设置对话框中的 Debug 选项卡。Debug 选项卡设置如图 2-26 所示。该选项卡分为左右两半,左边是软件仿真设置,而右边是硬件仿真设置,当用户使用软件仿真时,选中左边的 Use Simulator 单选按钮;当用户使用硬件仿真器时,选中右边的 Use Keil Monitor-51 Driver 单选按钮,同时把硬件仿真器连接到计算机串口上。在这里使用软件仿真,因此只要选中左边的 Use Simulator 单选按钮,其余选项保持默认值。

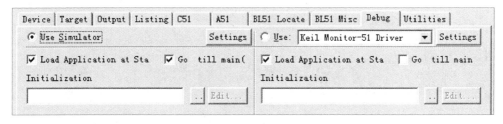

图 2-26　Debug 选项卡设置

3. 编译、连接

（1）单击图标进行编译,编译成功后,源程序编译相关的信息会出现在输出窗口中,显示编译结果为 0Error(s),0Warning(s),如图 2-27 所示。如有语法错误,会给出提示,应修改出错处后,再次编译。

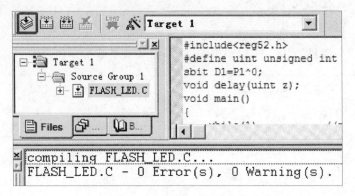

图 2-27　源程序编译

(2)单击 Project 菜单,在弹出的下拉菜单中选择 Built Target 命令(或者使用快捷键【F7】或单击图标），显示连接结果为 0 Error(s),0 Warning(s),同时产生了目标文件 FLASH_LED.hex,如图 2-28 所示。

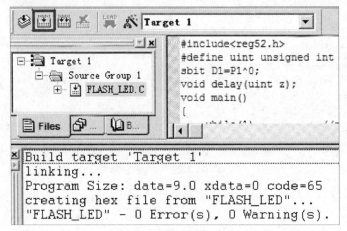

图 2-28　链接结果

(3) 编译通过后,打开工程文件夹,如图 2-29 所示,可以看到文件夹中有了"FLASH_LED.hex"图标,这就是我们需要的最终目标文件,提供给 Proteus 仿真软件的单片机使用,或给编程器(又称烧录器)把该文件写入单片机。

图 2-29　打开工程文件夹

4. 进入调试

(1)单击 Debug 菜单,在弹出的快捷菜单中选择 Start/Stop Debug Session 命令,这个命令可以打开调试也可以关闭调试,如图 2-30 所示。调试窗口如图 2-31 所示。

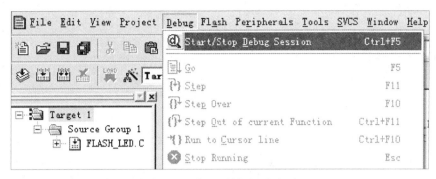

图 2-30　打开/关闭调试选项

图 2-31　调试窗口

（2）单击 Peripherals 菜单，在弹出的快捷菜单中选择 I/O-Ports→P1 命令，如图 2-32 所示。这样在程序运行时，就可以观察 P1 口每位的变化。

（3）单击 ![] 进入单步执行状态，单击一次，执行一行程序，执行完该行程序以后即停止，等待命令发出后，再执行下一行程序，此时可以观察该行程序执行完以后得到的结果，是否与预期结果相同，借此可以找到程序中问题所在。下面来看看语句的执行对 P1.0 的影响。

从图 2-33 中可以看出，P1.0 输出的电平有变化，从高电平变为低电平，对应的硬件电路中的发光二极管就会闪烁一次。除单步执行方式之外，还有其他方式，下面简单介绍一下：

![]：过程单步，是指将汇编语言中的子程序或高级语言中的函数作为一个语句来全速执行。调试光标不进入子程序的内部，而是执行完该子程序，然后直接指向下一行。

![]：执行完当前子程序，是指进入子程序后单击此按钮，子程序中其余没有执行的指令将一次全部执行完毕，加快程序的执行进度。

![]：运行到当前行，全速执行当前地址行与当前光标行之间和程序。主要看一段程序运行情况，可以加快程序的调试。

国:全速执行,是指一行程序执行完以后紧接着执行下一行程序,中间不停止,主要看程序执行的最终结果,如果程序有错,则难以确认错误出现在哪些程序行。

程序调试中,这几种运行方式都要用到。灵活应用这几种方法,可以大大提高查错的效率。

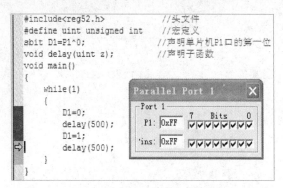

图 2-32　选择 P1 口进行观察　　　　图 2-33　观察 P1.0 输出的电平

四、单片机烧写器及烧写软件的使用

(一)烧写及烧写器

1. 为什么称为"烧写"

早期一般是将调试好的单片机程序写入到 ROM、EPROM 中,这种操作就像刻制光盘一样,是在高电压方式下写入的,PROM 是一次性写入的,存储器内部发生变化,有些线路或元件就被烧断,不可再恢复,所以称为烧写,EPROM 可以使用紫外线将原来写入的内容擦除,重新烧写,目前大量采用 EEPROM,是可以电擦写的存储器。单片机启动时会直接运行这些芯片中的程序,完成既定的功能。

所谓烧写,其实就是对单片机中的 ROM 进行擦写。现代工艺下,ROM 已经可以进行多次擦写,但在早期,ROM 只能一次性设计好,例如早期的 PLC,把二极管上的熔丝烧断后就永久编码出1。而我们知道,单片机程序经编译连接后传递给机器的便是机器语言,简而言之就是很多 1 和 0。在烧写过程中,我们用烧不烧 MOS 管和晶体管的熔丝或连不连上通道来表示这些 1 和 0。

2. 烧写的三种方式

(1)把单片机看作一个 ROM 芯片,早期的单片机都是如此。将单片机放在通用编程器上编程时,就像给 28C256 这样的 ROM 中写程序的过程一样。只是不同的单片机使用的端口,编程用的时序不一样。

(2)像 AT89S 系列单片机或 AVR 单片机一样,在单片机上有 SPI 接口,这时可用专用的下载线将程序烧写到单片机中。这时不同的是,单片机的 CPU 除了执行单片机本身的指令之外,还能执行对 ROM 进行操作的特殊指令,如 ROM 擦除、烧写和检验指令。在编程 ROM 时,下载线通过传输这些指令给 CPU 执行(擦除 ROM、读入数据、烧写 ROM 和检验 ROM),完成对单片机的 ROM 的烧写。此外,现在普遍使用的 JTAG 仿真器也是这样,单片机的 CPU 能执行 JTAG 的特殊指令,完成对 ROM 的烧写操作。

(3)引导程序,即单片机中已经存在了一个烧写程序。启动单片机时首先运行这个程序,程序判断端口状态,如果有"要烧写 ROM"的状态,就从某个端口(串口、SPI 等)读取数据,然后写入到单片机的 ROM 中。如果没有"要烧写 ROM"的状态,就转到用户的程序开始执行。如 AVR 单片机的 Bootloader 方式、STC 的串口下载方式,还有其他单片机的串口编程等都是这样。

3. 烧写器

烧写器又称编程器、烧录器,只是每个人的叫法不一样而已。烧写器实际上是一个把可编程的集成电路写上数据的工具,烧写器主要用于单片机(含嵌入式)/存储器(含 BIOS)之类的芯片的编程(又称"刷写")。

(二) 烧写软件

1. 单片机烧写软件简介

简单说,就是把用户写好的代码(C 语言程序或者是汇编)编译成机器语言,利用某种软件通过一定的方式下载到单片机中,这种软件就成为烧写软件。烧写软件很多,方式也很多,主要是看单片机的型号。比如,STC 系列单片机需要 STC_ISP 程序下载软件,而 AT89S 系列单片机通常采用 Easy 51pro 下载软件。

2. Easy 51pro 下载软件的使用

Easy 51pro 下载软件可以烧录 Atmel 公司生产的 AT89C51、AT89C52、AT89C55 和最新的 AT89S51、AT89S52 单片机芯片,支持 hex 文件,具有性能稳定、烧录速度快、性价比高等优点,甚至可以让整套软件在其他编程器硬件上运行。下载线、编程器都有相关的调试程序,让用户制作时更轻松,提高了成功率。

下面就以本书所讲述的 AT89S51 单片机采用的 Easy 51pro 下载软件为例,介绍其使用方法。

首先把软件安装到计算机中。双击 Easy 51Pro.exe 图标即可出现如图 2-34 所示的对话框。

单击右下角的设置按钮进行图 2-35 所示的设置,接着在检测器件的窗口中选择要下载的目标芯片,如 AT89S52。

图 2-34　Easy 51Pro 打开界面

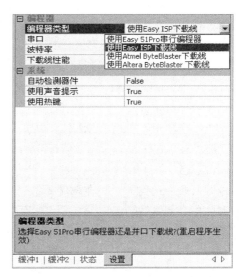

图 2-35　Easy 51Pro 软件设置界面

其次，AT89S51/S52 芯片插到 40P 的锁紧座中，25 针的并口线一端连计算机的并口，另一端与下载连接线相连，再把 8P 的排线和实验箱或开发板上的 ISP 下载接口相接，然后在烧录界面中单击"检测器件"按钮看是否可以检测到所烧的目标芯片，并听到相应的声音信号。否则请检查硬件连接和端口设置。

接着打开下载界面，单击"打开文件"按钮，选择需要下载的程序 hex 文件，可以一步一步地手动完成，也可以单击"自动完成"按钮，一项一项地往下进行，等烧录完成之后，就可以运行自己的实验程序了。

图 2-34 中相关操作说明如下：

(1) 用"（自动）打开文件"打开要编写的 . hex 文件和 . BIN 文件。

(2) 用"保存文件"可以保存读出来的文件。

(3) 用"（自动）擦除器件"擦除芯片。

(4) 用"（自动）写器件"编程。

(5) 用"读器件"读取芯片中的程序，加密的读不出来。

(6) 用"（自动）检验数据"检查编程的正确与否。

(7) 用"自动完成"自动执行以上各步骤。

(8) 用"加密"选择加密的级数。

五、C51 语言源程序的结构特点

（一）概述

单片机 C51 语言是由 C 语言继承而来的。和 C 语言不同的是，C51 语言运行于单片机平台，而 C 语言则运行于普通的桌面平台。C51 语言具有 C 语言结构清晰的优点，便于学习，同时具有汇编语言的硬件操作能力。对于具有 C 语言编程基础的读者，可轻松地掌握单片机 C51 语言的程序设计。

Keil C51 是美国 Keil Software 公司出品的 51 系列兼容单片机 C 语言软件开发系统，与汇编语言相比，C 语言在功能上、结构性上、可读性上、可维护性上有明显的优势，因而易学易用。Keil C51 以软件包的形式向用户提供，主要包括 C51 交叉编译器、A51 宏汇编器、BL51 连接定位器等一系列工具和基于 Windows 集成编译环境的 μVision51，软件仿真器 dScope51 等开发平台。μVision51 是一种集成化的文件管理编译环境，其中集成了文件编辑处理、编译连接、项目（project）管理、窗口和工具引用以及工作环境路径设置等多种功能。在 μVision51 中完成一个项目文件后，只要单击 Make All 按钮就可完成所有的编译工作，生成绝对目标代码。dScope 是 Windows 集成编译环境下的多窗口软件仿真调试器，可以单独应用，也可以通过 μVision51 进行调用。dScope 具有十分强大的仿真调试功能，支持软件模拟仿真和用户目标板调试两种工作方式。在软件模拟仿真方式下，不需要任何 8051 单片机硬件即可完成用户程序仿真调试，极大地提高了用户程序开发效率；与用户目标板相连时，可以直接进行硬件系统调试，可以节省用户购买昂贵硬件仿真器的费用。

（二）C51 语言的基本程序结构

C 语言源程序文件的扩展名为". c"，如 Timer. c，EX1_2. c 等。C 语言源程序由若干个函数单元组成,每个函数都是完成某个特殊任务的子程序段。一个 C 语言程序必须有而且只能有一个名为 main( )的函数,它是一个十分特殊的函数,又称该程序的主函数,程序的执行都是从 main( )函数开始的。下面先来看一个简单的程序例子:

【例】　求两个输入数据中的较大者。

```
#include <stdio.h>            /*预处理命令*/
#include <reg51.h>            /*预处理命令*/
char max(char x,char y);      /*声明功能函数 max( )及其形式参数*/
main( )                       /*主函数*/
{
    char a,b,c;               /*主函数的内部变量类型说明*/
    SCON = 0x52;
    TMOD = 0x20;
    TCON = 0x69;
    TH1 = 0x0F3;
    scanf("%c,%c",&a,&b);     /*输入变量 a 和 b 的值*/
    c = max(a,b);             /*调用 max( )函数*/
    printf("\nmax=%c\n",c);   /*输出变量 c 的值*/
}                             /*主程序结束*/
    char max(char x,char y)   /*定义函数 max( ),x,y 为形式参数*/
    if(x>y) return(x);        /*将计算得到的最大值返回到调用处*/
        else   return(x);
}                             /*函数 max 结束*/
```

在本例程序的开始处使用了预处理命令#include,它告诉编译器在编译时将头文件 stdio. h 和 reg51. h 读入后一起编译。头文件 stdio. h 中包括了对标准输入输出函数的说明;头文件 reg51. h 中包括了 8051 单片机特殊功能寄存器的说明。

程序中,main 是主函数名,要执行的内容称为主函数体,主函数体用花括号"｛｝"围起来。主函数体中包含若干条将被执行的程序语句,每条语句都必须以分号";"为结束符。为了使程序便于阅读和理解,可以给程序加上一些注释。C 语言的注释部分一般由符号"/＊"开始,由符号"＊/"结束,它们之间的内容即为注释,该注释方式可注释多行内容;另一种采用"//"的方式,这种方式只能注释一行内容。注释内容可在一行写完,也可以分成几行来写。注释部分不参加编译,编译时,注释的内容不产生可执行代码。注释在程序中的作用是很重要的,一个良好的程序设计者应该在程序中使用足够的注释来说明整个程序的功能、有关算法和注意事项等。需要注意的是,C 语言中的注释不能嵌套,即在"/＊"和"＊/"之间不允许再次出现"/＊"和"＊/"。

一般情况下,一个 C 语言程序除了必须有一个主函数之外,还可能有若干个其他的功能函数。本程序中除了 main( )函数之外,还用到了一个功能函数 max( )。函数 max( )的作用是求出变量 x 和 y 中较大者,并通过 return 语句将它的值返回到 main( )函数的调用处。变量 x 和 y 在函数 max( )中是一种形式变量,实际值是通过 main( )函数中的调用语句传送过来的。此外,ANSI C 标准规定函数必须要"先说明、后调用",因此,在调用函数 max( )之前必须先进行说明。函数是 C 语言程序的基本单位。函数调用类似于子程序调用,用户可以根据实际需要编制出各种不同用途的功能函数。可以说,C 语言是函数式的语言。利用 C 语言的这一特点,可以很容易实现结构化的程序设计。

C51 编译器提供了十分丰富的库函数,本例在 main 函数中调用了库函数 scanf( )和 printf( )来实现变量的输入和输出。C 语言本身没有输入和输出功能,输入输出需要通过函数调用来实现。需要注意的是,C51 提供的输入和输出库函数是通过 8051 单片机的串行口来实现的。因此,在调用库函数 scanf( )和 printf( )之前,必须先对 8051 单片机的串行口进行初始化。但是对于单片机应用系统来说,由于具体要求的不同,应用系统的输入和输出方式也多种多样,不可能一律采用串行口作输入和输出。应该根据实际需要,由应用系统的研制人员自己来编写满足特定需要的输入和输出函数,这一点对于单片机应用系统的开发研制人员来说是十分重要的。

另外 C 语言规定,同一个字母由于其大小写的不同可以代表两个不同的变量,例如,SCON 和 scon 在 C 语言程序中会被认为是两个完全不同的变量,这也是 C 语言程序的一个特点。一般的习惯是,在普通情况下采用小写字母,对一些具有特殊意义的变量或常数采用大写字母,如本例中,8051 单片机特殊功能寄存器 SCON ,TMOD, TCON 和 TH1 等均采用了大写字母。

从以上说明可以看到,C 语言程序一般具有如表 2-1 所示的结构。

表 2-1　C 语言程序一般具有的结构

预处理命令	#include < >
函数定义	char　fun1( ); int　fun2( );
主函数 　函数体	main( ) ｛ … … ｝
功能函数 1 　函数体	fun1( ) ｛ … … ｝
功能函数 2 　函数体	fun2( ) ｛ … … ｝
其他功能函数	…

C 语言程序的开始部分通常是预处理命令,如上面程序中的#include 命令。这个预处理命令通知编译器在对用户程序进行编译时,将所需要的头文件(* . h)读入后,再一起进行编译。一般在头文件中包含程序编译时的一些必要的信息。通常 C 语言编译器会提供若干个不同用途的头文件,头文件的读入是在对程序进行编译时才完成的,此外还有其他一些预处理命令。

一个 C 语言程序至少应包含一个主函数 main( ),也可以包含一个 main( ) 函数和若干个其他的功能函数。函数之间可以相互调用,但 main ( ) 函数只能调用其他的功能函数,而不能被其他函数所调用。功能函数可以是 C 语言编译器提供的库函数,也可以由用户按实际需要自行编写。不管 main( ) 函数处于程序中的什么位置,程序总是从 main( ) 函数开始执行。一个函数由"函数定义"和"函数体"两个部分组成。函数定义部分包括函数类型、函数名、形式参数说明等。函数名后面必须跟一个圆括号( ),形式参数说明在( )内进行。函数也可以没有形式参数,如 main( )。函数体由一对花括号"{ }"组成,在"{ }"里面的内容就是函数体。如果一个函数有多个"{ }",则最外面的一对"{ }"为函数体的范围。函数体的内容为若干条语句,一般有两类:一类为说明语句,用来对函数中将要用到的变量进行定义;另一类为执行语句,用来完成一定的功能或算法处理。有的函数体仅有一对"{ }",其中既没有变量定义语句,也没有执行语句,这也是合法的,称为"空函数"。

(三) C51 语言标识符与关键字

C51 语言的标识符是用来标识源程序中某个对象名字的。这些对象可以是函数、变量、常量、数组、数据类型、存储方式、语句等。一个标识符由字母、数字和下画线等组成,第一个字符必须是字母或下画线,C 语言对大小写字母敏感,如"max"与"MAX"是两个完全不同的标识符。程序中标识符的命名应当简洁明了,含义清晰,便于阅读理解,如用标识符"max"表示最大值,用"TIMER0"表示定时器 0 等。

关键字是一类具有固定名称和特定含义的特殊标识符,有时又称保留字。在编写 C 语言源程序时,一般不允许将关键字另作别用,也就是标识符的命名不要与关键字相同。与其他计算机语言相比,C 语言的关键字是比较少的,ANSI C 标准一共规定了 32 个关键字,表 2-2 按用途列出了 ANSI C 标准的关键字。

表 2-2　按用途列出 ANSI C 标准的关键字

关　键　字	用　　途	说　　明
auto	存储种类声明	用以声明局部变量,默认值为此
break	程序语句	退出最内层循环体
case	程序语句	switch 语句中的选择项
char	数据类型声明	单字节整形或字符型数据
const	存储种类声明	在程序执行过程中不可修改的变量
continue	程序语句	转向下一次循环
default	程序语句	switch 语句中的失败选择项
do	程序语句	构成 do-while 循环语句
double	数据类型声明	双精度浮点数
else	程序语句	构成 if-else 循环语句
enum	数据类型声明	枚举
extern	存储种类声明	在其他程序模块中声明了的全局变量
float	数据类型声明	单精度浮点数
for	程序语句	构成 for 循环语句
goto	程序语句	构成 goto 转移语句
if	程序语句	构成 if-else 循环语句

关 键 字	用 途	说 明
int	数据类型声明	基本数据类型
long	数据类型声明	长整型
register	存储种类声明	使用 CPU 内部寄存器的变量
return	程序语句	函数返回
short	数据类型声明	短整型
signed	数据类型声明	有符号数,二进制数据的最高位为符号位
sizeof	运算符	计算表达式或数据类型的字节数
static	存储种类声明	静态变量
struct	数据类型声明	结构类型数据
switch	程序语句	构成 switch 选择语句
typedef	数据类型声明	重新进行数据类型定义
union	数据类型声明	联合型数据
unsigned	数据类型声明	无符号数据
void	数据类型声明	无数据类型
volatile	数据类型声明	声明该变量在程序执行过程中可隐含地被修改
while	程序语句	构成 while 和 do-while 循环语句

C51 编译器除了支持 ANSI C 标准的关键字以外,还根据 8051 单片机自身特点扩展了如表 2-3 所示的关键字。

表 2-3 根据 8051 单片机自身特点扩展的关键字

关 键 字	用 途	说 明
_at_	地址定位	为变量进行存储器绝对空间地址的定位
alien	函数特性声明	用以声明与 PL/M 51 兼容的函数
bdate	存储器类型声明	可位寻址的 8051 内部数据存储器
bit	位变量声明	声明一个位变量或位类型的函数
code	存储器类型声明	8051 程序存储器空间
compact	存储器模式	指定使用 8051 外部分页寻址数据存储器空间
data	存储器类型声明	直接寻址的 8051 内部数据存储器空间
idata	存储器类型声明	间接寻址的 8051 内部数据存储器空间
interrupt	中断函数声明	定义一个中断服务函数
large	存储器模式	指定使用 8051 外部数据存储器空间
pdata	存储器类型声明	分页寻址的 8051 外部数据存储器
priority	多任务优先声明	规定 RTX51 或 RTX51 Tiny 的任务优先级
reentrant	再入函数声明	定义一个再入函数
sbit	位变量声明	声明一个可位寻址变量
sfr	特殊功能寄存器声明	声明一个 8 位特殊功能寄存器

关　键　字	用　　途	说　　明
sfr16	特殊功能寄存器声明	声明一个 16 位特殊功能寄存器
small	存储器模式	指定使用 8051 内部数据存储器空间
tasking	任务声明	定义实时多任务函数
using	寄存器组定义	定义 8051 的工作寄存器组
xdata	存储器类型声明	8051 外部数据存储器

项目实施

【技能训练】　LED 闪烁控制设计与实现

LED 闪烁控制设计与实现是在 AT89S52 单片机 P1.0 引脚接 LED(发光二极管)阴极,通过程序控制,使 P1.0 引脚交替输出高电平和低电平,使 LED 闪烁。

1. LED 闪烁功能实现分析

LED 闪烁控制电路同项目 1 技能训练图 1-3,由 AT89S52 单片机最小系统和 LED 电路构成。

LED 的阳极通过 220Ω 限流电阻器后连接到 5 V 电源上,P1.0 引脚接 LED 的阴极,P1.0 引脚输出低电平时,LED 点亮;输出高电平时,LED 熄灭。

LED 闪烁功能的实现过程如下:

(1)P1.0 引脚输出低电平,LED 点亮。

(2)延时。

(3)P1.0 引脚输出高电平,LED 熄灭。

(4)延时。

(5)重复第(1)步(循环),这样就可以实现 LED 闪烁。

2. LED 闪烁控制程序设计

由以上分析,LED 闪烁控制的 C 语言程序如下:

```
#include<AT89S52.H>              //包含 AT89S52.H 头文件
sbit  LED=P1^0;                  //定义 LED 是 P1.0 位对应的引用符号
void  Delay()                    //延时函数
{
  unsigned  char  i,  j;
     for  (i=0;i<255;j++);
}
void  main()
{
  while(1)
  {
     LED = 0;                    //P1.0=0,LED 点亮
     delay();                    //延时
```

```
        LED = 1;                        //P1.0=1,LED熄灭
        delay();
    }
}
```

程序编程说明:

(1)由于单片机执行指令的速度很快,如果不进行延时,点亮之后马上就熄灭,熄灭了之后马上就点亮,速度太快,由于人眼的视觉暂留效应,根本无法分辨,所以在控制 LED 闪烁时需要延时一段时间,否则就看不到"LED 闪烁"的效果了。

(2)延时函数是定义在前,使用在后。在这里使用了两条 for 语句构成双重循环(外循环和内循环),循环体是空的,实现延时的目的。如果想改变延时的时间,可以通过循环次数调整来实现。

如果延时函数是使用在前,定义在后,程序应如何编写?

(3)"unsigned char i,j;"语句是定义 i 和 j 两个变量为无符号字符型,取值范围为 0~255。

3. LED 闪烁控制调试及生成 hex 文件

LED 闪烁程序设计好以后,还需要调试,看看是否与设计相符。首先要生成"LED 闪烁.hex"文件。在以后的技能训练中不再详细叙述其具体过程。

(1)建立工程文件,选择单片机。工程文件名为"LED 闪烁",选择单片机型号为 Atmel 的 AT89S52。

(2)建立源文件,加载源文件。源文件名为"LED 闪烁.c"。

(3)设置工程的配置参数。Target 选项卡的晶振频率为 12MHz,Output 选项卡中选中 Create Hex Files 复选框。

(4)进行编译和连接。

(5)进入调试模式,打开 P1 口对话框。在调试模式中,单击 Peripherals→I/O-Ports→Port 1,打开 P1 口对话框。

(6)全速运行程序。单击按钮▤或调试工具栏的运行按钮 ▶ ,通过 P1 口对话框观察 P1.0 引脚的电平变化状态,以间接分析 LED 闪烁规律是否与设计相符。调试窗口如图 2-33 所示。

4. LED 闪烁控制用 Proteus 仿真运行调试

LED 闪烁控制用 Proteus 仿真运行调试相关内容如下:

(1)加载"LED 闪烁.hex"目标代码文件。首先打开 Proteus 的"LED 闪烁"电路,然后双击单片机 AT89S52,在弹出的"编译元件"对话框中单击 Program File 栏的"打开"按钮 ,在弹出的"选择文件名"对话框中找到前面编译生成的"LED 闪烁.hex"文件,单击"打开"按钮,完成"LED 闪烁.hex"文件的加载。同时将 Clock Frequency 栏中的频率设为 12MHz,单击"OK"按钮,即可完成加载目标代码文件操作,如图 2-11 所示。

(2)仿真运行调试。单击仿真工具栏的"单步运行"按钮 ▐▶ ,进入单步运行状态。单击"调试"→80C51 CPU Registers,单击"调试"→80C51 CPU SFR Memory,分别打开工作寄存器窗口和特殊功能寄存器窗口。单击源代码调试窗口的"单步执行"按钮一次,执行一行指

令,通过各调试窗口观察指令执行后数据处理的结果,以加深对硬件结构和指令的理解。

（3）单击仿真工具栏的"运行"按钮 ▶ ,单片机全速运行程序。通过图形编译区 LED 闪烁电路图,观察 LED 闪烁规律是否与设计相符。同时可以通过 P1.0 引脚的电平变化状态,间接分析 LED 闪烁规律。LED 闪烁控制 Proteus 仿真电路如图 2-36 所示。

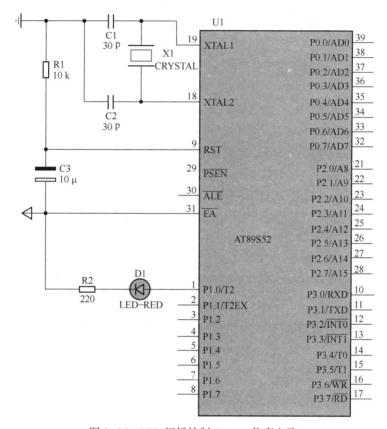

图 2-36　LED 闪烁控制 Proteus 仿真电路

自我测试

2-1　简述 Keil C51 和 Proteus 仿真软件的主要功能。

2-2　叙述 Proteus 仿真软件的主要功能特点。

2-3　什么是烧写器?

2-4　什么是单片机烧写软件?

2-5　简述单片机的主要特点。

2-6　请完成用开关控制 LED 闪烁快和慢两种效果的电路及其 C 语言程序设计。

 项目 **3** I/O 口开关控制设计与实现

学习目标

(1) 了解 AT89S51 单片机结构。

(2) 掌握 AT89S51 单片机的引脚功能。

(3) 掌握单片机内部数据存储器的地址分配及特殊功能寄存器。

(4) 了解 AT89S51 单片机 I/O 端口的内部结构及工作原理。

(5) 掌握 P0 口、P1 口、P2 口和 P3 口功能及应用技能。

(6) 会利用单片机 I/O 端口实现开关控制 LED 循环控制。

项目描述

本项目使用单片机 P1 口的 P1.0 引脚控制一个 LED(发光二极管)的闪烁。使用单片机 P1 口将数据传送到 P0 口、P2 口和 P3 口,P0~P3 口都作为普通的 I/O 端口使用。用 P3 口控制 8 个 LED 流水点亮,P3 口作为普通的 I/O 口使用。

知识链接

一、AT89S51 单片机的内部结构和功能

单片机的内部有 CPU、RAM、ROM、定时器/计数器、I/O 接口(并行口)电路等,这些部件是通过内部的总线连接起来的。AT89S51 单片机基本结构如图 3-1 所示。

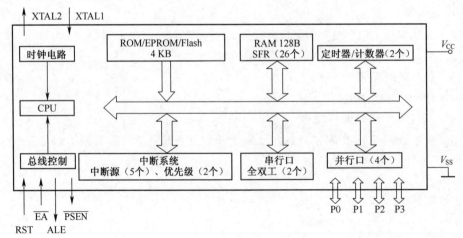

图 3-1 AT89S51 单片机基本结构

由图 3-1 可以看出 AT89S51 单片机包括以下资源:

(1)1 个 8 位的 CPU,含布尔(位)处理器。

(2)1 个片内振荡器及时钟电路。

(3)总线控制逻辑。

(4)4 KB 的 Flash ROM 程序存储器(可外扩至 64 KB)。

(5)128 B 的内部数据存储器(可再外扩 64 KB)。

(6)26 个特殊功能寄存器 SFR。

(7)4 个 8 位的并行口。

(8)2 个 16 位的定时器/计数器。

(9)2 个全双工的异步串行口。

(10)5 个中断源:2 个外部中断,3 个内部中断。

(11)1 个 SPI 串行接口(即其中一个并行口),用于芯片的在系统编程(ISP)。

CPU 是单片机的核心,所有的运算和控制都由其实现,它包括两个部分:运算器和控制器。运算器包括算术逻辑单元(ALU)、累加器(ACC)、寄存器 B、状态寄存器(PSW)和暂存寄存器,实现 8 位算术运算和逻辑运算以及 1 位的逻辑运算。控制器主要由程序计数器(PC)、指令寄存器(IR)、指令译码器(ID)、堆栈指针(SP)、数据指针(DPTR)、时钟发生器及定时控制逻辑等组成。控制器是单片机的神经中枢,以振荡器的频率为基准,产生 CPU 时序,对指令进行译码,然后发出各种控制信号,实现各种操作。

二、AT89S51 单片机引脚的定义及功能

AT89S51 单片机有 40 个引脚,与其他 51 系列单片机引脚是兼容的,最常用的 DIP 封装的形式如图 3-2 所示。其引脚分为四类:电源和地、时钟引脚、控制引脚和并行 I/O 引脚。

(1)电源和地(2 个):

V_{CC}:芯片电源接入引脚;接+5 V。

V_{SS}:接地引脚。

(2)时钟引脚(2 个):

XTAL1:晶体振荡器接入的一个引脚(采用外部振荡器时,此引脚须接地)。

XTAL2:晶体振荡器接入的另一个引脚(采用外部振荡器时,此引脚作为外部振荡器的输入端)。

(3)控制引脚(4 个):

RST/V_{PD}:复位信号输入引脚/备用电源输入引脚。

ALE/ $\overline{PROG}$:地址锁存允许信号输出

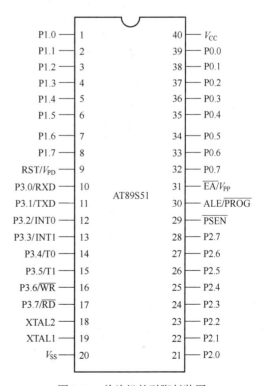

图 3-2 单片机的引脚封装图

引脚/编程脉冲输入引脚。

$\overline{EA}/V_{PP}$：片内外程序存储器选择引脚/片内 Flash ROM 编程电压输入引脚。

$\overline{PSEN}$：外部程序存储器选通信号输出引脚。

(4)并行 I/O 引脚(32 个)：

P0:0~P0.7：一般 I/O 口引脚或数据/低位地址总线复用引脚。

P1.0~P1.7：一般 I/O 口引脚。

P2.0~P2.7：一般 I/O 口引脚或高位地址总线引脚。

P3.0~P3.7：一般 I/O 口引脚或第二功能引脚。

注意：控制信号线写法上的差别。有"—"表示低电平起作用；反之，高电平起作用。

三、AT89S51 单片机存储器的空间配置及功能结构

AT89S51 单片机的存储器在物理结构上可以分为 4 个不同的存储空间：

(1)内部程序存储器。

(2)片内数据存储器。

(3)片外数据存储器(最大可扩展到 64 KB)。

(4)片外程序存储器(最大可扩展到 64 KB)。MCS-51 ROM 配置图如图 3-3 所示。

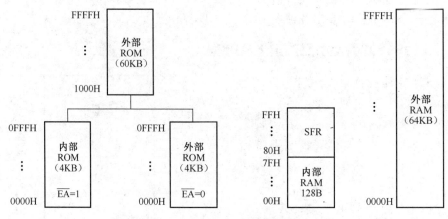

图 3-3　MCS-51 ROM 配置图

(一) 程序存储器(ROM)

程序存储器用于存放程序及表格常数。AT89S51 单片机片内驻留有 4 KB 的 Flash ROM，外部可用 16 位地址线扩展到最大 64 KB 的 ROM 空间。片内 ROM 和外部扩展 ROM 是统一编址的。当芯片引脚$\overline{EA}$为高电平时，AT89S51 单片机的程序计数器(PC)在 0000H~0FFFH 范围内(即前 4 KB 地址)时，CPU 执行片内 ROM 中的程序。当 PC 内容在 1000H~FFFFH 范围内(超过 4 KB 地址)时，CPU 自动转向外部 ROM 执行程序。如果$\overline{EA}$为低电平时(接地)，则所有取指令操作均在外部程序存储器中进行，这时外部扩展的 ROM 可从 0000H 开始编址。

在程序存储器中，某些特定的单元是给系统使用的。0000H 单元是复位入口，单片机复

位后,CPU 总是从 0000H 单元开始执行程序。通常在 0000H~0002H 单元安排一条无条件转移指令,使之转向主程序的入口地址;0003H~002AH 是专用单元,被保留用于 5 个中断服务程序或中断入口,一般情况下用户不能用来存放其他程序。

(二) 数据存储器(RAM)

AT89S51 单片机的数据存储器,分为片外 RAM 和片内 RAM 两大部分。

(1)片外 RAM。在应用系统中,如果需要较大的数据存储器,而片内 RAM 又不能满足要求,那么就需要外接 RAM 芯片来扩展数据存储器。外部数据存储器的空间最大可扩展为 64 KB,编址为 0000H~FFFFH。如果应用系统需要超过 64 KB 的大容量数据存储器,可将外部 RAM 分组,每组地址空间重叠而且都为 64 KB,由部分 I/O 线来选择当前外部 RAM 工作组。当系统需要扩展 I/O 端口时,I/O 地址空间就要占用一部分外部数据存储器地址空间。

(2)片内 RAM。AT89S51 单片机内部有 128 B 的 RAM 空间,分成工作寄存器区、位寻址区、通用 RAM(数据缓冲)区三部分。

基本型单片机片内 RAM 地址范围是 00H~7FH。增强型单片机(如 AT89S52)片内除地址范围在 00H~7FH 的 128 B 的 RAM 外,又增加了 80H~FFH 的高 128 B 的 RAM。增加的这一部分 RAM 仅能采用间接寻址方式访问(以与特殊功能寄存器 SFR 的访问相区别)。

①工作寄存器区。AT89S51 单片机片内 RAM 低端的 00H~1FH 共 32 B 单元,分成 4 个工作寄存器组,每组占 8 B 单元。具体如下:

工作寄存器 0 组:地址 00H~07H。

工作寄存器 1 组:地址 08H~0FH。

工作寄存器 2 组:地址 10H~17H。

工作寄存器 3 组:地址 18H~1FH。

每个工作寄存器组都有 8 个寄存器,分别称为 R0,R1,…,R7。程序运行时,只能有一个工作寄存器组作为当前工作寄存器组。

当前工作寄存器组的选择由特殊功能寄存器中的程序状态字寄存器(PSW)的 RS1、RS0 位来决定。可以对这两位进行编程,以选择不同的工作寄存器组。工作寄存器组与 RS1、RS0 的关系及地址如表 3-1 所示。

表 3-1   工作寄存器组与 RS1、RS0 的关系及地址

组 号	RS1	RS0	R7	R6	R5	R4	R3	R2	R1	R0
0	0	0	07H	06H	05H	04H	03H	02H	0lH	00H
1	0	1	0FH	0EH	0DH	0CH	0BH	0AH	09H	08H
2	1	0	17H	16H	15H	14H	13H	12H	11H	10H
3	1	1	1FH	1EH	1DH	1CH	1BH	1AH	19H	18H

当前工作寄存器组从某一工作寄存器组换至另一工作寄存器组时,原来工作寄存器组的各寄存器的内容将被屏蔽保护起来。利用这一特性可以方便地完成快速现场保护任务。

②位寻址区。内部 RAM 的 20H~2FH 共 16 B 单元是位寻址区。其 128 位的地址范围是 00H~7FH。对被寻址的位可进行位操作。人们常将程序状态标志和位控制变量设在位寻

址区内。对于该区未用到的单元也可以作为通用 RAM 使用。AT89S51 单片机位地址与字节地址的关系如表 3-2 所示。

表 3-2　AT89S51 单片机位地址与字节地址的关系

字 节 地 址	位 地 址							
	D7	D6	D5	D4	D3	D2	D1	D0
20H	07H	06H	05H	04H	03H	02H	01H	00H
21H	0FH	0EH	0DH	0CH	0BH	0AH	09H	08H
22H	17H	16H	15H	14H	13H	12H	11H	10H
23H	1FH	1EH	1DH	1CH	1BH	1AH	19H	18H
24H	27H	26H	25H	24H	23H	22H	21H	20H
25H	2FH	2EH	2DH	2CH	2BH	2AH	29H	28H
26H	37H	36H	35H	34H	33H	32H	31H	30H
27H	3FH	3EH	3DH	3CH	3BH	3AH	39H	38H
28H	47H	46H	45H	44H	43H	42H	41H	40H
29H	4FH	4EH	4DH	4CH	4BH	4AH	49H	48H
2AH	57H	56H	55H	54H	53H	52H	51H	50H
2BH	5FH	5EH	5DH	5CH	5BH	5AH	59H	58H
2CH	67H	66H	65H	64H	63H	62H	61H	60H
2DH	6FH	6EH	6DH	6CH	6BH	6AH	69H	68H
2EH	77H	76H	75H	74H	73H	72H	71H	70H
2FH	7FH	7EH	7DH	7CH	7BH	7AH	79H	78H

③通用 RAM(数据缓冲)区。位寻址区之后的 30H~7FH 共 80 B 单元为通用 RAM 区，这些单元可以作为数据缓冲器使用。这一区域的操作指令非常丰富，数据处理方便灵活。

在实际应用中，常需要在 RAM 区设置堆栈。AT89S51 的堆栈一般设在 30H~7FH 的范围内。栈顶的位置由堆栈指针(SP)指示。复位时 SP 的初值为 07H，在系统初始化时可以重新设置。

(三) 特殊功能寄存器(SFR)

在 AT89S51 中设置了与片内 RAM 统一编址的 21 个特殊功能寄存器(SFR)，它们离散地分布在 80H~FFH 的地址空间中。字节地址能被 8 整除的(即十六进制的地址码尾数为 0 或 8 的)单元是具有位地址的寄存器。在 SFR 地址空间中，有效的位地址共有 83 个，如表 3-3 所示。

特殊功能寄存器(SFR)每一位的定义和作用与单片机各部件直接相关。这里先概要说明一下，详细用法将在相应的项目中进行说明。

(1)与运算相关的寄存器(3 个)。详述如下：

累加器(ACC)为 8 位寄存器，它是 AT89S51 单片机中最繁忙的寄存器，用于向 ALU(算术逻辑单元)提供操作数，许多运算的结果也存放在累加器中。

寄存器 B 为 8 位寄存器,主要用于乘、除法运算,也可以作为 RAM 的一个单元使用。

表 3-3 AT89S51 特殊功能寄存器位地址及字节地址表

SFR	位地址/位符号(有效位 83 个)								字节地址
P0	87H	86H	85H	84H	83H	82H	81H	80H	80H
	P0.7	P0.6	P0.5	P0.4	P0.3	P0.2	P0.1	P0.0	
SP	—								81H
DPL	—								82H
DPH	—								83H
PCON	按字节访问,但相应位有特定含义(见串行口的内容)								87H
TCON	8FH	8EH	8DH	8CH	8BH	8AH	89H	88H	88H
	TF1	TR1	TF0	TR0	IE1	IT1	IE0	IT0	
TMOD	按字节访问,但相应位有特定含义(见中断系统和定时器/计数器的内容)								89H
TL0	—								8AH
TL1	—								8BH
TH0	—								8CH
TH1	—								8DH
P1	97H	96H	95H	94H	93H	92H	91H	90H	90H
	P1.7	P1.6	P1.5	P1.4	P1.3	P1.2	P1.1	P1.0	
SCON	9FH	9EH	9DH	9CH	9BH	9AH	99H	98H	98H
	SM0	SM1	SM2	REN	TB8	RB8	TI	RI	
SBUF	—								99H
P2	A7H	A6H	A5H	A4H	A3H	A2H	A1H	A0H	A0H
	P2.7	P2.6	P2.5	P2.4	P2.3	P2.2	P2.1	P2.0	
IE	AFH	—	—	ACH	ABH	AAH	A9H	A8H	A8H
	EA	—	—	ES	ET1	EX1	ET0	EX0	
P3	B7H	B6H	B5H	B4H	B3H	B2H	B1H	B0H	B0H
	P3.7	P3.6	P3.5	P3.4	P3.3	P3.2	P3.1	P3.0	
IP	—	—	—	BCH	BBH	BAH	B9H	B8H	B8H
	—	—	—	PS	PT1	PX1	PT0	PX0	
PSW	D7H	D6H	D5H	D4H	D3H	D2H	D1H	D0H	D0H
	CY	AC	F0	RS1	RS0	OV	—	P	
ACC	E7H	E6H	E5H	E4H	E3H	E2H	E1H	E0H	E0H
	ACC.7	ACC.6	ACC.5	ACC.4	ACC.3	ACC.2	ACC.1	ACC.0	
B	F7H	F6H	F5H	F4H	F3H	F2H	F1H	F0H	F0H
	B.7	B.6	B.5	B.4	B.3	B.2	B.1	B.0	

程序状态字寄存器(PSW)为 8 位寄存器,且这 8 位都有特殊的定义和作用,用来反映指令执行后累加器 ACC 的状态信息,供程序查询或判断使用,起一定的标志作用。PSW 中的

CY、AC、OV、P 的状态是根据指令的执行结果由硬件自动生成的,F0、F1、RSl、RS0 的状态由用户根据需要用软件方法进行设定。其各位含义如下:

CY:进位、借位标志。有进位、借位时 CY=1;否则,CY=0。

AC:辅助进位、借位标志(高半字节与低半字节间的进位或借位)。

F0、F1:用户标志位,由用户自己定义。

RSl、RS0:当前工作寄存器组选择位。

OV:溢出标志位。有溢出时 OV=1;否则,OV=0。

P:奇偶标志位。存于累加器中的运算结果有奇数个 1 时 P=1;否则,P=0。

(2)指针类寄存器(3个)。详述如下:

堆栈指针(SP)为 8 位寄存器,它总是指向栈顶。AT89S51 单片机的堆栈常设在 30H ~ 7FH 这一段 RAM 中。堆栈操作遵循"后进先出"的原则,入栈操作时,SP 先加 1,数据再压入 SP 指向的单元。出栈操作时,先将 SP 指向的单元的数据弹出,然后 SP 再减 1,这时 SP 指向的单元是新的栈顶。由此可见,80C51 单片机的堆栈区是向地址增大的方向生成的(这与常用的 80×86 微机不同)。

数据指针(DPTR)为 16 位寄存器,用来存放 16 位的地址,它由两个 8 位的寄存器 DPH 和 DPL 组成。间接寻址或变址寻址可对片外的 64 KB 范围的 RAM 或 ROM 数据进行操作。

程序计数器(PC)为 16 位寄存器。用于指出程序的地址,因此又称地址指针。CPU 每从 ROM 中读出 1 B,PC 自动加 1。当执行转移指令时,PC 会根据该指令修改下 次读 ROM 的新地址。

(3)与并行口相关的寄存器(7个)。详述如下:

并行 I/O 接口 P0、P1、P2、P3 寄存器,均为 8 位。通过对这 4 个寄存器的读/写,可以实现数据从相应接口输入/输出。

串行接口数据缓冲器(SBUF)。

串行接口控制寄存器(SCON)。

串行通信波特率倍增寄存器(PCON),由于一些位还与电源控制相关,所以又称电源控制寄存器。

(4)与中断相关的寄存器(2个)。详述如下:

中断允许控制寄存器(IE)。

中断优先级控制寄存器(IP)。

(5)与定时器/计数器相关的寄存器(6个)。详述如下:

定时器/计数器 T0 的两个 8 位计数初值寄存器 TH0、TL0,它们可以构成 16 位的计数器,TH0 存放高 8 位,TL0 存放低 8 位。

定时器/计数器 T1 的两个 8 位计数初值寄存器 TH1、TL1,它们可以构成 16 位的计数器,TH1 存放高 8 位,TL1 存放低 8 位。

定时器/计数器的工作方式寄存器(TMOD)。

定时器/计数器的控制寄存器(TCON)。

四、AT89S51 单片机 I/O 接口及工作原理

AT89S51 单片机有 4 个 8 位的并行 I/O 接口 P0、P1、P2 和 P3。每个端口均由锁存器、输

出驱动器和输入缓冲器组成。各端口除可以作为字节输入/输出外,它们的每一条端口线也可以单独地用作位输入/输出线。各端口编址于特殊功能寄存器中,既有字节地址又有位地址。对端口锁存器的读/写操作,就可以实现端口的输入/输出操作。

当不需要外部程序存储器和数据存储器扩展时,P0 口、P2 口可用作通用的输入/输出口;当需要外部程序存储器和数据存储器扩展时,P0 口作为分时复用的低 8 位地址/数据总线接口,P2 口作为高 8 位地址总线接口。

虽然各端口的功能不同,且结构也存在一些差异,但每个端口的位结构是相同的。所以,端口结构的介绍均以其位结构进行说明。

(一)P0 口的结构

P0 口由 1 个输出锁存器、1 个转换开关 MUX、2 个三态输入缓冲器、1 个输出驱动电路和1 个与门及 1 个反相器组成,P0 口的位结构如图 3-4 所示。

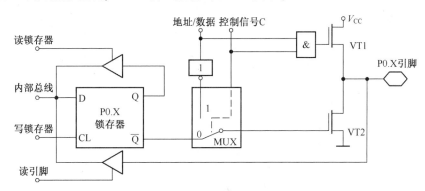

图 3-4 P0 口的位结构

图 3-4 中的控制信号 C 的状态决定转换开关的位置。当 C=0 时,开关处于图 3-4 所示位置;当 C=1 时,开关拨向反相器输出端位置。

(1)P0 口用作通用 I/O 接口。当系统不进行片外的 ROM 扩展,也不进行片外 RAM 扩展时,P0 口用作通用 I/O 接口。在这种情况下,单片机硬件自动使控制信号 C=0,转换开关MUX 接向锁存器的反相输出端。另外,与门输出的"0"使输出驱动器的上拉场效应晶体管VT1 处于截止状态。因此,作为输出驱动时,须工作在外接上拉电阻器的漏极开路方式。

作输出接口时,CPU 执行端口的输出指令,内部数据总线上的数据在"写锁存器"信号的作用下由 D 端进入锁存器,经锁存器的反相端送至场效应晶体管 VT2,再经 VT2 反相,在P0. X 引脚出现的数据正好是内部总线的数据。

作输入接口时,数据可以读自接口的锁存器,也可以读自接口的引脚。这要根据输入操作采用的是"读锁存器"指令还是"读引脚"指令来决定。读端口锁存器可以避免因外围电路原因使原接口引脚的状态发生变化造成的误读。

(2)P0 口用作地址/数据总线。当系统进行片外的 ROM 扩展(此时$\overline{EA}=0$)或进行片外RAM 扩展时,P0 口用作地址/数据总线。在这种情况下,单片机内硬件自动使控制信号 C=1,转换开关 MUX 接向反相器的输出端,这时与门的输出由地址/数据总线的状态决定。

CPU 在执行输出指令时,低 8 位地址信息和数据信息分时出现在地址/数据总线上。若地址/数据总线的状态为"1",则场效应晶体管 VT1 导通、VT2 截止,引脚状态为"1";若地址/数据总线的状态为"0",则场效应晶体管 VT1 截止、VT2 导通,引脚状态为"0"。可见 P0. X 引脚的状态正好与地址/数据总线的信息相同。

CPU 在执行输入指令时,首先低 8 位地址信息出现在地址/数据总线上,P0. X 引脚的状态与地址/数据总线的地址信息相同。然后,CPU 自动地使转换开关 MUX 拨向锁存器,并向 P0 口写入 FFH,同时"读引脚"信号有效,数据经缓冲器进入内部数据总线。

由此可见,P0 口作为地址/数据总线使用时是一个真正的双向接口。

(二)P2 口的结构

P2 口由 1 个输出锁存器、1 个转换开关 MUX、2 个三态输入缓冲器、1 个输出驱动电路和 1 个反相器组成。P2 口的位结构如图 3-5 所示。

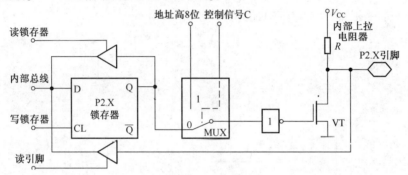

图 3-5　P2 口的位结构

图 3-5 中的控制信号 C 的状态决定转换开关的位置。当 C=0 时,开关处于图 3-5 所示位置;当 C=1 时,开关拨向地址线位置。由图 3-5 可见,输出驱动电路与 P0 口不同,内部设有上拉电阻器。

(1)P2 口用作通用 I/O 接口。当不需要在单片机芯片外部扩展程序存储器,仅可能扩展 256 B 的片外 RAM 时,只用到了地址线的低 8 位,P2 口仍可以作为通用 I/O 接口使用。

CPU 在执行输出指令时,内部数据总线的数据在"写锁存器"信号的作用下由 D 端进入锁存器,经反相器反相后送至场效应晶体管 VT,再经 VT 反相,在 P2. X 引脚出现的数据正好是内部数据总线的数据。

P2 口用作输入时,数据可以读自接口的锁存器,也可以读自接口的引脚。这要根据输入操作采用的是"读锁存器"指令还是"读引脚"指令来决定。

CPU 在执行"读—修改—写"类输入指令时,内部产生的"读锁存器"操作信号使锁存器 Q 端数据进入内部数据总线,在与累加器 ACC 进行逻辑运算之后,结果又送回 P2 口锁存器并出现在引脚上。

CPU 在执行输入指令时,内部产生的操作信号是"读引脚",这时应在执行输入指令前把锁存器写入"1",目的是使场效应晶体管 VT 截止,从而使引脚处于高阻抗输入状态。

所以,P2 口用作通用 I/O 接口时,属于准双向接口。

(2)P2 口用作地址总线。当需要在单片机芯片外部扩展程序存储器或扩展的 RAM 容量超过 256 B 时,单片机内硬件自动使控制信号 C=1,转换开关 MUX 接向地址线,这时

P2. X 引脚的状态正好与地址线的信息相同。

（三）P1 口的结构

P1 口是 80C51 的唯一的单功能接口,仅能用作通用的数据输入/输出接口。P1 口的位结构如图 3-6 所示。

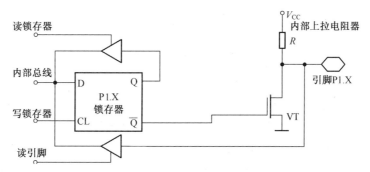

图 3-6　P1 口的位结构

由图 3-6 可见,P1 口由 1 个输出锁存器、2 个三态输入缓冲器和 1 个输出驱动电路组成。输出驱动电路与 P2 口相同,设有内部上拉电阻器。

P1 口是通用的准双向 I/O 接口。输出高电平时,能向外提供上拉电流负载,不必再接上拉电阻器;当接口用作输入时,须向口锁存器写入"1"。

（四）P3 口的结构

P3 口是双功能接口,除具有数据输入/输出功能外,每一接口线还具有特殊的第二功能。

P3 口的位结构如图 3-7 所示。P3 口由 1 个输出锁存器、3 个输入缓冲器(其中 2 个为三态)、输出驱动电路和 1 个与非门组成。输出驱动电路与 P2 口和 P1 口相同,设有内部上拉电阻器。

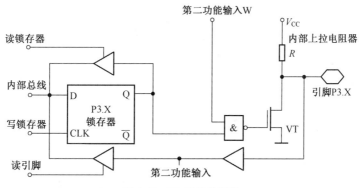

图 3-7　P3 口的位结构

（1）P3 口用作第一功能的通用 I/O 接口。当 CPU 对 P3 口进行字节或位寻址时(多数应用场合是把几条接口线设为第二功能,另外几条接口线设为第一功能,这时宜采用位寻址方式),单片机内部的硬件自动将第二功能输出线的 W 置"1"。这时,对应的接口线为通用 I/O

接口方式。

作为输出时,锁存器的状态(Q 端)与输出引脚的状态相同;作为输入时,也要先向 P3 口锁存器写入"1",使引脚处于高阻输入状态。输入的数据在"读引脚"信号的作用下,进入内部数据总线。所以,P3 口在作为通用 I/O 接口时,也属于准双向接口。

(2)P3 口用作第二功能使用。当 CPU 不对 P3 口进行字节或位寻址时,单片机内部硬件自动将接口锁存器的 Q 端置"1"。这时,P3 口可以作为第二功能使用。各引脚的定义如下:

①P3.0:RXD(串行接口输入)。

②P3.1:TXD(串行接口输出)。

③P3.2:$\overline{\text{INT0}}$(外部中断 0 输入)。

④P3.3:$\overline{\text{INT1}}$(外部中断 1 输入)。

⑤P3.4:T0(定时器/计数器 0 的外部输入)。

⑥P3.5:T1(定时器/计数器 1 的外部输入)。

⑦P3.6:$\overline{\text{WR}}$(片外数据存储器"写"选通控制输出)。

⑧P3.7:$\overline{\text{RD}}$(片外数据存储器"读"选通控制输出)。

P3 口相应的接口线处于第二功能,应满足的条件如下:

①串行 I/O 接口处于运行状态(RXD、TXD)。

②外部中断已经打开($\overline{\text{INT0}}$、$\overline{\text{INT1}}$)。

③定时器/计数器处于外部计数状态(T0、T1)。

④执行读/写外部 RAM 的指令($\overline{\text{RD}}$、$\overline{\text{WR}}$)。

作为输出功能的接口线(如 TXD),由于该位的锁存器已自动置"1",与非门对第二功能输出是畅通的,即引脚的状态与第二功能输出是相同的。

作为输入功能的接口线(如 RXD),由于此时该位的锁存器和第二功能输出线均为"1",场效应晶体管 VT 截止,该接口引脚处于高阻输入状态。引脚信号经输入缓冲器(非三态)进入单片机内部的第二功能输入线。

(五)并行 I/O 接口的负载能力

P0 口、P1 口、P2 口、P3 口的输入和输出电平与 CMOS 电平和 TTL 电平均兼容。

P0 口的每一位接口线可以驱动 8 个 LSTTL 负载。在作为通用 I/O 接口时,由于输出驱动电路是开漏方式,由集电极开路(OC 门)电路或漏极开路电路驱动时须外接上拉电阻器;当作为地址/数据总线使用时,接口线输出不是开漏方式,无须外接上拉电阻器。

P1 口、P2 口、P3 口的每一位能驱动 4 个 LSTTL 负载。它们的输出驱动电路设有内部上拉电阻器,所以可以方便地由集电极开路(OC 门)电路或漏极开路电路驱动,而无须外接上拉电阻器。

由于单片机接口线仅能提供几毫安的电流,当作为输出驱动一般的晶体管的基极时,应在接口与晶体管的基极之间串联限流电阻器。

五、C51 语言的数据类型与运算符

（一）C51 语言的数据类型

每写一个程序,总离不开数据的应用,在学习 C51 语言的过程中理解掌握数据类型也是很关键的。表 3-4 中列出了 Keil C51 语言编译器所支持的数据类型。在标准 C 语言中基本的数据类型为 char、int、short、long、float 和 double,而在 Keil C51 语言编译器中 int 和 short 相同,float 和 double 相同,这里就不列出说明了。

表 3-4　Keil C51 语言编译器所支持的数据类型

数 据 类 型	长 度	值 域
unsigned char	单字节	0~255
signed char	单字节	−128~+127
unsigned int	双字节	0~65 535
signed int	双字节	−32 768~+32 767
unsigned long	四字节	0~4 294 967 295
signed long	四字节	−2147483648~+2147483647
float	四字节	±1.175494E−38~±3.402823E+38
*	1~3 字节	对象的地址
bit	位	0 或 1
sfr	单字节	0~255
sfr16	双字节	0~65 535
sbit	位	0 或 1

1. char（字符类型）

char 数据类型的长度是 1 字节,通常用于定义字符数据的变量或常量,分无符号字符类型 unsigned char 和有符号字符类型 signed char,默认值为 signed char 类型。unsigned char 类型用字节中所有的位来表示数值,所能表达的数值范围是 0~255。signed char 类型用字节中最高位字节表示数据的符号,"0"表示正数,"1"表示负数,负数用补码表示。所能表示的数值范围是−128~+127。unsigned char 常用于处理 ASCII 字符或用于处理小于或等于 255 的整型数。

正数的补码与原码相同,负数的补码等于它的绝对值按位取反后加 1。

2. int（整型）

int 数据类型的长度为 2 字节,用于存放 1 个双字节数据,分为有符号整型 signed int 和无符号整型 unsigned int,默认值为 signed int 类型。signed int 表示的数值范围是−32 768~+32 767,字节中最高位表示数据的符号,"0"表示正数,"1"表示负数。unsigned int 表示的数值范围是 0~65 535。

3. long（长整型）

long 数据类型的长度为 4 字节,用于存放 1 个 4 字节整型数据,分为有符号长整型 signed long 和无符号长整型 unsigned long,默认值为 signed long 类型。signed int 表示的数值范围是 −2 147 483 648 ~ +2 147 483 647,字节中最高位表示数据的符号,"0"表示正数,"1"表示负数。unsigned long 表示的数值范围是 0 ~ 4 294 967 295。

4. float（浮点型）

float 浮点型在十进制中具有 7 位有效数字,是符合 IEEE 754 标准的单精度浮点型数据,占用 4 个字节。

5. *（指针型）

指针型本身就是一个变量,在这个变量中存放的是指向另一个数据的地址。这个指针变量要占据一定的内存单元,对不一样的处理器长度也不尽相同,在 C51 语言中它的长度一般为 1 ~ 3 字节。指针变量也具有类型,在以后的课程再做探讨,这里就不多说了。

6. bit（位标量）

bit 位标量是 C51 编译器的一种扩充数据类型,利用它可定义一个位标量,但不能定义位指针,也不能定义位数组。它的值是 1 个二进制位 0 和 1,类似一些高级语言中的 Boolean 类型中的 True 和 False。

7. sfr（特殊功能寄存器）

sfr 也是一种扩充数据类型,占用 1 个内存单元,值域为 0 ~ 255。利用它能访问 51 单片机内部的所有特殊功能寄存器。

如用 sfrP1 = 0x90 这一句定义 P1 为 P1 口在片内的寄存器,在后面的语句中可以用 P1 = 255(对 P1 口的所有引脚置高电平)之类的语句来操作特殊功能寄存器。

8. sfr16（16 位特殊功能寄存器）

sfr16 占用 2 个内存单元,值域为 0 ~ 65 535。sfr16 和 sfr 一样用于操作特殊功能寄存器,所不一样的是它用于操作占 2 字节的寄存器,如定时器 T0 和 T1。

9. sbit（可寻址位）

sbit 也是单片机 C 语言的一种扩充数据类型,利用它能访问芯片内部 RAM 中的可寻址位或特殊功能寄存器中的可寻址位。

如已定义 sfr P1 = 0x90,则 sbit P1_1 = P1^1 表示 P1_1 为 P1 中的 P1.1 引脚,同样也可以用 P1.1 的地址去定义,如 sbit P1_1 = 0x91,这样在以后的程序语句中就能用 P1_1 来对 P1.1 引脚进行读写操作了。

通常这些能直接使用编译系统提供的预处理文件,里面已定义好每个特殊功能寄存器的简单名字,直接引用就可以了。当然也可以自己写定义文件,用自己认为好记的名字命名即可。

(二) C51 语言的运算符与表达式

C51 语言的运算符(见表 3-5)按其表达式与运算符的关系可分为单目运算符、双目运算符和三目运算符。单目运算符就是指需要有一个运算对象,双目运算符就要求有两个运算对象,三目运算符则要有三个运算对象。表达式则是由运算符及运算对象所组成的具有特定含义的式子。C 语言是一种表达式语言,表达式后面加";"就构成了一个表达式语句。

表 3-5　C51 语言的运算符

运算符		范例	说　明
算术运算符	+	a+b	a 变量值和 b 变量值相加
	−	a−b	a 变量值和 b 变量值相减
	*	a*b	a 变量值乘以 b 变量值
	/	a/b	a 变量值除以 b 变量值
	%	a%b	取 a 变量值除以 b 变量值的余数
赋值运算符	=	a=4	将 4 赋给 a 变量,即 a 变量值等于 4
复合赋值运算符	+=	a+=b	等同于 a=a+b,将 a 与 b 相加的结果又存回 a
	−=	a−=b	等同于 a=a−b,将 a 与 b 相减的结果又存回 a
	*=	a*=b	等同于 a=a*b,将 a 与 b 相乘的结果又存回 a
	/=	a/=b	等同于 a=a/b,将 a 与 b 相除的结果又存回 a
	%=	a%=b	等同于 a=a%b,将 a 除以 b 的余数又存回 a
自增、自减运算符	++	a++	a 的值加 1,即 a=a+1
	−−	a−−	a 的值减 1,即 a=a−1
关系运算符	>	a>b	测试 a 是否大于 b
	<	a<b	测试 a 是否小于 b
	==	a==b	测试 a 是否等于 b
	>=	a>=b	测试 a 是否大于或等于 b
	<=	a<=b	测试 a 是否小于或等于 b
	!=	a!=b	测试 a 是否不等于 b
逻辑运算符	&&	a&&b	a 和 b 做逻辑与
	||	a||b	a 和 b 做逻辑或
	!	!a	将变量 a 的值取反,即真变为假,假变为真
位运算符	>>	a>>b	将 a 按位右移 b 个位
	<<	a<<b	将 a 按位左移 b 个位,右侧补"0"
	|	a|b	a 和 b 按位做或运算
	&	a&b	a 和 b 按位做与运算
	^	a^b	a 和 b 按位做异或运算
	~	a<<b	将 a 的二进制数按位取反,即 1 变为 0,0 变为 1
指针、地址运算符	&	a=&b	将变量 b 的地址存入变量 a
	*	*a	用来读取变量 a 所指地址单元内的值
条件运算符	?:	Max=(a>b)? a:b	将 a 和 b 中较大者赋给变量 Max
sizeof 运算符	sizeof	sizeof(a)	计算 a 的字节数
强制类型转换	( )	(类型名)表达式	转换表达式的数据类型
逗号运算符	,	c=(a,b)	运算完后把 b 的值赋给 a

1. 赋值运算符

在 C 语言中,符号"="是一个特殊的运算符,称为赋值运算符。赋值运算符的作用是将一个数据的值赋给一个变量,利用赋值运算符将一个变量与一个表达式连接起来的式子称为赋值表达式,在赋值表达式的后面加一个分号";"便构成了赋值语句。赋值语句的格式如下:

$$变量=表达式;$$

该语句的意义是先计算出右边表达式的值,然后将该值赋给左边的变量。上式中的"表达式"还可以是另一个赋值表达式,即C语言允许进行多重赋值。例如:

```
x=9;          /* 将常数9赋给变量x */
x=y=8;        /* 将常数8同时赋给变量x和y */
```

上述都是合法的赋值语句。在使用赋值运算符"="时应注意不要与关系运算符"=="相混淆,关系运算符"=="用来进行相等关系运算。

2. 算术运算符

C语言中的算术运算符有:+(加或取正值运算符)、-(减或取负值运算符)、*(乘法运算符)、/(除法运算符)、%(取余运算符或称模运算符)。

上面这些运算符中,加、减、乘、除为双目运算符,它们要求有两个运算对象。加、减和乘法符合一般的算术运算规则。除法运算有所不同:如果是两个整数相除,其结果为整数,舍去小数部分,例如:5/3的结果为1,5/10的结果为0;如果是两个浮点数相除,其结果为浮点数,例如:5.0/10.0的结果为0.5。取余运算要求两个运算对象均为整型数据,例如:7%4的结果为3。取正值和取负值为单目运算符,它们的运算对象只有一个,分别是取运算对象的正值和负值。

用算术运算符将运算对象连接起来的式子即为算术表达式。单独的一个运算数据也可视为算术表达式。

例如:x+y/(a-b),(a+b)*(x-y)都是合法的算术表达式。C语言中规定了运算符的优先级和结合性,在求一个表达式的值时,要按运算符的优先级别进行。算术运算符中取负值(-)的优先级最高,其次是乘法(*)、除法(/)和取余(%)运算符,加法(+)和减法(-)运算符的优先级最低。需要时可在算术表达式中采用圆括号来改变运算符的优先级,例如在计算表达式x+y/(a-b)的值时,首先计算(a-b),然后再计算y/(a-b),最后计算x+y/(a-b)。如果在一个表达式中各个运算符的优先级别相同,则计算时按规定的结合方向进行。例如计算表达式x+y-z的值,由于+和-优先级别相同,计算时按"从左至右"的结合方向,先计算x+y,再计算(x+y)-z。这种"从左至右"的结合方向称为"左结合性",此外还有"右结合性"。表3-5列出了C语言中所有运算符以及它们的优先级别和结合性。

3. 自增和自减运算符

在C语言中,除了基本的加、减、乘、除运算符之外,还提供了一种特殊的运算符:++(自增运算符)和--(自减运算符)。

自增和自减运算符是C语言中特有的一种运算符,作用是分别对运算对象进行加1和减1运算。例如:++i,i++,--j,j--等。

看起来++i和i++的作用都是使变量i的值加1,但是由于运算符++所处的位置不同,使变量i加1的运算过程也不同。++i(或--i)是先执行i+1(或i-1)的操作,再使用i的值,而i++(或i--)则是先使用i的值,再执行i+1(或i-1)的操作。

自增运算符"++"和自减运算符"--"只能用于变量,不能用于常数或表达式。

4. 关系运算符

C 语言中有 6 种关系运算符:>(大于)、<(小于)、>=(大于或等于)、<=(小于或等于)、==(等于)、!=(不等于)。前 4 种关系运算符具有相同的优先级,后 2 种关系运算符也具有相同的优先级,但前 4 种的优先级高于后 2 种。用关系运算符将两个表达式连接起来即成为关系表达。关系表达式的一般形式如下:

表达式 1　　关系运算符　　表达式 2

例如:x>y、x+y>z、(x=3)>(y=4)都是合法的关系表达式。

关系运算符通常用来判别某个条件是否满足,关系运算的结果只有 0 和 1 两种值。当所指定的条件满足时,结果为 1;条件不满足时,结果为 0。

5. 逻辑运算符

C 语言中有 3 种逻辑运算符:‖(逻辑或)、&&(逻辑与)、!(逻辑非)。

逻辑运算符用来求某个条件式的逻辑值;用逻辑运算符将关系表达式或逻辑量连接起来就是逻辑表达式。逻辑运算的一般形式如下:

(1)逻辑与:条件式 1　&&　条件式 2

(2)逻辑或:条件式 1　‖　条件式 2

(3)逻辑非:! 条件式

例如:x&&y、a‖b、! z 都是合法的逻辑表达式。

进行逻辑与运算时,首先对条件式 1 进行判断,如果结果为真(非 0 值),则继续对条件式 2 进行判断,当结果也为真时,表示逻辑运算的结果为真(值为 1);反之,如果条件式 1 的结果为假,则不再判断条件式 2,而直接给出逻辑运算的结果为假(值为 0)。进行逻辑或运算时,只要两个条件式中有一个为真,逻辑运算的结果便为真(值为 1),只有当条件式 1 和条件式 2 均不成立时,逻辑运算的结果才为假(值为 0)。进行逻辑非运算时,对条件式的逻辑值直接取反。逻辑运算符的优先级为(由高至低):!(非)→&&(与)→‖(或),即逻辑非的优先级最高。

6. 位运算符

能对运算对象进行按位操作是 C 语言的一大特点,正是由于这一特点,使 C 语言具有了汇编语言的一些功能,从而使之能对计算机的硬件直接进行操作。C 语言中共有 6 种位运算符:~(按位取反)、<<(左移)、>>(右移)、&(按位与)、^(按位异或)、|(按位或)。

位运算符的作用是按位对变量进行运算,并不改变参与运算的变量的值。若希望按位改变运算变量的值,则应利用相应的赋值运算。另外,位运算符不能用来对浮点型数据进行操作。位运算符的优先级从高到低依次是:按位取反(~)→左移(<<)和右移(>>)→按位与(&)→按位异或(^)→按位或(|)。位运算的一般形式如下:

变量 1　　位运算符　　变量 2

表 3-6 列出了按位取反、按位与、按位或和按位异或的逻辑真值。

7. 复合赋值运算符

在赋值运算符"="的前面加上其他运算符,就构成了所谓的复合赋值运算符:+=(加法赋值)、-=(减法赋值)、*=(乘法赋值)、/=(除法赋值)、%=(取模赋值)、<<=(左移位赋值)、>>=(右移位赋值)、&=(逻辑与赋值)、|=(逻辑或赋值)、^=(逻辑异或赋值)、~=(逻辑非赋值)。

表 3-6　按位取反、按位与、按位或和按位异或的逻辑真值

a	b	~a	~b	a&b	a|b	a^b
0	0	1	1	0	0	0
0	1	1	0	0	1	1
1	0	0	1	0	1	1
1	1	0	0	1	1	0

复合赋值运算首先对变量进行某种运算,然后将运算的结果再赋给该变量。复合赋值运算的一般形式如下:

变量　复合赋值运算符　表达式

例如,a+=3 等价于 a=a+3;x*=x+8 等价于 x=x*(x+8)。凡是双目运算符,都可以和赋值运算符一起组合成复合赋值运算符。采用复合赋值运算符,不仅可以使程序简化,同时还可以提高程序的编译效率。

8. 逗号运算符

在 C 语言中,逗号","是一个特殊的运算符,可以用它将两个(或多个)表达式连接起来,称为逗号表达式。逗号表达式的一般形式如下:

表达式 1,表达式 2,…,表达式 n

程序运行时,对于逗号表达式的处理是从左至右依次计算出各个表达式的值,而整个逗号表达式的值是最右边表达式(即表达式 n)的值。

9. 条件运算符

条件运算符"?:"是 C 语言中唯一的一个三目运算符。它要求有 3 个运算对象,用它可以将 3 个表达式连接构成一个条件表达式。条件表达式的一般形式如下:

逻辑表达式? 表达式 1:表达式 2

其功能是首先计算逻辑表达式,当值为真(非 0 值)时,将表达式 1 的值作为整个条件表达式的值;当逻辑表达式的值为假(0 值)时,将表达式 2 的值作为整个条件表达式的值。例如,条件表达式 max=(a>b)? a:b 的执行结果是将 a 和 b 中较大者赋值给变量 max。另外,条件表达式中逻辑表达式的类型可以与表达式 1 和表达式 2 的类型不一样。

10. 指针和地址运算符

指针是 C 语言中一个十分重要的概念,在 C 语言的数据类型中专门有一种指针类型。变量的指针就是该变量的地址,另外,还可以定义一个指向某个变量的指针变量。为了表示指针变量和它所指向的变量地址之间的关系,C 语言提供了两个专门的运算符:*(取内容)和 &(取地址)。取内容和取地址运算的一般形式分别如下:

变量 = *指针变量;

指针变量 = & 目标变量;

取内容运算的含义是将指针变量所指向的目标变量的值赋给左边的变量;取地址运算的含义是将目标变量的地址赋给左边的变量。注意,指针变量中只能存放地址(即指针型数据),不要将一个非指针型数据赋值给一个指针变量。

11. 强制类型转换运算符

C 语言中的圆括号"( )"也可作为一种运算符使用,这就是强制类型转换运算符。它的作用是将表达式或变量的类型强制转换成为所指定的类型。在 C 语言程序中进行算术运算

时,需要注意数据类型的转换。一般有两种数据类型转换方式,即隐式转换和显式转换,隐式转换是在对程序进行编译时由编译器自动处理的。隐式转换遵循以下规则:

(1)所有 char 型的操作数转换成 int 型。

(2)用运算符连接的两个操作数如果具有不同的数据类型,则按以下次序进行转换:如果一个操作数是 float 类型,则另一个操作数也转换成 float 类型;如果一个操作数是 long 类型,则另一个操作数也转换成 long 类型;如果一个操作数是 unsigned 类型,则另一个操作数也转换成 unsigned 类型。

(3)在对一变量赋值时发生的隐式转换将赋值号 "=" 右边的表达式类型转换成赋值号左边变量的类型。例如,如果把整型数赋值给字符型变量,则整型数的高 8 位将丢失;如果把浮点数赋值给整型变量,则小数部分将丢失。在 C 语言中,只有基本数据类型(即 char,int ,long 和 float)可以进行隐式转换,其余的数据类型不能进行隐式转换。例如,不能把一个整型数利用隐式转换赋值给一个指针变量,在这种情况下,就必须利用强制类型转换运算符来进行显式转换。强制类型转换运算符的一般形式如下:

(类型)表达式

显式转换在给指针变量赋值时特别有用。例如,预先在 8051 单片机的片外数据存储器(xdata)中定义了一个字符型指针变量 px,如果想给这个指针变量赋初值 0xB000,则可以写成 px=(char xdata *)0xB000。这种方法特别适合于用标识符来存取绝对地址。

12. sizeof 运算符

C 语言中提供了一种用于求取数据类型、变量以及表达式的字节数的运算符,该运算符的一般形式如下:

sizeof(表达式)或 sizeof(数据类型)

应该注意的是,sizeof 是一种特殊的运算符,不要错误地认为它是一个函数。实际上,字节数的计算在程序编译时就完成了,而不是在程序执行的过程中才计算出来的。

前面对 C 语言中的各种运算符分别进行了介绍,此外还有 3 个运算符:数组下标运算符 "[ ]"、存取结构或联合中变量的运算符 "→" 或 "·",它们将在后面项目中予以介绍。表 3-7 给出了这些运算符在使用过程中的优先级和结合性。

表 3-7 运算符在使用过程中的优先级和结合性

优先级	类　别	运算符名称	运　算　符	结 合 性
1	强制转换	强制类型转换	( )	自左向右
	数组	下标	[ ]	
	结构、联合	存取结构或联合体成员	→或 ·	
2	逻辑	逻辑非	!	自右向左
	字位	按位取反	~	
	自增	自加 1	++	
	自减	自减 1	--	
	指针	取地址	*	
		取内容	&	
	算术	单目减	-	
	长度计算	长度计算	sizeof	

优先级	类 别	运算符名称	运 算 符	结合性
3	算术	乘	*	
		除	/	
		取模	%	
4	算术和指针运算	加	+	
		减	−	
5	字位	左移	<<	
		右移	>>	
6	关系	大于或等于	>=	自左向右
		大于	>	
		小于或等于	<=	
		小于	<	
7		恒等于	==	
		不等于	! =	
8	字位	按位与	&	
9		按位异或	^	
10		按位或			
11	逻辑	逻辑与	&&	
12		逻辑或	||	
13	条件	条件运算	?:	自右向左
14	赋值	赋值	=	
		复合赋值	op(Op 表示操作符)=	
15	逗号	逗号运算	,	自左向右

项目实施

【技能训练 3.1】 将 P1 口状态送入 P0 口、P2 口和 P3 口

实施步骤是使用单片机 P1 口将数据传送到 P0 口、P2 口和 P3 口,P0~P3 口都作为普通的 I/O 口使用,所采用的电路原理图如图 3-8 所示。

1. 实现方法

首先向 P1 口写 1,然后读取 P1 口的状态,再将 P1 口的状态通过赋值方式传递给 P0 口、P2 口和 P3 口。

2. 将 P1 口状态送入 P0 口、P2 口和 P3 口程序设计

先建立文件夹"ex3.1",然后再建立"ex 3.1"工程项目,最后建立源程序文件"ex 3.1.c",输入如下源程序:

```
#include<reg51.h>        //包含单片机寄存器的头文件
void main(void)
```

```
    {
      while(1)                     //无限循环
      {
        P1 = 0xff;                 //P1 = 1111 1111B,熄灭 LED
        P0 = P1;                   //将 P1 口状态送入 P0 口
        P2 = P1;                   //将 P1 口状态送入 P2 口
        P3 = P1;                   //将 P1 口状态送入 P3 口
      }
    }
```

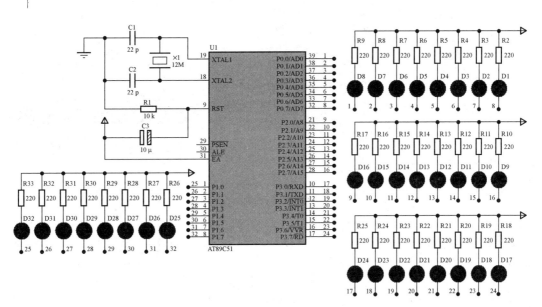

图 3-8 将 P1 口状态送入 P0 口、P2 口和 P3 口的电路原理图

3. 利用 Proteus 仿真软件仿真

经 Keil C51 软件编译通过后,可用 Proteus 仿真软件进行仿真。在 Proteus ISIS 编辑环境中绘制仿真电路图,或者打开计算机中的"仿真训练\项目 3\ex3.1"文件夹内的"ex3.1.DSN"仿真原理图文件,将编译好的"ex3.1.hex"文件载入 AT89C51。启动仿真,即可看到与单片机相连接的 P0 口、P2 口和 P3 口的 8 个 LED 状态与 P1 相连的 8 个 LED 状态保持一致。

4. 采用实验板试验

程序仿真无误后,将"ex3.1"的文件夹中的"ex3.1.hex"文件烧录入 AT89C51 芯片,再将烧录好的单片机插入实验板,通电运行即可看到和仿真类似的试验结果。

【技能训练 3.2】 使用 P3 口流水点亮 8 个 LED

实施步骤是使用单片机 P3 口控制 8 个 LED 流水点亮,P3 口作为普通的 I/O 口使用,所采用的电路原理图如图 3-9 所示。

1. 实现方法

通过对 P3 口的 8 个引脚进行写操作,当某个引脚写入"1"时,与该引脚相连的 LED 就处于熄灭状态;当某个引脚写入"0"时,与该引脚相连的 LED 就处于点亮状态。因此,要形成流水灯,就必须先向 P3.0 写入"0",其他引脚写入"1",此时 D1 点亮,其他熄灭;然后向 P3.1 写入"0",其他引脚写入"1",此时 D2 点亮,其他熄灭;依次类推。

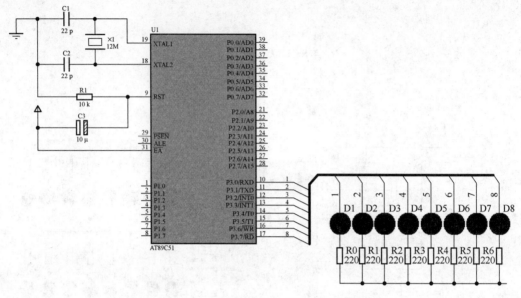

图 3-9　P3 口流水点亮 8 个 LED 的电路原理图

2. 用 P3 口流水点亮 8 个 LED 程序设计

先建立文件夹"ex3.2",然后再建立"ex3.2"工程项目,最后建立源程序文件"ex3.2.c",输入如下源程序:

```c
#include<reg51.h>        //包含单片机寄存器的头文件
void delay(void)         //delay()函数进行延时
{
    unsigned char i,j;
    for(i=0;i<250;i++)
      for(j=0;j<250;j++)
}
void main(void)
{
    while(1)
    {
      P3=0xfe;           //第 1 个 LED 灯亮
      delay();           //调用延时函数
      P3=0xfd;           //第 2 个 LED 灯亮
      delay();           //调用延时函数
      P3=0xfb;           //第 3 个 LED 灯亮
      delay();           //调用延时函数
      P3=0xf7;           //第 4 个 LED 灯亮
      delay();           //调用延时函数
```

```
P3 = 0xef;              //第 5 个 LED 灯亮
delay();                //调用延时函数
P3 = 0xdf;              //第 6 个 LED 灯亮
delay();                //调用延时函数
P3 = 0xbf;              //第 7 个 LED 灯亮
delay();                //调用延时函数
P3 = 0x7f;              //第 8 个 LED 灯亮
delay();                //调用延时函数
    }
}
```

3. 利用 Proteus 仿真软件仿真

经 Keil C51 软件编译通过后,可用 Proteus 仿真软件进行仿真。在 Proteus ISIS 编辑环境中绘制仿真电路图,或者打开计算机中的"仿真训练\项目 3 \ ex3.2"文件夹内的"ex3.2.DSN"仿真原理图文件,将编译好的"ex3.2.hex"文件载入 AT89C51。启动仿真,即可看到与 P3 口相连接的 8 个 LED 呈现流水灯状态。

4. 采用实验板试验

程序仿真无误后,将"ex3.2"的文件夹中的"ex3.2.hex"文件烧录入 AT89C51 芯片,再将烧录好的单片机插入实验板,通电运行即可看到和仿真类似的试验结果。

【技能训练 3.3】　通过对 P3 口地址的操作流水点亮 8 个 LED

实施的步骤是使用单片机 P3 口地址控制 8 个 LED 流水点亮,P3 口作为普通的 I/O 口使用,所采用的电路原理图如图 3-9 所示。

1. 实现方法

通过对 P3 口的地址进行写操作,也就是对 P3 口的 8 个引脚进行写操作,当某个引脚写入"1"时,与该引脚相连的 LED 就处于熄灭状态;当某个引脚写入"0"时,与该引脚相连的 LED 就处于点亮状态。因此,要形成流水灯,就必须先向 P3.0 写入"0",其他引脚写入"1",此时 D1 点亮,其他熄灭;然后向 P3.1 写入"0",其他引脚写入"1",此时 D2 点亮,其他熄灭;依次类推,即形成流水灯。

2. 通过对 P3 口地址的操作流水点亮 8 个 LED 程序设计

先建立文件夹"ex3.3",然后再建立"ex3.3"工程项目,最后建立源程序文件"ex3.3.c",输入如下源程序:

```
#include<reg51.h>       //包含单片机寄存器的头文件
sfr x = 0xb0;           //P3 口在存储器中的地址是 b0H,通过 sfr 可定义 8051 单片机
                        //内核的所有内部 8 位特殊功能寄存器,对地址 x 的操作也就是对 P1
                        //口的操作
void delay(void)        //delay()函数进行延时
  {
    unsigned char i,j;
     for(i = 0;i<250;i++)
       for(j = 0;j<250;j++)
  }
```

```
void main(void)
{
  while(1)
    {
      x=0xfe;        //第1个LED灯亮
      delay();       //调用延时函数
      x=0xfd;        //第2个LED灯亮
      delay();       //调用延时函数
      x=0xfb;        //第3个LED灯亮
      delay();       //调用延时函数
      x=0xf7;        //第4个LED灯亮
      delay();       //调用延时函数
      x=0xef;        //第5个LED灯亮
      delay();       //调用延时函数
      x=0xdf;        //第6个LED灯亮
      delay();       //调用延时函数
      x=0xbf;        //第7个LED灯亮
      delay();       //调用延时函数
      x=0x7f;        //第8个LED灯亮
      delay();       //调用延时函数
    }
}
```

3. 利用 Proteus 仿真软件仿真

经 Keil C51 软件编译通过后,可用 Proteus 仿真软件进行仿真。在 Proteus ISIS 编辑环境中绘制仿真电路图,或者打开计算机中的"仿真训练\项目 3\ex3.3"文件夹内的"ex3.3.DSN"仿真原理图文件,将编译好的"ex3.3.hex"文件载入 AT89C51。启动仿真,即可看到与 P3 口相连的 8 个 LED 呈现流水灯状态。

4. 采用实验板试验

程序仿真无误后,将"ex3.3"的文件夹中的"ex3.3.hex"文件烧录入 AT89C51 芯片,再将烧录好的单片机插入实验板,通电运行即可看到和仿真类似的试验结果。

【技能训练 3.4】 用不同数据类型的数据控制 LED 的闪烁

实施步骤是使用无符号整型数据和无符号字符型数据来设计延时函数,分别用以控制图 3-10 中 VD1 和 VD2 的闪烁,从而研究这两种数据的不同效果。

1. 实现方法

为比较这两种数据的使用效果,将延时函数的循环次数设置相同,然后通过比较延时效果,直观地看出两种数据的使用效果。

2. 程序设计

先建立文件夹"ex3.4",然后建立"ex3.4"工程项目,最后建立源程序文件"ex3.4.c"。输入如下源程序:

```
//技能训练 3.4:用不同数据类型的数据控制灯闪烁时间
```

```
#include<reg51.h>          //包含单片机寄存器的头文件
void int_delay(void)       //用整型数据延时一段时间
{
  unsigned int m;          //定义无符号整型变量,双字节数据,值域为 0~65535
  for(m=0;m<36000;m++)
}
void char_delay(void)      //用字符型延时一段较短的时间
{
  unsigned char i,j;       //定义无符号字符型变量,单字节数据,值域为 0~255
     for(i=0;i<200;i++)
       for(j=0;j<180;j++)
}
void main(void)
{
  unsigned char i;
  while(1)
    {
      for(i=0;i<3;i++)
        {
          P1=0xfe;         //P1.0 口的灯点亮
          int_delay();     //延时一段较长的时间
          P1=0xff;         //熄灭
          int_delay();     //延时一段较长的时间
        }
      for(i=0;i<3;i++)
        {
          P1=0xef;         //P1.4 口的灯点亮
          char_delay();    //延时一段较长的时间
          P1=0xff;         //熄灭
          char_delay();    //延时一段较长的时间
        }
    }
}
```

3. 利用 Proteus 仿真软件仿真

经 Keil C51 软件编译通过后,可用 Proteus 仿真软件进行仿真。在 Proteus ISIS 编辑环境中绘制仿真电路图。或者打开计算机中的"仿真训练\项目 3\ex 3.4"文件夹内的"ex 3.4. DSN"仿真原理图文件。再将虚拟示波器的输入信号通道 A、B 分别连接在 P1.0 引脚和 P1.4 引脚。然后载入编译好的"ex3.4. hex"文件。启动仿真。可看到 VD1 的闪烁频率明显低于 VD2,即整型数据实现的延时函数延时时间明显较长。仿真效果图如图 3-11 所示。从波形图上可以看出,P1.0 口输出的低电平长度(即 VD1 的点亮时间)明显大于 P1.4 口输出的低电平长度。

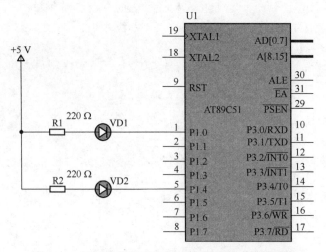

图 3-10　不同数据类型控制 LED 闪烁的电路原理图

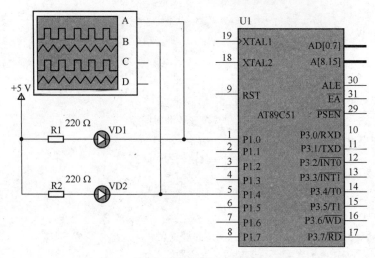

图 3-11　控制两个 LED 闪烁的仿真效果图

由于整型数据占 2 字节,而无符号字符型数据仅占 1 字节,因此对无符号整型数据进行操作花费的时间就要长一些。例如,整型数据实现 100 次循环,消耗的时间约为 800 个机器周期;而用无符号字符型数据同样实现 100 次循环,循环的周期只有 300 个机器周期。所以,为了提高程序的运行速度,应尽可能采用无符号字符型数据。

4. 采用实验板试验

程序仿真无误后,将"ex3.4"文件夹中"ex3.4.hex"文件烧录入 AT89C51 芯片中。再将烧录好的单片机插入实验板,通电运行即可看到和仿真类似的试验结果。

自我测试

3-1　P0 口、P1 口、P2 口和 P3 口的负载能力分别是多少?

3-2　输出时,P0 口为什么要外接上拉电阻器才能有高电平输出?

3-3　MCS-51 单片机有哪几个存储空间,是如何分布的?

3-4 MCS-51 单片机的内部 RAM 分成几个不同区域及地址范围?

3-5 PSW 的作用是什么? 常用的状态标志有哪几位? 其作用是什么? 能否位寻址?

3-6 bit 和 sbit 有什么区别?

3-7 在 C 语言中, sbit P1_0 = 0x90 语句的作用是什么? 能不能直接使用 P1.0(说明原因)?

项目 **④** LED 数码管显示控制与实现

学习目标

(1)掌握 LED 数码管的结构、工作原理和显示方式。

(2)掌握 LED 数码管动态显示的原理、电路设计及程序设计。

(3)掌握 LED 数码管静态显示的原理、电路设计及程序设计。

(4)掌握单片机与 LED 数码管的接口技术。

(5)能完成单片机的 LED 数码管动态及静态显示电路设计。

(6)掌握 C 语言的语句结构、数组及函数的相关知识,能完成 LED 数码管动态和静态显示的 C 语言程序的设计、运行与调试。

项目描述

本项目是利用 AT89C51 单片机的 P2 口的 P2.0~P2.6 七个引脚,依次连接到一个共阴极 LED 数码管的 a~g 七个位段控制引脚上,实现下述功能:

(1)LED 数码管循环显示数字 5。

(2)LED 数码管循环显示数字 0~9。

(3)LED 数码管慢速和快速分别实现动态显示数字"1234"。

(4)LED 数码秒表设计。

(5)LED 数码管时钟数字显示。

(6)LED 码管显示按键次数。

(7)用 if、switch 语句控制 P0 口 8 个 LED 的点亮状态,用 while 语句控制 P0 口 8 个 LED 闪烁花样,用 do-while 语句控制 P0 口 8 个 LED 流水点亮。

知识链接

在工业控制、智能仪表、家用电器等领域,单片机系统需要配接 LED 数码管、显示器、键盘等外接器件。接口技术就是解决单片机与外接器件的信息传输问题,以完成初始设置、数据输入,以及控制量输出、结果存储和显示等功能。本项目主要介绍 MCS-51 单片机与 LED 数码管、键盘、LCD 液晶等接口技术技巧应用。

一、LED 数码管接口的原理和接口电路

在单片机系统中,通常用 LED 数码管来显示各种数字或符号。由于它具有显示清晰、亮度高、使用电压低、使用寿命长的特点,因此使用广泛。

1.LED 数码管显示器

LED(Light-Emitting Diode,发光二极管)有七段和八段之分,也有共阴和共阳两种。这里介绍七段 LED 数码管。

LED 数码管由若干个发光二极管组成。当发光二极管导通时,相应的一个笔画或一个点就发光。控制相应的二极管导通,就能显示出对应字符,七段 LED 数码管如图 4-1 所示。

七段 LED 数码管通常构成字型"8",笔段名称依次为 a、b、c、d、e、f、g。还有一个发光二极管用来显示小数点 DP。各段 LED 数码管需要由驱动电路驱动。在七段 LED 数码管中,通常将各段发光二极管的阴极或阳极连在一起作为公共端 COM,称为数码管的位,这样可以使驱动电路简单。将各段发光二极管阳极连在一起的称为共阳极数码管,用低电平驱动;将各段发光二极管阴极连在一起的称为共阴极 LED 数码管,用高电平驱动。

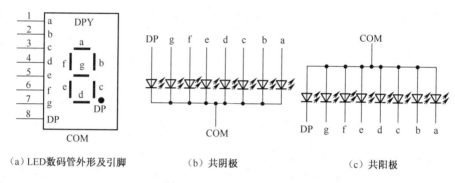

（a）LED 数码管外形及引脚　　　　（b）共阴极　　　　　　（c）共阳极

图 4-1　七段 LED 数码管

要使 LED 数码管显示某一字符,就需要对它的段和位加上适当的信号。LED 数码管内部二极管的工作特性和普通的发光二极管一样,正向压降 1.8 V 左右,静态显示时电流小于10 mA 为宜,动态扫描显示时电流可适当大一些。大型 LED 数码管的笔段是由多个发光二极管串、并联构成的,在使用时根据厂家提供的技术资料,施加合适的段和位的控制信号。

2. 接口电路与段码控制

共阳极 LED 数码管和单片机的接口电路原理图如图 4-2 所示。晶体管的导通状态受 P2.0 引脚的输出电平控制,其集电极为 LED 数码管的共阳极端。P0.0~P0.7 引脚的输出电平可以控制 LED 数码管各字段的亮灭状态,只要让 P0 口输出规定的控制信号,就可以使这些字段按照要求亮灭,显示出不同的数字。

3.LED 数码管的编码方式

LED 数码管的公共端一般接地或电源,或者是通过控制电路控制它的接地或电源,比较简单。LED 数码管要显示不同的字符是通过控制加在段上的信息实现的,在单片机的应用电路里是用一个8 位的 I/O 去控制,一般按图 4-3 的方式对应。

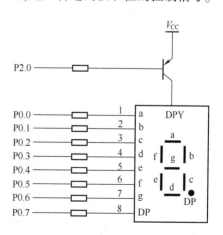

图 4-2　共阳极 LED 数码管和
单片机的接口电路原理图

D7	D6	D5	D4	D3	D2	D1	D0
DP	g	f	e	d	c	b	a

图 4-3 LED 数码管引脚与 I/O 的对应关系

用 8 位的二进制数可以组成 LED 数码管显示的字符信息,其中用"1"或者"0"表示笔段的亮或灭。例如,共阴极 LED 数码管若要显示"0",需要 a、b、c、d、e、f 段亮,g、DP 段灭,可以用 00111111B 表示,这种用二进制数据表示的字符显示信息称为 LED 数码管的字段码。表 4-1 为 LED 数码管的编码表。

表 4-1 LED 数码管的编码表

显示字符	共阳极 LED 数码管		共阴极 LED 数码管	
	DP g f e d c b a	十六进制	DP g f e d c b a	十六进制
0	1 1 0 0 0 0 0 0	C0H	0 0 1 1 1 1 1 1	3FH
1	1 1 1 1 1 0 0 1	F9H	0 0 0 0 0 1 1 0	06H
2	1 0 1 0 0 1 0 0	A4H	0 1 0 1 1 0 1 1	5BH
3	1 0 1 1 0 0 0 0	B0H	0 1 0 0 1 1 1 1	4FH
4	1 0 0 1 1 0 0 1	99H	0 1 1 0 0 1 1 0	66H
5	1 0 0 1 0 0 1 0	92H	0 1 1 0 1 1 0 1	6DH
6	1 0 0 0 0 0 1 0	82H	0 1 1 1 1 1 0 1	7DH
7	1 1 1 1 1 0 0 0	F8H	0 0 0 0 0 1 1 1	07H
8	1 0 0 0 0 0 0 0	80H	0 1 1 1 1 1 1 1	7FH
9	1 0 0 1 0 0 0 0	90H	0 1 1 0 1 1 1 1	6FH

从表 4-1 中可以看出共阴、共阳极 LED 数码管字段码之间是互为取反的关系,这与它们的结构关系是一致的,因此只要掌握了共阴极 LED 数码管的字段码编制,就可以推出共阳极的字段码。在实际应用中,也有其他形式的引脚排列顺序,编码时需要根据 PCB 的设计来确定对应关系,编码时笔段信息不变,只是与二进制数位的对应关系改变。

下面以数字"5"的显示为例,介绍共阳极 LED 数码管显示数字的方法。

要形成数字"5",LED 数码管中点亮的字段应当是 a、f、g、c 和 d,即 LED 数码管的输入端 a、f、g、c 和 d 需要通低电平;而字段 b、e 和 DP 不亮,即 LED 数码管的输入端 b、e 和 DP 通高电平。如果将字段 a、b、c、d、e、f、g 和 DP 分别接在 P0.0、P0.1、P0.2、P0.3、P0.4、P0.5、P0.6 和 P0.7 这 8 个单片机引脚上,则各引脚输出的电平信号如表 4-2 所示。

表 4-2 共阳极 LED 数码管显示数字 5 的字段控制信号表

字段	a	b	c	d	e	f	g	DP
电平	低电平	高电平	低电平	低电平	高电平	低电平	低电平	高电平
对应引脚	P0.0	P0.1	P0.3	P0.3	P0.4	P0.5	P0.6	P0.7
输出信号	0	1	0	0	1	0	0	1

根据表 4-2,可得 P0=10010010=92H。即只要让单片机 P0 口输出"0x92",就可以让共

阳极 LED 数码管显示数字"5"。同样地,可得出所有数字的段码,结果如表 4-3 所示。

表 4-3 共阳极 LED 数码管表

数字	0	1	2	3	4	5	6	7	8	9	·(小数点)
段码	0xc0	0xf9	0xa4	0xb0	0x99	0x92	0x82	0xf8	0x80	0x90	0x7f

二、C51 常量和变量

常量就是在程序运行过程中不能改变值的量,而变量是能在程序运行过程中不断变化的量。变量的定义能使用所有 C51 编译器支持的数据类型,而常量的数据类型只有整型、浮点型、字符型、字符串型和位标量。

(一)常量的数据类型

1. 整型常量

整型常量能表示为十进制,如 123、0、-89 等。十六进制则以 0x 开头,如 0x34、-0x3B 等。长整型就在数字后面加字母 L,如 104L、034L、0xF340L 等。

2. 浮点型常量

浮点型常量可分为十进制和指数表示形式。十进制由数字和小数点组成,如 0.888、3345.345、0.0 等,整数或小数部分为 0,能省略但必须有小数点。指数表示形式为[±]数字[.数字]e[±]数字,[]中的内容为可选项,其中内容根据具体情况可有可无,但其余部分必须有,如 125e3、7e9、-3.0e-3。

3. 字符型常量

字符型常量是单引号内的字符,如'a','d'等。不能显示的控制字符,可在该字符前面加一个反斜杠"\"组成专用转义字符。常用转义字符表如表 4-4 所示。

表 4-4 常用转义字符表

转 义 字 符	含 义	ASCII 码(十六进制/十进制)
\0	空字符(NULL)	00H/0
\n	换行符(LF)	0AH/10
\r	回车符(CR)	0DH/13
\t	水平制表符(HT)	09H/9
\b	退格符(BS)	08H/8
\f	换页符(FF)	0CH/12
\'	单引号	27H/39
\"	双引号	22H/34
\\	反斜杠	5CH/92

4. 字符串型常量

字符串型常量由双引号内的字符组成,如"test"、"OK"等。当引号内没有字符时,为空字符串。在使用特殊字符时同样要使用转义字符,如双引号\"。在 C 语言中字符串常量是作为字符型数组来处理的,在存储字符串时系统会在字符串尾部加上\0 转义字符以作为该字符串的结束符。字符串常量" A"和字符常量'A'是不一样的,前者在存储时多占用1字节的空间。

5. 位标量

位标量,它的值是一个二进制。

常量可用在不必改变值的场合,如固定的数据表、字库等。常量的定义方式有几种,下面来加以说明。

```
#define False 0x0;       //用预定义语句能定义常量
#define True 0x1;        //这里定义 False 为 0,True 为 1
                         //在程序中用到 False 编译时自动用 0 替换,同理 True 替换为 1
unsigned int code a=100;   //这句用 code 把 a 定义在程序存储器中并赋值
const unsigned int c=100;  //用 const 定义 c 为无符号 int 常量并赋值
```

以上两句的值都保存在程序存储器中,而程序存储器在运行中是不允许被修改的,所以如果在这两句后面用了类似 a=110、a++这样的赋值语句,编译时将会出错。

(二) 变量

要在程序中使用变量必须先用标识符作为变量名,并指出所用的数据类型和存储模式,这样编译系统才能为变量分配相应的存储空间。定义一个变量的格式如下:

[存储种类] 数据类型 [存储器类型] 变量名表

1. 变量的存储种类

在定义格式中除了数据类型和变量名表是必要的,其他都是可选项。存储种类有四种:自动存储(auto)、外部存储(extern)、静态存储(static)和寄存器存储(register),默认类型为自动存储(auto)。

(1)auto(自动变量)。使用 auto 定义的变量称为自动变量,其作用范围在定义它的函数体或复合语句内部,当定义它的函数体或复合语句执行时,C51 才为该变量分配内存空间,结束时占用的内存空间释放。自动变量一般分配在内存的堆栈空间中。定义变量时,如果省略存储种类,则该变量默认为自动(auto)变量。自动变量定义的一般形式为:

[auto] 类型标识符 变量列表

(2)register(寄存器变量)。使用 register 定义的变量称为寄存器变量。计算机中只有寄存器中的数据才能直接参与运算,而一般变量是放在内存中的,变量参与运算时,需要先把变量从内存中取到寄存器中,然后再计算。register 定义的变量存放在 CPU 内部的寄存器中,处理速度快,但数目少。C51 编译器编译时能自动识别程序中使用频率最高的变量,并自动将其作为寄存器变量,用户无须专门声明。

(3)static(静态变量)。使用 static 定义的变量称为静态变量。如果在一个函数中声明一个静态变量,静态变量的空间不在堆栈里面,而是存储在静态空间里,这个函数结束后,静态变量的值依旧存在,内存不会收回此变量占用的内存空间,而是等整个程序都结束后才收回静态变量空间。

(4)extern(外部变量)。使用 extern 定义的变量称为外部变量。在一个函数体内,要使用一个已在该函数体外或其他程序中定义过的外部变量时,该变量在该函数体内要用 extern 说明。外部变量被定义后分配固定的内存空间,在程序整个执行时间内都有效,直到程序结束才释放。

2. 变量的数据类型

这里的数据类型就是指前面学习到的各种数据类型。

3. 变量的存储器类型

说明了一个变量的数据类型后,还可选择说明该变量的存储器类型。存储器类型的说明就是指定该变量在单片机 C 语言硬件系统中所使用的存储区域,并在编译时准确地定位。表 4-5 是 Keil μVision2 所能识别的存储器类型。需要注意的是,在 AT89C51 芯片中 RAM 只有低 128 位,位于 80H~FFH 的高 128 位则在 AT89C52 芯片中才有用,并和特殊寄存器地址重叠。

表 4-5　Keil μVision2 所能识别的存储器类型

存储器类型	说　明
data	直接访问内部数据存储器(128B),访问速度最快
bdata	可位寻址内部数据存储器(16B),允许位与字节混合访问
idata	间接访问内部数据存储器(256B),允许访问全部内部地址
pdata	分页访问外部数据存储器(256B),用 MOVX @Ri 指令访问
xdata	外部数据存储器(64 KB),用 MOVX @ DPTR 指令访问
code	程序存储器(64 KB),用 MOVC @ A+DPTR 指令访问

如果省略存储器类型,系统则会按编译模式 Small、Compact 或 Large 所规定的默认存储器类型去指定变量的存储区域。无论什么存储模式都能声明变量在任何的 8051 存储区范围,然而把最常用的命令如循环计数器和队列索引放在内部数据区能显著地提高系统性能。还要指出的就是变量的存储种类与存储器类型是完全无关的。

4. 变量的存储模式

存储模式决定了没有明确指定存储类型的变量、函数参数等的默认存储区域,存储模式可在单片机 C 语言编译器的选项中进行选择,共有 3 种。

(1)Small 模式:所有默认变量参数均装入内部 RAM,优点是访问速度快,缺点是空间有限,只适用于小程序。

(2)Compact 模式:所有默认变量参数均位于外部 RAM 区的一页(256B),具体哪一页可由 P2 口指定,在 STARTUP. A51 文件中说明,也可用 pdata 指定,优点是空间较 Small 模式大,速度较 Small 模式慢,较 large 模式快,是一种中间状态。

(3)Large 模式:所有默认变量参数可放在多达 64 KB 的外部 RAM 区,优点是空间大,可存变量多;缺点是速度较慢。

(三)局部变量与全局变量

从变量的作用范围来区分,变量可以被分为局部变量和全局变量。全局变量在程序运行过程中是始终存在的,而局部变量只是在进入某个函数时才开始存在。

1. 局部变量

局部变量是在某个函数中存在的变量,又称内部变量,它只在该函数内部有效。局部变量可以分为动态局部变量和静态局部变量,使用关键字 auto 定义动态局部变量(auto 可以省略),使用关键字 static 定义静态局部变量,例如:

```
auto   int   a;
static  unsigned  char  j;
```

动态局部变量在程序执行完毕后其存储空间被释放,而静态局部变量在程序执行完成后其存储空间并不释放,而且其值保持不变。如果该函数再次被调用,则该函数初始化后其初始值为上次调用结束时的数值。

动态局部变量和静态局部变量的区别如下:

(1)动态局部变量在函数被调用时分配存储空间和初始化,每次函数调用时都需要初始化;静态局部变量在编译程序时分配存储空间和初始化,仅初始化一次。

(2)动态局部变量存放在动态存储区,在每次退出所属函数时释放;静态局部变量存放在静态存储区,每次调用后函数不释放,保持函数执行完毕之后的数值到下一次调用。

(3)如果在建立时动态局部变量没有初始化,则为一个不确定的数;静态局部变量没有初始化,则它们的值为 0 或者是空字符。

2. 全局变量

全局变量是在整个源文件中都存在的变量,又称外部变量。全局变量的有效区间是从定义点开始到源文件结束,其中的所有函数都可以直接访问该变量,如果定义点之前的函数需要访问该变量,则需要使用 extern 关键字对该变量进行声明,如果全局变量声明文件之外的源文件需要访问该变量,也需要使用 extern 关键字进行声明。

全局变量是整个文件都可以访问的变量,可以用于在函数之间共享大量的数据,存在周期长,在程序编译时就存在,如果两个函数需要在不互相调用时共享数据,则可以使用全局变量进行参数传递;C51 语言程序的函数只支持一个函数返回值,如果一个函数需要返回多个值,除了使用指针外,还要使用全局变量;使用全局变量进行参数传递可以减少从实际参数向形式参数传递时所必需的堆栈操作;在一个文件中,如果某个函数的局部变量和全局变量同名,则在这个局部变量的作用范围内局部变量不起作用,全局变量起作用;全局变量一直存在,占用了大量的内存单元,并且加大了程序的耦合性,不利于程序的移植或复用。

3. 全局变量与静态局部变量的区别

(1)静态局部变量的作用范围仅仅是在定义的函数内,不能被其他的函数访问;全局变量的作用范围是整个程序,静态全局变量的作用范围是该变量定义的文件。

(2)静态局部变量是在函数内部定义;全局变量是在所有函数外部定义。

(3)静态局部变量仅仅在第一次调用时被初始化,再次调用时使用上次调用结束时的数值;全局变量在程序运行时建立,值为最近一条访问该全局变量的语句执行的结果。

三、C51 语言的基本语句

1. 表达式语句

C 语言是一种结构化的程序设计语言,提供了十分丰富的程序控制语句。表达式语句是最基本的一种语句。在表达式的后边加一个分号";"就构成了表达式语句。下面的语句都是合法的表达式语句:

```
x=8;y=7;
z=(x+y)/a;
++i;
```

表达式语句也可以仅由一个分号";"组成,这种语句称为空语句。空语句是表达式语句的一个特例。空语句在程序设计中有时很有用。当程序在语法上需要有一个语句,但在语义上并不要求有具体的动作时,便可以采用空语句。

2. 复合语句

复合语句是由若干条语句组合而成的一种语句,用一个大括号"{ }"将若干条语句组合在一起而形成的一种功能块。复合语句不需要以分号";"结束,但它内部的各条单语句仍需以分号";"结束。复合语句的一般形式如下:

```
{
   局部变量定义;
   语句1;
   语句2;
      …
   语句n;
}
```

复合语句在执行时,其中的各条单语句依次顺序执行。整个复合语句在语法上等价于一条单语句,因此在 C 语言程序中可以将复合语句视为一条单语句。复合语句允许嵌套,即在复合语句内部还可以包含其他复合语句。通常复合语句都出现在函数中,实际上函数的执行部分(即函数体)就是一个复合语句,复合语句中的单语句一般是可执行语句,此外还可以是变量的定义语句(说明变量的数据类型),在复合语句内所定义的变量称为该复合语句中的局部变量,它仅在当前这个复合语句中有效。利用复合语句将多条单语句组合在一起以及在复合语句中进行局部变量定义是 C 语言的一个重要特征。

3. 条件语句

条件语句又称分支语句,是用关键字 if 构成的。C 语言提供了 3 种形式的条件语句:

(1)单分支 if 语句。单分支 if 语句的基本形式如下:

```
if(表达式)语句
```

其含义为:若条件表达式的结果为真(非 0),就执行后面的语句;反之,就不执行后面的语句。这里的语句也可以是复合语句。单分支 if 语句流程图如图 4-4(a)所示。

(2)双分支 if 语句。双分支 if 语句的基本形式如下:

```
if(表达式)语句1
else    语句2
```

其含义为:若条件表达式的结果为真(非 0),就执行语句1;反之,就执行语句2。这里的语句1和语句2均可以是复合语句。双分支 if 语句流程图如图 4-4(b)所示。

(3)多分支 if 语句。多分支 if 语句的基本形式如下:

```
if(表达式1)语句1
else if(条件式表达2)    语句2
else if(条件式表达3)    语句3
…                      …
```

else if(条件表达式 n)　　　语句 n
else　　　　　　　　　　语句 n+1

这种条件语句常用来实现多方向条件分支,其执行过程的流程图如图 4-4(c)所示。

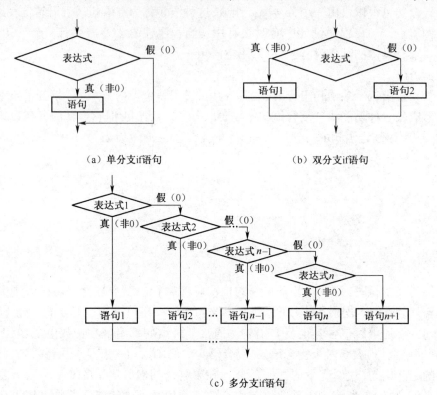

(a) 单分支if语句　　　　　　　　　(b) 双分支if语句

(c) 多分支if语句

图 4-4　条件语句执行过程流程图

4. 开关语句

开关语句也是一种用来实现多方向条件分支的语句。虽然采用条件语句也可以实现多方向条件分支,但是当分支较多时,会使条件语句的嵌套层次太多,程序冗长,可读性降低。开关语句直接处理多分支选择,使程序结构清晰,使用方便。开关语句是用关键字 switch 构成的,一般形式如下:

```
switch(表达式)
{
        case    常量表达式 1：  语句组 1;break;
        case    常量表达式 2：  语句组 2;break;
        …
        case    常量表达式 n：  语句组 n;break;
        default:             语句组 n+1;
}
```

该语句的执行过程是:首先计算表达式的值,并逐个与 case 后的常量表达式的值相比较,当表达式的值与某个常量表达式的值相等时,则执行对应该常量表达式后的语句组,再执行 break 语句,跳出 switch 语句的执行,继续执行下一条语句。如果表达式的值与所有 case

后的常量表达式均不相同,则执行 default 后的语句组。

5. 循环语句

实际应用中很多地方需要用到循环控制,如对某种操作需要反复进行多次等,这时可以用循环语句来实现。在 C 语言程序中,用来构成循环控制的语句有:while 语句、do-while 语句、for 语句以及 goto 语句。

(1)采用 while 语句构成循环结构的一般形式如下:

while(条件表达式)　循环体语句;

while 语句用来实现"当型"循环,执行过程是:首先判断条件表达式,当条件表达式的值为真(非 0)时,反复执行循环体语句;当条件表达式的值为假(0)时,执行循环体外面的语句。这种循环结构是先检查条件表达式所给出的条件,再根据检查的结果,决定是否执行后面的循环体语句。如果条件表达式的结果一开始就为假,则后面的循环体语句一次也不会被执行。这里的循环体语句可以是复合语句。图 4-5(a)所示为 while 语句执行过程流程图。

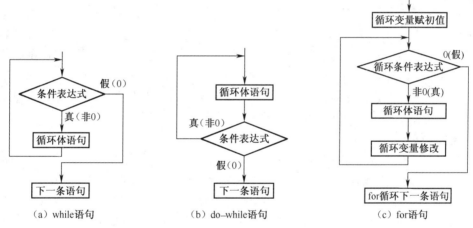

(a) while语句　　　(b) do-while语句　　　(c) for语句

图 4-5　循环语句执行过程流程图

(2)采用 do-while 语句构成循环结构的一般形式如下:

do 循环体语句　while(条件表达式);

do-while 语句用来实现"直到型"循环,执行过程是:先无条件执行一次循环体语句,然后判断条件表达式,当条件表达式的值为真(非 0)时,返回执行循环体语句,直到条件表达式为假(0)为止。这种循环结构的特点是先执行给定的循环体语句,然后再检查条件表达式的结果。因此,用 do-while 语句构成的循环结构在任何条件下,循环体语句至少会被执行一次。图 4-5(b)所示为 do-while 语句执行过程流程图。

(3)采用 for 语句构成循环结构的一般形式如下:

for(表达式 1;表达式 2;表达式 3)

{循环体语句;}

for 循环语句的执行过程如下:

第一步:求解表达式 1,表达式 1 通常为循环变量赋初值,它用来给循环控制变量赋初值。

第二步:求解表达式 2,表达式 2 为循环条件表达式,它决定什么时候退出循环。若其值为真,则执行循环体语句;若其值为假,则循环语句结束,执行后续语句。

第三步:求解表达式 3,并转到第二步继续执行,直至条件为假时结束循环。表达式 3 通常为循环变量的修改,定义循环变量每循环一次后按什么方式变化。for 语句的执行过程流程图如图 4-5(c)所示。

(4)goto 语句是一个无条件转向语句,它的一般形式如下:

goto 语句标号;

其中,语句标号是一个带冒号":"的标识符。将 goto 语句和 if 语句一起使用,可以构成一个循环结构。但更常见的是在 C 语言程序中采用 goto 语句来跳出多重循环,需要注意的是,只能用 goto 语句从内层循环跳到外层循环,而不允许从外层循环跳到内层循环。

6. 返回语句

返回语句用于终止函数的执行,并控制程序返回到调用该函数时所处的位置。返回语句有两种形式:

(1)return （表达式);

(2)return;

如果 return 语句后边带有表达式,则要计算表达式的值,并将表达式的值作为该函数的返回值。若使用不带表达式的第(2)种形式,则被调用函数返回主调用函数时,函数值不确定。一个函数的内部可以含有多个 return 语句,但程序仅执行其中的一个 return 语句而返回主调用函数。一个函数的内部也可以没有 return 语句,在这种情况下,当程序执行到最后一个界限符"}"处时,就自动返回主调用函数。

7. 其他语句

(1)break 语句。通常在循环语句中使用,break 语句的作用是在循环体中测试到指定条件为真时,控制程序立即跳出当前循环结构,转而执行循环语句的后续语句。

(2)continue 语句。continue 语句只能用于循环结构中,作用是结束本次循环。一旦执行了 continue 语句,程序就跳过循环体中位于该语句后的所有语句,提前结束本轮循环并开始下一轮循环。

四、C51 语言的数组

前面介绍了 C 语言的基本数据类型,如整型、字符型、实数(浮点)型等,除此之外,C 语言还提供一种构造类型的数据。构造类型的数据是由基本类型数据按一定规则组合而成的,C 语言中的构造类型数据有数组类型、结构类型以及联合类型等。这里主要介绍数组类型的数据。

(一) 数组的定义与引用

数组是一组有序数据的集合,数组中的每一个数据都属于同一种数据类型。数组中的各个元素可以用数组名和下标来唯一地确定。一维数组只有一个下标,多维数组有两个以上的下标。在 C 语言中,数组必须先定义,然后才能使用。一维数组的定义形式如下:

数据类型　数组名[常量表达式];

其中,"数据类型"说明了数组中各个元素的类型;"数组名"是整个数组的标识符,它的定名方法与变量的定名方法一样;"常量表达式"说明了该数组的长度,即该数组中的元素个数。常量表达式必须用方括号"[ ]"括起来,而且其中不能含有变量。下面是几个定义一维数组的例子:

```
char  x[7];        /*定义字符型数组 x,它具有 7 个元素 */
int  y[10];        /*定义整型数组 y,它具有 10 个元素 */
float  z[15];      /*定义浮点型数组 z,它具有 15 个元素 */
```

定义多维数组时,只要在数组名后面增加相应于维数的常量表达式即可。二维数组的定义形式如下:

数据类型   数组名[常量表达式 1][常量表达式 2];

例如,要定义一个 10×10 的整数矩阵 A,可以采用如下的定义方法:

```
int  A[10][10];
```

需要指出的是,C 语言中,数组的下标是从 0 开始的,因此对于数组 char x[5]来说,其中的 5 个元素是 x[0]~x[4],不存在元素 x[5],这一点在引用数组元素时应当加以注意。C 语言规定,在引用数值数组时,只能逐个引用数组中的各个元素而不能一次引用整个数组,但如果是字符数组,则可以一次引用整个数组。

(二)字符数组

用来存放字符数据的数组称为字符数组,是 C 语言中常用的一种数组。字符数组中的每个元素都是一个字符,因此可用字符数组来存放不同长度的字符串。字符数组的定义方法与一般数组相同,下面是两个定义字符数组的例子:

```
char menu[20];
char string[50];
```

在 C 语言中,字符串是作为字符数组来处理的。一个一维的字符数组可以存放一个字符串,这个字符串的长度应小于或等于字符数组的长度。为了测定字符串的实际长度,C 语言规定以'\0'作为字符串结束标志,对字符串常量也自动加一个'\0'作为结束符。因此字符数组 char menu[20]可存储一个长度小于或等于 19 的字符串。在访问字符数组时,遇到'\0'就表示字符串结束,因此在定义字符数组时,应使数组长度大于它允许存放的最大字符串的长度。另外,符号'\0'是一个表示 ASCII 码值为 0 的字符,它不是一个可显示字符,而是一个"空操作符",在这里仅仅起一个结束标志的作用。

对于字符数组的访问可以通过数组中的元素逐个进行访问,也可以对整个数组进行访问。

项目实施

【技能训练 4.1】 用 LED 数码管循环显示数字"5"

利用 LED 数码管循环显示数字"5",接口电路及运行效果如图 4-6 所示(采用 7SEG-COM-AN-GRN 型数码管)。

1. 实现方法

图 4-6 中 LED 数码管的电源由晶体管 VT1 提供,当 P2.0 引脚输出低电平"0"时,VT1 导通,LED 数码管通电;然后只要让 P0 口根据表 4-3 输出数字"5"的段码,并将该段码送到

LED 数码管相应接口,即可显示出数字"5"。整个过程可分以下两个步骤来完成:

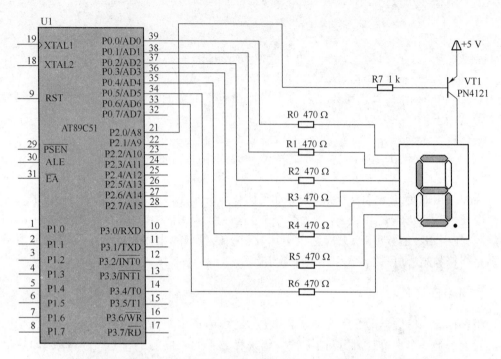

图 4-6　利用 LED 数码管循环显示数字"5"的接口电路及运行效果

(1)由 P2.0 引脚输出低电平,点亮 LED 数码管。

```
P2=0xfe;          //P2=1111 1110B,P2.0 引脚输出低电平,点亮 LED 数码管
```

(2)P0 口输出数字段码。

```
P0=0x92;          //0x92 是数字"5"的段码
```

2. 用 LED 数码管循环显示数字"5"的程序设计

先建立文件夹"ex4.1",然后建立"ex4.1"工程项目,最后建立源程序文件"ex4.1.c",输入如下源程序:

```
//技能训练 4.1:用 LED 数码管循环显示数字"5"
#include<reg51.h>          //包含单片机寄存器的头文件
void main(void)
{
  P2=0xfe;                 //P2.0 引脚输出低电平,LED 数码管接通电源准备点亮
  P0=0x92;                 //让 P0 口输出数字"5"的段码 92H
}
```

3. 利用 Proteus 仿真软件仿真

经 Keil C51 软件编译通过后,可利用 Proteus 仿真软件进行仿真。在 Proteus ISIS 编辑环境中绘制仿真电路图,或者打开计算机中的"仿真训练\项目 4\ex4.1"文件夹内的"ex4.1.DSN"仿真原理图文件,将编译好的"ex4.1.hex"文件载入 AT89C51。启动仿真,即看到图 4-6 中的 LED 数码管显示出数字"5"。

4. 采用实验板试验

程序仿真无误后,将"ex4. 1"文件夹中的"ex4. 1. hex"文件烧录入 AT89C51 芯片中,再将烧录好的单片机插入实验板,通电运行即可看到 P2.0 引脚控制的 LED 数码管显示出数字"5"。

【技能训练 4.2】　用 LED 数码管循环显示数字 0~9

用 LED 数码管循环显示数字 0~9,采用的接口电路原理图如图 4-6 所示。

1. 实现方法

循环显示数字 0~9 是显示随机检测结果的基础,根据技能训练 4.1,如果要让数码管显示某一位数字,必须给数码管输送该数字的段码。根据本训练任务的要求,需将 0~9 这 10 个数字的段码存入以下数组:

unsigned char code Tab[10] = {0xc0,0xf9,0xa4,0xb0,0x99,0x92,0x82,0xf8,0x80, 0x90};//0~9 的段码;关键字"code"可大大减小数组的存储空间

因为数组元素 Tab[0]存储的是数字"0"的段码,Tab[1]存储的是数字"1"的段码,所以,要显示数字"i",只要把 Tab[i]中存储的段码送入数码管即可(i=0,1,…,9)。

为了看清数字的显示,需要在显示一个数字后延时一段时间。

2. 用 LED 数码管循环显示数字 0~9 的程序设计

先建立文件夹"ex4. 2",然后建立"ex4. 2"工程项目,最后建立源程序文件"ex4. 2. c",输入如下源程序:

```
//技能训练 4.2:用 LED 数码管循环显示数字 0~9
#include<reg51.h>     //包含单片机寄存器的头文件
/* * * * * * * * * * * * * * * * * * * * * * * * * * * * * * * * * * * *
函数功能:延时函数,延时约 200 ms
 * * * * * * * * * * * * * * * * * * * * * * * * * * * * * * * * * * * */
void delay(void)
{
  unsigned char i,j;
  for(i=0;i<255;i++)
  for(j=0;j<255;j++)
        ;
}
/* * * * * * * * * * * * * * * * * * * * * * * * * * * * * * * * * * * *
函数功能:主函数
 * * * * * * * * * * * * * * * * * * * * * * * * * * * * * * * * * * * */
void main(void)
{
  unsigned char i;
  unsigned char code Tab[10] = {0xc0,0xf9,0xa4,0xb0,0x99,0x92,0x82,0xf8,0x80,
                0x90};
    //0~9 的段码;前面加关键字 code ,可以大大节约单片机的存储空间
  P2 = 0xfe;          //P2.0 引脚输出低电平,LED 数码管接通电源工作
```

```
    while(1)          //无限循环
    {
    for(i=0;i<10;i++)
        {
        P0=Tab[i];    //让 P0 口输出数字的段码 92H
        delay();      //调用延时函数
        }
    }
}
```

3. 利用 Proteus 仿真软件仿真

经 Keil C51 软件编译通过后,可利用 Proteus 仿真软件进行仿真。在 Proteus ISIS 编辑环境中绘制仿真电路图,或者打开计算机中的"仿真训练\项目 4\ex4.2"文件夹内的"ex4.2.DSN"仿真原理图文件,将编译好的"ex4.2.hex"文件载入 AT89C51。启动仿真,即看到数字 0~9 不断地被循环显示。

4. 采用实验板试验

程序仿真无误后,将"ex4.2"文件夹中的"ex4.2.hex"文件烧录入 AT89C51 芯片中,再将烧录好的单片机插入实验板,通电运行即可看到和仿真类似的试验结果。

【技能训练 4.3】 用 4 个 LED 数码管慢速动态扫描显示数字"1234"

使用 4 个 LED 数码管(DS0~DS3)慢速动态扫描显示数字"1234",采用的接口电路及仿真效果如图 4-7 所示。

1. 实现方法

要用 4 个 LED 数码管显示"1234"的多位数字(如某电炉的温度为"1 045℃"),可采用如图 4-7 所示的接口电路。图中有 4 个 LED 数码管,它们的字段控制端口都接在 P0 口,而电源控制端口则分别接在 P2 口的不同引脚。如果编程时让 P2 口所有引脚都输出低电平,那么 4 个 LED 数码管将同时通电,并显示出同一个数字(因为 P0 口在某一时刻只能输出一个数字的段码),这样不能满足显示要求。

若要动态扫描显示数字"1234",可先给 LED 数码管 DS0 通电,显示数字"1",然后延时约 200 ms;接着再给 LED 数码管 DS1 通电,显示数字"2",再延时约 200 ms;类似地再给 LED 数码管 DS2 与 DS3 通电,待显示完数字"4"后,再重新开始循环显示。

2. 用 4 个 LED 数码管慢速动态扫描显示数字"1234"的程序设计

先建立文件夹"ex4.3",然后建立"ex4.3"工程项目,最后建立源程序文件"ex4.3.c",输入如下源程序:

```
//技能训练 4.3:用 4 个 LED 数码管慢速动态扫描显示数字"1234"
#include<reg51.h>        //包含单片机寄存器的头文件
void delay(void)         //延时函数,延时一段时间,约 200 ms
{
    unsigned char i,j;
    for(i=0;i<250;i++)
    for(j=0;j<250;j++)
        ;
```

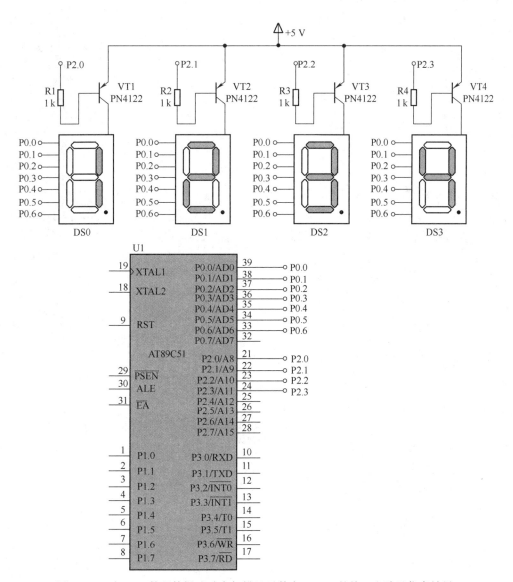

图 4-7 4 个 LED 数码管慢速动态扫描显示数字"1234"的接口电路及仿真效果

```
}
void main(void)
{
    while(1)            // 无限循环
    {
        P2 = 0xfe;      // P2.0 引脚输出低电平,DS0 点亮
        P0 = 0xf9;      // 数字 1 的段码
        delay();
        P2 = 0xfd;      // P2.1 引脚输出低电平,DS1 点亮
        P0 = 0xa4;      // 数字 2 的段码
        delay();
```

```
    P2 = 0xfb;        //P2.2 引脚输出低电平,DS2 点亮
    P0 = 0xb0;        //数字 3 的段码
    delay();
    P2 = 0xf7;        //P2.3 引脚输出低电平,DS3 点亮
    P0 = 0x99;        //数字 4 的段码
    delay();
    P2 = 0xff;        //熄灭所有 LED 数码管
  }
}
```

3. 利用 Proteus 仿真软件仿真

经 Keil C51 软件编译通过后,可利用 Proteus 仿真软件进行仿真。在 Proteus ISIS 编辑环境中绘制仿真电路图,或者打开计算机中的"仿真训练\项目 4\ex4.3"文件夹内的"ex4.3.DSN"仿真原理图文件,将编译好的"ex4.3.hex"文件载入 AT89C51。启动仿真,即看到数码管 DS0~DS3 慢速动态扫描显示出数字"1234"。

4. 采用实验板试验

程序仿真无误后,将"ex4.3"文件夹中的"ex4.3.hex"文件烧录入 AT89C51 芯片中,再将烧录好的单片机插入实验板,通电运行即可看到和仿真类似的试验结果。

【技能训练 4.4】 用 4 个 LED 数码管快速动态扫描显示数字"1234"

使用图 4-7 所示的接口电路,快速动态扫描显示数字"1234"。

1. 实现方法

可利用人眼的"视觉暂留"效应,采用循环高速扫描的方式,分时轮流选通各 LED 数码管的 COM 端,使 4 个 LED 数码管轮流导通显示。当扫描速度达到一定程度时,人眼就分辨不出来了。尽管实际上各位 LED 数码管并非同时点亮,但只要扫描的速度足够快,给人的印象就是一组稳定的显示数据,认为各 LED 数码管是同时发光的。所以,编程的关键是显示数字后的延时时间要足够短(如小于 1 ms)。

2. 用 4 个 LED 数码管快速动态扫描显示数字"1234"的程序设计

先建立文件夹"ex4.4",然后建立"ex4.4"工程项目,最后建立源程序文件"ex4.4.c",输入如下源程序:

```
//技能训练 4.4:用 4 个 LED 数码管快速动态扫描显示数字 1234
#include<reg51.h>          //包含单片机寄存器的头文件
void delay(void)           //延时函数,延时约 0.6ms
{
  unsigned char i;
  for(i = 0;i<200;i++)
      ;
}
  void main(void)
{
  while(1)                 //无限循环
  {
```

```
        P2 = 0xfe;            //P2.0 引脚输出低电平,DS0 点亮
        P0 = 0xf9;            //数字 1 的段码
        delay();
        P2 = 0xfd;            //P2.1 引脚输出低电平,DS1 点亮
        P0 = 0xa4;            //数字 2 的段码
        delay();
        P2 = 0xfb;            //P2.2 引脚输出低电平,DS2 点亮
        P0 = 0xb0;            //数字 3 的段码
        delay();
        P2 = 0xf7;            //P2.3 引脚输出低电平,DS3 点亮
        P0 = 0x99;            //数字 4 的段码
        delay();
        P2 = 0xff;
    }
}
```

3. 利用 Proteus 仿真软件仿真

经 Keil C51 软件编译通过后,可利用 Proteus 仿真软件进行仿真。在 Proteus ISIS 编辑环境中绘制仿真电路图,或者打开计算机中的"仿真训练\项目 4\ex4.4"文件夹内的"ex4.4DSN"仿真原理图文件,将编译好的"ex4.4.hex"文件载入 AT89C51。启动仿真,即可看到数字"1234"被扫描显示的速度明显加快(但仍有闪烁感,这是仿真软件的问题)。

4. 采用实验板试验

程序仿真无误后,将"ex4.4"的文件夹中的"ex4.4.hex"文件烧录入 AT89C51 芯片中,再将烧录好的单片机插入实验板,通电运行即可看到 LED 数码管 DS0~DS3 显示出毫无闪烁感的数字"1234",达到快速动态扫描的效果。

【技能训练 4.5】　数码秒表的设计

设计一个数码秒表,采用的接口电路如图 4-7 所示。要求用 DS2 和 DS3 两个 LED 数码管分别显示秒表的十位和个位。显示时间为 0~59 s。满 60 s 时,秒表中断清 0 并重新从 0 开始显示。

1. 实现方法

(1)秒信号的产生。秒信号的产生可用定时器来实现,即用定时器 T0 实现 50 ms 定时,然后用软件累计中断次数,当中断满 20 次时,即计满 1 s。

(2)用一个变量存储秒。每计满 1 s,该变量的值加 1,计满 60 时清 0。

(3)秒(两位数字)的显示。先用技能训练 4.4 的方法自动获取待显示的两位数字的段码,再用伪静态方法显示。

2. 数码秒表设计的程序设计

先建立文件夹"ex4.5",然后建立"ex4.5"工程项目,最后建立源程序文件"ex4.5.c",输入如下源程序:

```
//技能训练 4.5:数码秒表的设计
#include<reg51.h>              //包含单片机寄存器的头文件
unsigned char code Tab[10] = {0xc0,0xf9,0xa4,0xb0,0x99,0x92,0x82,0xf8,0x80,
```

```
0x90};                          //LED 数码管显示 0~9 的段码表
    unsigned char int_time;     //存储中断次数
    unsigned char second;       //存储秒
    /* * * * * * * * * * * * * * * * * * * * * * * * * * * * * * * * * * * * * * * *
函数功能:快速动态扫描延时,延时约 0.6 ms
    * * * * * * * * * * * * * * * * * * * * * * * * * * * * * * * * * * * * * * */
    void delay(void)
    {
        unsigned char i;
        for(i=0;i<200;i++)
            ;
    }
    /* * * * * * * * * * * * * * * * * * * * * * * * * * * * * * * * * * * * * * *
函数功能:显示秒
入口参数:k
出口参数:无
    * * * * * * * * * * * * * * * * * * * * * * * * * * * * * * * * * * * * * * */
    void DisplaySecond(unsigned char k)
    {
        P2 = 0xfb;              //P2.6 引脚输出低电平, DS6 点亮
        P0 = Tab[k/10];        //显示十位
        delay();
        P2 = 0xf7;             //P2.7 引脚输出低电平, DS7 点亮
        P0 = Tab[k%10];       //显示个位
        delay();
        P2 = 0xff;            //熄灭所有 LED 数码管
    }
    /* * * * * * * * * * * * * * * * * * * * * * * * * * * * * * * * * * * * * * *
函数功能:主函数
    * * * * * * * * * * * * * * * * * * * * * * * * * * * * * * * * * * * * * * */
    void main(void)                     //主函数
    {
        TMOD = 0x01;                    //使用定时器 T0
        TH0 = (65536-46083)/256;        //将定时器计时时间设定为 46083×1.085 μs
                                        // = 50 000 μs = 50 ms
        TL0 = (65536-46083)%256;        //初值设定
        EA = 1;                         //开启总中断
        ET0 = 1;                        //定时器 T0 中断允许
        TR0 = 1;                        //启动定时器 T0 开始运行
        int_time = 0;                   //中断次数初始化
        second = 0;                     //秒初始化
        while(1)                        //无限循环显示秒
```

```
        {
            DisplaySecond(second);        //调用秒的显示子程序
        }
}
/ * * * * * * * * * * * * * * * * * * * * * * * * * * * * * * * * * *
函数功能:定时器 T0 的中断服务程序
* * * * * * * * * * * * * * * * * * * * * * * * * * * * * * * * * * /
void interserve(void ) interrupt 1 using 1
{
    TR0 = 0;                          //关闭定时器 T0
    int_time ++;                      //每来一次中断,中断次数 int_time 自加 1
    if(int_time == 20)               //够 20 次中断,即 1 s 进行一次检测结果采样
    {
        int_time = 0;                //中断次数清 0
        second++;                     //秒加 1
        if(second == 60)             //计满 60s
        second = 0;                    //秒清 0
    }
    TH0 = (65536 - 46083) /256;      //计数器 T0 高 8 位重新赋初值
    TL0 = (65536 - 46083) % 256;     //计数器 T0 低 8 位重新赋初值
    TR0 = 1;                          //启动定时器 T0
}
```

3. 利用 Proteus 仿真软件仿真

经 Keil C51 软件编译通过后,可利用 Proteus 仿真软件进行仿真。在 Proteus ISIS 编辑环境中绘制仿真电路图,或者打开计算机中的"仿真训练\项目 4\ex4.5"文件夹内的"ex4.5.DSN"仿真原理图文件,将编译好的"ex4.5.hex"文件载入 AT89C51。启动仿真,即看到数码管 DS2、DS3 显示出秒的十位和个位。

4. 采用实验板试验

程序仿真无误后,将"ex4.5"文件夹中的"ex4.5.hex"文件烧录入 AT89C51 芯片中,再将烧录好的单片机插入实验板,通电运行即可看到 DS2、DS3 显示出毫无闪烁感的秒数。

【技能训练 4.6】　数码时钟的设计

设计一个可显示时、分、秒的数码时钟,从 00:00:00 开始计时,到 23:59:59 后,再过 1 s 各位清 0 并重新开始计时。由于显示要用到 8 个 LED 数码管,除了需要如图 4-7 所示的 4 个 LED 数码管(DS0、DS1、DS2、DS3)外,还需另接如图 4-8 所示的 4 个数码管(DS4、DS5、DS6、DS7)。用 DS0 和 DS1 显示时;DS2 显示时与分之间的间隔号"-";DS3 和 DS4 显示分;DS5 显示分与秒之间的间隔号"-";DS6 和 DS7 显示秒。各 LED 数码管在实验板上的实物连接图如图 4-9 所示。

1. 实现方法

(1)计时的实现。使定时器 T0 每 50 ms 产生一次中断,再建立中断次数累计变量(i)。若中断次数累计满 20 次,秒计数变量(s)加 1;若秒计满 60,分计数变量(m)加 1,同时将秒计

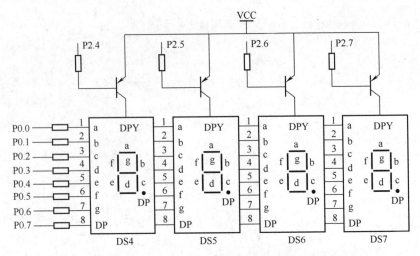

图4-8　另外4个LED数码管接口电路

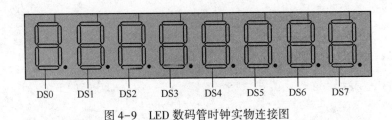

图4-9　LED数码管时钟实物连接图

数变量清0;若分计满60,时计数变量(h)加1,同时将分计数变量清0;若时计满24,将时计数变量清0。

(2)显示程序设计。分别建立3个时间显示子程序,分别显示秒、分和时,编程的关键是段码获取。

(3)主程序设计。先将定时器T0和个计数变量初始化,然后调用时间的显示子程序。计时功能由定时器T0的中断服务子程序来实现。

2. 数码时钟设计的程序设计

先建立文件夹"ex4.6",然后建立"ex4.6"工程项目,最后建立源程序文件"ex4.6.c",输入如下源程序:

```c
//技能训练 4.6:数码时钟的设计
#include<reg51.h>              //包含单片机寄存器的头文件
unsigned char Tab[ ]={0xc0,0xf9,0xa4,0xb0,0x99,0x92,0x82,0xf8,0x80,0x90}; //段
                                                                          //码表

unsigned char port[8]={0xfe,0xfd,0xfb,0xf7,0xef,0xdf,0xbf,0x7f};//LED 数码管点
                                                                //亮状态控制表

unsigned char int_time;    //中断次数计数变量
unsigned char second;      //秒计数变量
unsigned char minute;      //分计数变量
unsigned char hour;        //时计数变量
```

```
/* * * * * * * * * * * * * * * * * * * * * * * * * * * * * * * * *
函数功能:延时约 0.6 ms
/* * * * * * * * * * * * * * * * * * * * * * * * * * * * * * * * *
void delay(void)
{
    unsigned char j;
    for(j=0;j<200;j++)
        ;
    }
/* * * * * * * * * * * * * * * * * * * * * * * * * * * * * * * * *
函数功能:显示秒的子程序
入口参数:s
 * * * * * * * * * * * * * * * * * * * * * * * * * * * * * * * * * /
void DisplaySecond(unsigned char s)
{
        P2 = 0xbf;                      //P2.6 引脚输出低电平, DS6 点亮
        P0 = Tab[s/10];                 //显示十位
        delay();
        P2 = 0x7f;                      //P2.7 引脚输出低电平, DS7 点亮
        P0 = Tab[s%10];                 //显示个位
        delay();
        P2 = 0xff;                      //熄灭所有 LED 数码管
}

/* * * * * * * * * * * * * * * * * * * * * * * * * * * * * * * * *
函数功能:显示分的子程序
入口参数:m
 * * * * * * * * * * * * * * * * * * * * * * * * * * * * * * * * * /
void DisplayMinute(unsigned char m)
{
        P2 = 0xf7;                      //P2.3 引脚输出低电平, DS3 点亮
        P0 = Tab[m/10];                 //显示个位
        delay();
        P2 = 0xef;                      //P2.4 引脚输出低电平, DS4 点亮
        P0 = Tab[m%10];                 //显示个位
        delay();
        P2 = 0xdf;                      //P2.5 引脚输出低电平, DS5 点亮
        P0 = 0xbf;                      //分隔符"-"的段码
        delay();
        P2 = 0xff;                      //熄灭所有 LED 数码管
}
/* * * * * * * * * * * * * * * * * * * * * * * * * * * * * * * * *
函数功能:显示时的子程序
```

入口参数：h
```
* * * * * * * * * * * * * * * * * * * * * * * * * * * * * * * * * * * * * * * * * * /
void DisplayHour(unsigned char h)
{
    P2 = 0xfe;                              //P2.0 引脚输出低电平, DS0 点亮
    P0 = Tab[h/10];                        //显示十位
    delay();
    P2 = 0xfd;                              //P2.1 引脚输出低电平, DS1 点亮
    P0 = Tab[h%10];                        //显示个位
    delay();
    P2 = 0xfb;                              //P2.2 引脚输出低电平, DS2 点亮
    P0 = 0xbf;                              //分隔符"–"的段码
    delay();
    P2 = 0xff;                              //熄灭所有 LED 数码管
}
```

```
/* * * * * * * * * * * * * * * * * * * * * * * * * * * * * * * * * * * * * * * * * *
```
函数功能：主函数
```
* * * * * * * * * * * * * * * * * * * * * * * * * * * * * * * * * * * * * * * * * * /
void main(void)
{
    TMOD = 0x01;                           //使用定时器 T0
    EA = 1;                                //开总中断
    ET0 = 1;                               //允许 T0 中断
    TH0 = (65536-46083)/256;               //定时器 T0 高 8 位赋初值
    TL0 = (65536-46083)%256;               //定时器 T0 低 8 位赋初值
    TR0 = 1;
    int_time = 0;                          //中断计数变量初始化
    second = 0;                            //秒计数变量初始化
    minute = 0;                            //分计数变量初始化
    hour = 0;                              //时计数变量初始化
    while(1)
    {
        DisplaySecond(second);            //调用秒显示子程序
        delay();
        DisplayMinute(minute);            //调用分显示子程序
        delay();
        DisplayHour(hour);
        delay();
    }
}
```

```
/* * * * * * * * * * * * * * * * * * * * * * * * * * * * * * * * * * * * * * * * *
```
函数功能：定时器 T0 的中断服务子程序

```
* * * * * * * * * * * * * * * * * * * * * * * * * * * * * * * * * * * * * * * * * * * * /
void interserve(void ) interrupt 1 using 1     //使用定时器 T0
{
    int_time++;                                //中断次数加 1
    if(int_time==20)                           //若中断次数计满 20 次
    {
        int_time=0;                            //中断计数变量清 0
        second++;                              //秒计数变量加 1
    }
    if(second==60)                             //若计满 60s
    {
        second=0;                              //如果秒计满 60,将秒计数变量清 0
        minute++;                              //分计数变量加 1
    }
    if(minute==60)                             //若计满 60 分
    {
        minute=0;                              //如果分计满 60,将分计数变量清 0
        hour++;                                //时计数变量加 1
    }
    if(hour==24)
    {
        hour=0;                                //如果时计满 24,将时计数变量清 0
    }
    TH0=(65536-46083)/256;                     //定时器 T0 高 8 位重新赋初值
    TL0=(65536-46083)%256;                     //定时器 T0 低 8 位重新赋初值
}
```

3. 采用实验板试验

本程序编译通过后,可直接用实验板试验(因显示位数较多,采用软件仿真时闪烁感较强)。将"ex4.6"文件夹中的"ex4.6.hex"文件烧录入 AT89C51 芯片中,再将烧录好的单片机插入实验板,通电运行即可看到实验板上的 8 个 LED 数码管显示出形如"00-01-23"的时间,显示效果没有闪烁感。

【技能训练 4.7】　用 LED 数码管显示按键次数

用 LED 数码管显示按键次数的接口电路,如图 4-10 所示。

1. 实现方法

每按一次按键 S,P3.2 引脚电平发生一次负跳变,将触发外部中断,可利用其中断服务函数使计数变量加 1,再将计数变量用数码管 DS2 和 DS3 显示。当计数满 99 后,各位清 0,重新从 0 开始计数。

2. 用 LED 数码管显示按键次数的程序设计

先建立文件夹"ex4.7",然后建立"ex4.7"工程项目,最后建立源程序文件"ex4.7.c",输入如下源程序:

//技能训练 4.7:用 LED 数码管显示按键次数

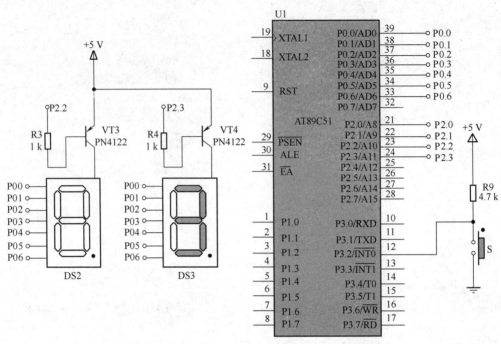

图 4-10　用 LED 数码管显示按键次数的接口电路

```
#include<reg51.h>      //包含单片机寄存器的头文件
sbit S=P3^2;           //将 S 位定义为 P3.2 引脚
unsigned char Tab[ ]={0xc0,0xf9,0xa4,0xb0,0x99,0x92,0x82,0xf8,0x80,0x90};
//段码表
unsigned char x;       //存储计数变量
/* * * * * * * * * * * * * * * * * * * * * * * * * * * * * * * * * * * * *
函数功能：延时约 0.6 ms
* * * * * * * * * * * * * * * * * * * * * * * * * * * * * * * * * * * * * */
void delay(void)
{
    unsigned char j;
    for(j=0;j<200;j++)
    ;
}
/* * * * * * * * * * * * * * * * * * * * * * * * * * * * * * * * * * * * *
函数功能:显示计数次数的子程序
入口参数:dat
* * * * * * * * * * * * * * * * * * * * * * * * * * * * * * * * * * * * * */
void Display(unsigned chardat)
{
    P2=0xf7;                //P2.6 引脚输出低电平,DS2 点亮
    P0=Tab[x/10];           //显示十位
```

```
    delay();
    P2 = 0xfb;                  //P2.7 引脚输出低电平,DS3 点亮
    P0 = Tab[dat%10];           //显示个位
    delay();
}
```
/* *

函数功能:主函数

* */
```
void main(void)
{
    EA = 1;                     //开总中断
    EX0 = 1;                    //允许使用外部中断
    IT0 = 1;                    //选择负跳变来触发外部中断
    x = 0;                      //将计数变量初始化为 0
    while(1)                    //无限循环,不断显示计数值
    Display(x);                 //调用计数值显示子程序
}
```
/* *

函数功能:外部中断$\overline{INT0}$的中断服务程序

* */
```
void int0(void) interrupt 0 using 0    //外部中断INT0的中断编号为 0
{
    x++;                        //计数变量加 1
    if(x == 100)                //若计数值满 100
    x = 0;                      //清 0,重新开始计数
}
```

3. 利用 Proteus 仿真软件仿真

经 Keil C51 软件编译通过后,可利用 Proteus 仿真软件进行仿真。在 Proteus ISIS 编辑环境中绘制仿真电路图,或者打开计算机中的"仿真训练\项目 4\ex4.7"文件夹内"ex4.7. DSN"仿真原理图文件,将编译好的"ex4.7. hex"文件载入 AT89C51。启动仿真,即看到用按下按键 S 时,LED 数码管显示的计数值即加 1(因仿真软件的问题,显示效果有闪烁感)。

4. 采用实验板试验

程序仿真无误后,将"ex4.7"文件夹中的"ex4.7. hex"文件烧录入 AT89C51 芯片中,再将烧录好的单片机插入实验板,通电运行即可看到和仿真类似的试验结果。显示结果稳定,没有闪烁感。

【技能训练 4.8】　用 if 语句控制 P0 口 8 个 LED 数码管的点亮状态

用 if 语句控制 P0 口 8 个 LED 数码管的点亮状态。要求按下按键 S1 时,P0 口高 4 位 LED 数码管点亮;按下按键 S2 时,P0 口低 4 位 LED 数码管点亮。电路原理图及仿真效果如图 4-11 所示。

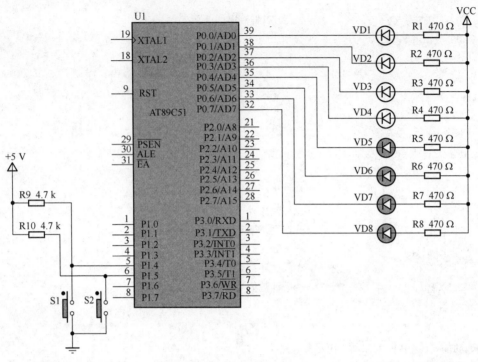

图 4-11　用 if 语句控制 P0 口 8 个 LED 数码管点亮状态的电路原理图及仿真效果

1. 实现方法

如图 4-11 所示,按下 S1 键时,P1.4 引脚接地,P1.4 引脚电平被强制降为低电平。因此,可通过检测 P1.4 引脚电平来判断按键 S1 是否按下。如果按下,就点亮 P0 口高 4 位 LED 数码管。

2. 用 if 语句控制 P0 口 8 个 LED 数码管的点亮状态的程序设计

先建立文件夹"ex4.8",然后建立"ex4.8"工程项目,最后建立源程序文件"ex4.8.c",输入如下源程序:

```
//技能训练 4.8:用 if 语句控制 P0 口 8 个 LED 数码管的点亮状态
#include <reg51.h>      //包含单片机寄存器的头文件
sbit S1 = P1^4;         //将 S1 位定义为 P1.4 引脚
sbit S2 = P1^5;         //将 S2 位定义为 P1.5 引脚
/* * * * * * * * * * * * * * * * * * * * * * * * * * * * * * * * * * * * * * * *
函数功能:主函数
* * * * * * * * * * * * * * * * * * * * * * * * * * * * * * * * * * * * * * * */
void main(void)
{
while(1)
    {
        if(S1 == 0)     //如果 P1.4 引脚为低电平,即按键 S1 按下
        P0 = 0x0f;      //P0 口高 4 位 LED 数码管点亮
        if(S2 == 0)     //如果按键 S2 按下
```

```
        P0 = 0xf0;          //P0 口低 4 位 LED 数码管点亮
    }
}
```

3. 利用 Proteus 仿真软件仿真

经 Keil C51 软件编译通过后,可利用 Proteus 仿真软件进行仿真。在 Proteus ISIS 编辑环境中绘制仿真电路图,或者打开计算机中的"仿真训练\项目 4\ex 4.8"文件夹内的"ex4.8.DSN"仿真原理图文件。将编译好的"ex4.8.hex"文件载入 AT89C51,启动仿真。可看到当按下按键 S1 或 S2 时 P0 口高 4 位或低 4 位 LED 被点亮。

4. 采用实验板试验

程序仿真无误后,将"ex4.8"文件夹中的"ex4.8.hex"文件烧录入 AT89C51 芯片中,再将烧录好的单片机插入实验板,通电运行即可看到和仿真类似的试验结果。

【技能训练 4.9】　用 switch 语句控制 P0 口 8 个 LED 数码管的点亮状态

用 switch 语句控制 P0 口 8 个 LED 数码管的点亮状态,采用的硬件电路原理图如图 4-11 所示。第一次按下按键 S1 时,VD1 被点亮;第二次按下按键 S1 时,VD2 被点亮;依次类推,第八次按下按键 S1 时,VD8 被点亮。然后再按下按键 S1 时,VD1 又被点亮,如此循环。

1. 实现方法

设置一个变量 i,当 i = 1 时,点亮 VD1;当 i = 2 时,点亮 VD2;依次类推,当 i = 8 时,点亮 VD8;由 switch 语句根据 i 的值来实现相应的功能。

i 值的改变可通过按键 S1 来控制,每次按下按键 S1 时,就使 i 自增 1。当其增加到 9 时,再将其值重新置为 1。

需要说明的是,按下按键时,通常都会有抖动(项目 5 将详细介绍)。表面上看,按了一次按键,但由于按键的抖动,单片机可能认为是按了多次,从而使输入不可控制。此问题可用"软件消抖"来解决。当单片机第一次检测到按键按下时,此时的抖动将不理会,若延时 20~80 ms 后,再次检测到按键按下,才认为按键被确实按下了;然后再执行相应的指令。

2. 用 switch 语句控制 P0 口 8 个 LED 数码管的点亮状态的程序设计

先建立文件夹"ex4.9",然后建立"ex4.9"工程项目,最后建立源程序文件"ex4.9.c",输入如下源程序:

```
//技能训练 4.9:用 switch 语句控制 P0 口 8 个 LED 数码管的点亮状态
#include <reg51.h>     //包含单片机寄存器的头文件
sbit S1 = P1^4;         //将 S1 位定义为 P1.4
/* * * * * * * * * * * * * * * * * * * * * * * * * * * * * * * *
函数功能:延时一段时间(80 ms)
* * * * * * * * * * * * * * * * * * * * * * * * * * * * * * * */
void delay(void)
{
    unsigned int n;
    for(n = 0; n<10000; n++)
        ;
}
/* * * * * * * * * * * * * * * * * * * * * * * * * * * * * * * *
```

函数功能:主函数

```
 * * * * * * * * * * * * * * * * * * * * * * * * * * * * * * * * * * * * * * * * /
void main(void)
{
unsigned char i;
i = 0;                      //将 i 初始化为 0
while(1)
  {
  if(S1 = = 0)             //如果按键 S1 按下
   {
     delay();             //延时一段时间
     if(S1 = = 0)         //如果再次检测到按键 S1 按下
     i++;                 //i 自增 1
     if(i = = 9) i = 1;   //如果 i = 9,重新将其置为 1
   }
     switch(i)            //使用多分支选择语句
     case 1: P0 = 0xfe;break;    //第一个 LED 数码管亮
     case 2: P0 = 0xfd;break;    //第二个 LED 数码管亮
     case 3: P0 = 0xfb; break;   //第三个 LED 数码管亮
     case 4: P0 = 0xf7; break;   //第四个 LED 数码管亮
     case 5: P0 = 0xef; break;   //第五个 LED 数码管亮
     case 6: P0 = 0xdf;break;    //第六个 LED 数码管亮
     case 7: P0 = 0xbf; break;   //第七个 LED 数码管亮
     case 8: P0 = 0x7f; break;   //第八个 LED 数码管亮
     default: P0 = 0xff;         //默认值,熄灭所有 LED 数码管
   }
 }
```

3. 利用 Proteus 仿真软件仿真

经 Keil C51 软件编译通过后,可利用 Proteus 仿真软件进行仿真。在 Proteus ISIS 编辑环境中绘制仿真电路图,或者打开计算机中的"仿真训练\项目 4\ex 4.9"文件夹内的"ex4.9.DSN"仿真原理图文件。将编译好的"ex4.9.hex"文件载入 AT89C51,启动仿真。可看到,当按下按键 S1 时,P0 口的 LED 数码管将依照 S1 被按下的次数而被点亮。例如,第 5 次按下按键 S1 时,VD5 将被点亮,仿真效果图略。

4. 采用实验板试验

程序仿真无误后,将"ex4.9"文件夹中的"ex4.9.hex"文件烧录入 AT89C51 芯片中,再将烧录好的单片机插入实验板,通电运行即可看到和仿真类似的试验结果。

【技能训练 4.10】 用 while 语句控制 P0 口 8 个 LED 数码管闪烁花样

用 while 语句控制 P0 口 8 个 LED 数码管闪烁花样,硬件电路原理图及某时刻的仿真效果如图 4-12 所示。

1. 实现方法

在 while 循环中设置一个变量 i,当 i 小于 0xff 时,将 i 的值送到 P0 口显示并自增 1;当 i

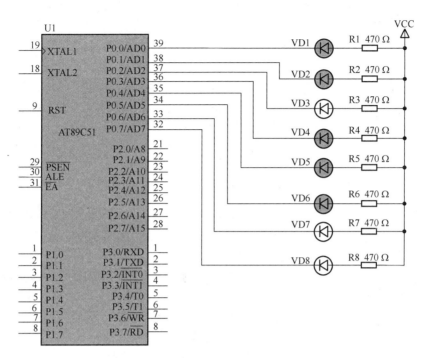

图 4-12　用 while 语句控制 P0 口 8 个 LED 数码管闪烁花样硬件电路原理图及某时刻的仿真效果

等于 0xff 时,跳出 while 循环。

2. 用 while 语句控制 P0 口 8 个 LED 数码管闪烁花样的程序设计

先建立文件夹"ex4.10",然后建立"ex4.10"工程项目,最后建立源程序文件
"ex4.10.c",输入如下源程序:

```
//技能训练 4.10:用 while 语句控制 P0 口 8 个 LED 数码管闪烁花样
#include  <reg51.h>      //包含单片机寄存器的头文件
void delay60 ms(void)    //函数功能:延时约 60 ms(3×100×200＝60 000 μs)
{
  unsigned char m,n;
  for(m=0;m<100;m++)
  for(n=0;n<200;n++)
}
void main(void)
{
  unsigned char i;
   while(1)               //无限循环
{
  i=0;                    //将 i 初始化为 0
  while(i<0xff)           //当 i 小于 0xff (255)时,执行循环体
    {
      P0=i;               //将 i 送 P0 口显示
      delay60 ms();       //延时
```

```
      i++;                    //i 自增 1
    }
  }
}
```

3. 利用 Proteus 仿真软件仿真

经 Keil C51 软件编译通过后,可利用 Proteus 仿真软件进行仿真。在 Proteus ISIS 编辑环境中绘制仿真电路图,或者打开计算机中的"仿真训练\项目 4\ex 4. 10"文件夹内的"ex4. 10. DSN"仿真原理图文件。将编译好的"ex4. 10. hex"文件载入 AT89C51,启动仿真。可看到,P0 口的 8 个 LED 数码管以各种花样不断闪烁。

4. 采用实验板试验

程序仿真无误后,将"ex4. 10"文件夹中的"ex4. 10. hex"文件烧录入 AT89C51 芯片中,再将烧录好的单片机插入实验板,通电运行即可看到和仿真类似的试验结果。

【技能训练 4. 11】 用 do-while 语句控制 P0 口 8 个 LED 流水点亮

用 do-while 语句控制 P0 口 8 个 LED 数码管流水点亮,采用电路原理图如图 4-12 所示。

1. 实现方法

只需要在循环中将 8 个 LED 依次点亮,再将循环条件设为"死循环"即可。

2. 用 do-while 语句控制 P0 口 8 个 LED 数码管流水点亮的程序设计

先建立文件夹"ex4. 11",然后建立"ex4. 11"工程项目,最后建立源程序文件"ex4. 11. c",输入如下源程序:

```
//技能训练 4.11:用 do-while 语句控制 P0 口 8 个 LED 数码管流水点亮
#include  <reg51.h>   //包含单片机寄存器的头文件
void delay60 ms(void)   //函数功能:延时约 60 ms(3×100×200=60 000 μs)
{
  unsigned char m,n;
  for(m=0;m<100;m++)
    for(n=0;n<200;n++)
}
/* * * * * * * * * * * * * * * * * * * * * * * * * * * * * * * * * * *
函数功能:主函数
* * * * * * * * * * * * * * * * * * * * * * * * * * * * * * * * * * * */
void main(void)
{
  do
    {
    P0 = 0xfe;      //第一个 LED 数码管亮
    delay60 ms();
    P0 = 0xfd;      //第二个 LED 数码管亮
    delay60 ms();
    P0 = 0xfb;      //第三个 LED 数码管亮
    delay60 ms();
    P0 = 0xf7;      //第四个 LED 数码管亮
```

```
delay60 ms();
P0 = 0xef;        //第五个 LED 数码管亮
delay60 ms();
P0 = 0xdf;        //第六个 LED 数码管亮
delay60 ms();
P0 = 0xbf;        //第七个 LED 数码管亮
delay60 ms();
P0 = 0x7f;        //第八个 LED 数码管亮
delay60 ms();
    }
    while(1);        //无限循环,使 8 个 LED 数码管循环流水点亮
}
```

3. 利用 Proteus 仿真软件仿真

经 Keil C51 软件编译通过后,可利用 Proteus 仿真软件进行仿真。在 Proteus ISIS 编辑环境中绘制仿真电路图,或者打开计算机中的"仿真训练\项目 4\ex 4.11"文件夹内的"ex4.11.DSN"仿真原理图文件。将编译好的"ex4.11.hex"文件载入 AT89C51,启动仿真。可看到,P0 口的 8 个 LED 数码管循环流水点亮。

4. 用实验板试验

程序仿真无误后,将"ex4.11"文件夹中的"ex4.11.hex"文件烧录入 AT89C51 芯片中,再将烧录好的单片机插入实验板,通电运行即可看到和仿真类似的试验结果。

自我测试

4-1　LED 数码管的显示有几种方式?

4-2　LED 数码管有哪两种结构?是如何实现的?

4-3　简要说明 LED 数码管静态显示和动态显示的特点,实际设计时应如何选择?

4-4　LED 数码管动态显示的过程是什么?

4-5　在共阳极 LED 数码管显示的电路中,如果直接将共阳极 LED 数码管换成共阴极 LED 数码管,能否正常显示?为什么?应采取什么措施?

4-6　LED 数码管动态显示程序设计时如果把延时时间改为 1s,会出现什么情况?

4-7　如何设计 0~999 的计数器?

项目 ⑤ 键盘的设计与实现

学习目标

(1)掌握键盘的接口方法和编程方法。

(2)掌握独立式键盘的结构。

(3)掌握矩阵式键盘的结构与原理。

(4)能独立完成单片机键盘电路的设计。

(5)能独立完成 LCD 字符型接口电路的设计。

(6)能使用 C 语言实现对键盘的扫描和按键识别控制程序的设计、运行及调试。

项目描述

本项目使用 AT89C51 单片机,设计一个具有 8 按键的独立式与矩阵式键盘输入设计和用 LCD 显示设计,具体内容如下:

(1)无软件、软件消抖的独立式键盘输入。

(2)定时器中断控制的键盘扫描。

(3)矩阵式键盘按键值的数码管显示。

(4)用 LCD 显示字符、模拟检测结果。

(5)用 LCD 进行时钟设计。

知识链接

一、键盘接口的工作原理

键盘是单片机液压系统中最常用的输入设备之一,它是由若干按键按照一定规则组成的。每一个按键实际上是一个开关元件,按构造可分为有触点开关按键和无触点开关按键两类。有触点开关按键有机械按键、弹式微动按键、导电橡胶按键等;无触点开关按键有电容式按键、光电式按键和磁感应按键等。目前单片机应用系统中使用最多的键盘可分为编码键盘和非编码键盘。

编码键盘本身带有实现接口主要功能所需的硬件电路,通常还有消抖动、多键识别等功能。这种键盘使用方便,但价格较贵,一般的单片机应用系统很少采用。

非编码键盘只提供简单的行和列的矩阵,应用时由软件来识别键盘上的闭合键。它具有结构简单、使用灵活的特点,因此被广泛应用于单片机控制系统中。在应用中,非编码键盘常用的类型有独立式(线性)键盘和矩阵(行列式)键盘。

（一）独立式键盘的工作原理

1. 接口电路

独立式（线性）键盘的接口电路如图 5-1 所示。每一个按键对应 P1 口的一根线,各键是相互独立的。应用时,由软件来识别键盘上的键是否被按下。当某个键被按下时,该键所对应口线将有高电平变为低电平。反过来,如果检测到某口线为低电平,则可判断出该口线对应按键被按下。所以,通过软件可判断出按键是否被按下。

2. 按键抖动的消除

按键就是一个简单的开关。当按键按下时,相当于开关闭合;当按键松开时,相当于开关断开。按键在闭合和断开时,触点会存在抖动现象,P1.4 引脚输出端的波形如图 5-2(a)所示。触点抖动对于人来说是感觉不到的,但对于单片机来说,则完全可以感应到。因为单片机处理的速度为微秒级,而机械抖动的时间至少是毫秒级,对单片机而言,这是一个"漫长"的时间了。所以虽然只按了一次按键,但是单片机却检测到按了多次键,因而往往产生非预期的结果。

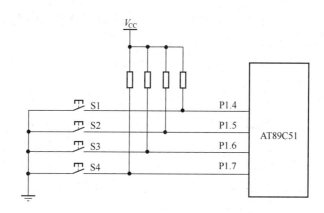

图 5-1　独立式键盘接口电路

按键的抖动时间一般为 5~10 ms,抖动可能造成一次按键的多次处理问题。应采取措施消除抖动的影响。消除办法有多种,常采用软件延时 10 ms 的方法。

当按键较少时,常采用图 5-2(b)所示的消抖电路。当按键未按下时,输出为"1";当按键按下时输出为"0",即使在 B 位置时因抖动瞬时断开,只要按键不回 A 位置,输出就会仍保持为"0"状态。

当按键较多时,常采用软件延时的办法。当单片机检测到有键按下时先延时 10 ms,然后再检测按键的状态,若仍是闭合状态则认为真正有键按下。当检测到按键释放时,亦需要做同样的处理。

3. 键盘的工作方式

按键所接引脚电平的高低可通过键盘扫描来判别,键盘扫描有两种方式:一种为 CPU 控制方式;另一种为定时器中断控制方式。前者灵敏度较低,后者则具有很高的灵敏度。

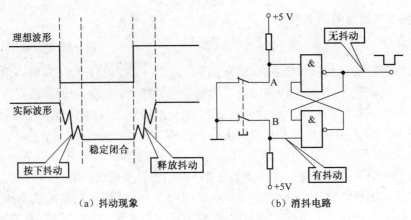

图 5-2　按键的抖动及消抖电路

(二) 矩阵键盘的工作原理

1. 接口电路

当键盘中按键数量较多时,为了减少 I/O 口的占用,通常将按键排列成矩阵形式。例如对于 16 个按键的键盘,可以按照图 5-3 所示的 4×4 矩阵方式连接,即 4 根行线和 4 根列线,每根行线和列线交叉点处即为一个键位。4 根行线接 P1 口的低 4 位 I/O 口线,4 根列线接 P1 口的高 4 位 I/O 口线,共需要 8 根 I/O 口线。

2. 工作原理

使用矩阵键盘的关键是如何判断按键值。根据图 5-3 所示,如果已知 P1.0 引脚被置为低电平"0",那么当按键 S1 被按下时,可以肯定 P1.4 引脚的信号必定变成低电平"0";反之,如果已知 P1.0 引脚被置为低电平"0",P1.1 引脚、P1.2 引脚和 P1.3 引脚被置为高电平,而单片机扫描到 P1.4 引脚为低电平"0",则可以肯定按键 S1 被按下。

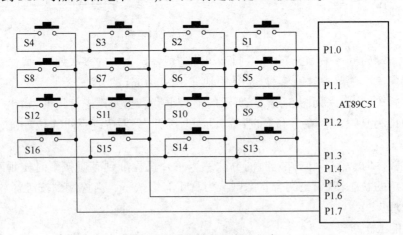

图 5-3　矩阵键盘的接口电路

识别按键的基本过程如下:

(1)首先判断是否有按键按下。将全部行线(P1.0 引脚、P1.1 引脚、P1.2 引脚、P1.3 引脚)置低电平"0",全部列线置高电平"1",然后检测列线的状态。只要有一列的电平为低,则表明键盘中有按键被按下;若检测到所有列线均为高电平,则键盘中无按键被按下。

（2）按键消抖。当判别到有按键被按下后,调用延时子程序,执行后再次进行判别。若确认有按键被按下,则开始第（3）步的按键识别,否则重新开始。

（3）按键识别。当有按键被按下时,转入逐行扫描的方法来确定是哪一个按键被按下。先扫描第一行,即将第一行输出低电平"0",然后读入列值,哪一列出现低电平"0",则说明该列与第一行跨接的按键被按下。若读入的列值全为"1",说明与第一行跨接的按键（S1~S4）均没有被按下。接着开始扫描第二行,依次类推,逐行扫描,直到找到被按下的按键。

二、字符型 LCD 液晶接口

1. 液晶显示模块的基础知识

液晶显示器（Liquid Crystal Display, LCD）具有体积小、质量小（< 100 g）、功耗低（100 mW）和可靠性高（50 000 h）的优点,在便携式电子产品中得到广泛应用。特别是在电池供电的单片机产品中,液晶显示器是必选的显示器件,如电子表、计算器、手机上的显示器等。

根据 LCD 的显示内容划分,可分为段式 LCD、字符式 LCD 和点阵式 LCD 三种。其中,字符式 LCD 以其价廉、显示内容丰富、美观、使用方便等特点,成为 LED 数码管的理想替代品。

2. 1602 字符型 LCD 简介

字符型 LCD 专门用于显示数字、字母、图形符号及少量自定义符号。这类显示器把 LCD 控制器、点阵驱动器、字符存储器等做在一块板上,再与液晶屏一起组成一个显示模块。因此,这类显示器的安装与使用都非常简单。

目前字符型 LCD 常用的有 16 字×1 行、16 字×2 行、20 字×2 行和 20 字×4 行等模块,常用型号有×××1602、×××1604、×××2002、×××2004。对于×××1602,×××为商标名称;16 代表液晶每行可显示 16 个字符;02 表示共有 2 行,即这种显示器一共可显示 32 个字符。

3. 液晶显示的原理

液晶显示的原理是利用液晶的物理特性,通过电压对显示区域进行控制,只要输入所需的控制电压,就可以显示出字符。LCD 能够显示字符的关键在于其控制器,目前大部分点阵型 LCD 都使用日立公司的 HD44780 集成电路作为控制器。HD44780 是集驱动器与控制器于一体,专用于字符显示的液晶显示控制驱动集成电路,它的特点如下:

（1）显示缓冲区及用户定义区的字符产生器 CG RAM 全部内藏在片内。

（2）接口数据传输有 8 位和 4 位两种传输模式。

（3）具有简单而功能很强的指令集,可以实现字符的移动、闪烁等功能。

HD44780 的工作原理较为复杂,但它的应用却非常简单。只要将待显字符的标准 ASCII 码放入内部数据显示用存储器（DD RAM）,内部控制线路就会自动将字符传送到显示器上。例如,要 LCD 显示字符"A"的 ASCII 码 41H 存入 DD RAM,控制线路就会通过 HD44780 的字符产生器（CG RAM）将 A 的字形点阵数据找出来显示在 LCD 上。

4. 1602 型 LCD 的主要技术参数

1602 型 LCD 的主要技术参数如下:

显示容量:16×2 字符。

芯片工作电压:4.5~5.5 V。

工作电流:2.0 mA(5.0 V)。

模块最佳工作电压:5.0 V。

字符尺寸:2.95 mm×4.35 mm(W×H)

5.1602型LCD的引脚

1602型LCD采用标准的14引脚(无背光)或16引脚(带背光)接口,其引脚和单片机的接口电路如图5-4所示。

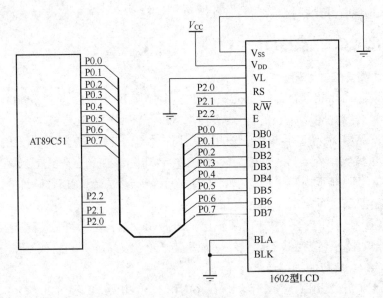

图5-4 1602型LCD和单片机的接口电路

V_{SS}:电源地。

V_{DD}:电源正极。

VL:反视度调整,使用可调电阻器调整,通常接地。

RS:寄存器选择,RS=1,选择数据寄存器;RS=0,选择指令寄存器。

$R/\overline{W}$:读/写选择。$R/\overline{W}$=1,读;$R/\overline{W}$=0,写。

E:模块使能端,当E由高电平跳变成低电平时,液晶模块开始执行命令。

DB0:双向数据总线的第0位。

DB1:双向数据总线的第1位。

DB2:双向数据总线的第2位。

DB3:双向数据总线的第3位。

DB4:双向数据总线的第4位。

DB5:双向数据总线的第5位。

DB6:双向数据总线的第6位。

DB6:双向数据总线的第7位。

BLA:背光显示器电源+5 V(也可接地,此时无背光但不易发热)。

BLK:背光显示器接地。

6.1602 型 LCD 显示字符过程

要用 1602 型 LCD 显示字符必须解决三大问题:待显字符标准 ASCII 码的产生;液晶显示模式的设置;字符显示位置的指定。

(1)待显字符标准 ASCII 码的产生。常用字符的标准 ASCII 码无须人工产生,在程序中定义字符常量或字符串常量时,C 语言在编译后会自动产生其标准 ASCII 码。只要将生成的标准 ASCII 码通过单片机的 I/O 口送入数据显示存储器(DD RAM),内部电路就会自动将字符传送到显示器上。

(2)液晶显示模式的设置。要让液晶显示字符,就必须对有无光标、光标的移动方向、光标是否闪烁及字符的移动方向等进行设置,才能获得所需要的显示效果。1602 液晶显示模式的设置是通过控制指令对内部的控制器控制实现的,1602 液晶显示模式控制指令表见表 5-1。例如,要将显示模式设置为"16×2 显示,5×7 点阵,8 位数据接口",只要向液晶模块写二进制指令代码 00111000B,即十六进制指令代码 38H 就可以了。

表 5-1　1602 液晶显示模式控制指令表

指令名称	指令功能	指令的二进制代码							
		D7	D6	D5	D4	D3	D2	D1	D0
显示模式设置	设置为 16×2 显示,5×7 点阵,8 位数据接口	0	0	1	1	1	0	0	0
显示开/关及光标设置	D=1,开显示;D=0,关显示。 C=1,显示光标;C=0,不显示光标。 B=1,光标闪烁;B=0,光标不闪烁	0	0	0	0	1	D	C	B
输入模式设置	N=1,光标右移;N=0,光标左移。 S=1,文字移动有效;S=0,文字移动无效	0	0	0	0	0	1	N	S

如果要求液晶开显示,有光标且光标闪烁,那么根据显示开/关及光标设置指令,只要令 D=1,C=1 和 B=1,也就是向液晶模块写入二进制指令代码 00001111B(十六进制数 0FH),就可以实现所需要的显示模式。

(3)字符显示位置的指定。1602 型 LCD 内部地址如图 5-5 所示。1602 型 LCD 字符显示位置的确定方法规定为"80H+地址码(00H~0FH,40H~4FH)"。例如,要将某字符显示在第 2 行第 6 列,则确定地址的指令代码应为 80H+45H=C5H。

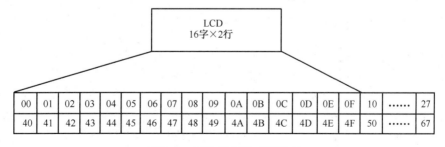

图 5-5　1602 型 LCD 内部地址

7.1602 型 LCD 的读写操作

LCD 是一个慢显示器件,所以在写每条指令前一定要先读 LCD 的忙碌状态。如果 LCD 正忙于处理其他指令,就等待;如果不忙,再执行写指令。为此,1602 型 LCD 专门设了一个忙碌标志位 BF,该位连接在 8 位双向数据线的 DB7 位上。如果 BF 为低电平"0",表示 LCD 不忙;如果 BF 为高电平"1",则表示 LCD 处于忙碌状态,需要等待。假定 1602 型 LCD 的 8 位双向数据线(DB0~DB7)是通过单片机的 P0 口减小数据传递的,那么只要检测 P0 口的 P0.7 引脚电平(DB7 连接 P0.7)就可以知道忙碌标志位 BF 的状态,见表 5-2。

表 5-2　1602 型 LCD 的读写操作规定

读状态	输入	RS=0,R/W̄=1,E=1	输出	DB0~DB7=状态字
写指令	输入	RS=0,R/W̄=0,DB0~DB7=指令码,E=高脉冲	输出	无
读数据	输入	RS=0,R/W̄=1,E=1	输出	DB0~DB7=数据
写数据	输入	RS=0,R/W̄=0,DB0~DB7=指令码,E=高脉冲	输出	无

从图 5-4 所示的接口电路中可以看出,1602 型 LCD 的 RS、R/W̄ 和 E 这 3 个接口分别接在 P2.0 引脚、P2.1 引脚和 P2.2 引脚。只要通过编程对这 3 个引脚置"0"或"1",就可以实现对 1602 型 LCD 的读写操作。具体操作过程是:读状态→写指令→写数据→自动显示。

(1)读状态。要将待显的字符(实际上是其标准 ASCII 码)写入液晶模块,首先就要检测 LCD 是否忙碌。还要通过读 1602 型 LCD 的状态来实现,即"欲写先读",操作命令如下:

```
RS=0;         //根据规定,RS 为低电平,RW 为高电平时,可以读状态
RW=1;
E=1;          //E=1,才允许读写
_nop_();      //空操作
_nop_();
_nop_();
_nop_();      //空操作 4 个机器周期,给硬件反应时间
```

然后就可以检测忙碌标志位 BF 的电平(P0.7 引脚电平)。BF=1,忙碌,不能执行写命令;BF=0,不忙,可以执行写写命令。

(2)写指令。写指令包括写显示模式控制指令和写入地址。例如,将指令或地址"dictate"(某 2 位十六进制代码)写入液晶模块,操作命令如下:

```
While(LcdBusy()==1);//如果忙就等待
    RS=0;         //根据规定,RS 和 RW 同时为低电平时,可以写入指令
    RW=0;
    E=0;          //E 置低电平,根据表 5-2,写指令时,E 为高脉冲,
                  //即让 E 从 0 到 1 发生正跳变,所以应先置"0"
    _nop_();
    _nop_();      //空操作 2 个机器周期,给硬件反应时间
    P0=dictate;   //将数据送入 P0 口,即写入指令或地址
    _nop_();
    _nop_();
```

```
    _nop_();
    _nop_();            //空操作 4 个机器周期,给硬件反应时间
    E=1;                //E 置高电平,产生正跳变
    _nop_();
    _nop_();
    _nop_();
    _nop_();            //空操作 4 个机器周期,给硬件反应时间
    E=0;                //当 E 由高电平跳变成为低电平时,LCD 开始执行命令
```

（3）写数据。写数据实际是将待显示字符的标准 ASCII 码写入 LCD 的数据显示用存储器（DD RAM）。例如,将数据"data"（某 2 位十六进制代码）写入液晶模块,操作命令如下：

```
While(LcdBusy( )==1); //如果忙就等待
    RS=1;               //RS 为高电平,RW 为低电平时,可以写入数据
    RW=0;
    E=0;                //E 置低电平,根据表 5-2,写数据时,E 为高脉冲,
                        //就是让 E 从 0 到 1 发生正跳变,所以应先置"0"
    P0=dictate;         //将数据送入 P0 口,即将数据写入 LCD
    _nop_();
    _nop_();
    _nop_();
    _nop_();            //空操作 4 个机器周期,给硬件反应时间
    E=1;                //E 置高电平
    _nop_();
    _nop_();
    _nop_();
    _nop_();            //空操作 4 个机器周期,给硬件反应时间
    E=0;                //当 E 由高电平跳变成为低电平时,LCD 开始执行命令
```

（4）自动显示。数据写入液晶模块后,字符产生器（CG ROM）将自动读出字符的字形点阵数据,并将字符显示在液晶屏上。这个过程由 LCD 自动完成,无须人工干预。

8.1602 型 LCD 的初始化过程

使用 1602 型 LCD 前,需要对其显示模式进行初始化设置,过程如下：

（1）延时 15 ms（给 1602 型 LCD 一段反应时间）。

（2）写指令 38H（尚未开始工作,所以不需要检测忙信号,将液晶的显示模式设置为 16×2 显示,5×7 点阵,8 位数据接口）。

（3）延时 5 ms。

（4）写指令 38H（不需要检测忙信号）。

（5）延时 5 ms。

（6）写指令 38H（不需要检测忙信号）。

（7）延时 5 ms（连续设置 3 次,确保初始化成功）。

以后每次写指令、读写数据操作均需要检测忙信号。

9.1602 型 LCD 驱动程序流程图

根据上面的分析可以画出 1602 型 LCD 驱动程序流程图,如图 5-6 所示。

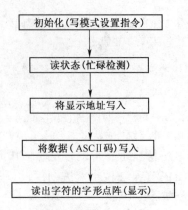

图 5-6　1602 型 LCD 驱动程序流程图

项目实施

【技能训练 5.1】　无软件消抖的独立式键盘输入

用按键 S1 控制发光二极管 VD1 的亮灭状态。第一次按下 S1 后,VD1 点亮;再次按下 S1,VD1 熄灭,如此循环。本训练任务的电路原理图及仿真效果如图 5-7 所示(程序无软件消抖功能)。

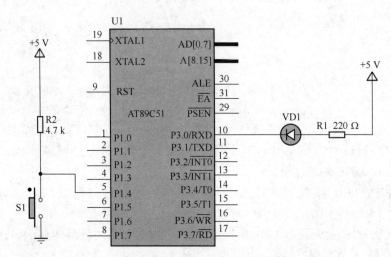

图 5-7　无软件消抖的独立式键盘输入的接口电路

1. 实现方法

将 P3.0 引脚电平初始化为高电平,以后每按一次按键 S1,让 P3.0 引脚电平取反即可。

2. 无软件消抖的独立式键盘输入的程序设计

先建立文件夹"ex5.1",然后建立"ex5.1"工程项目,最后建立源程序文件"ex5.1.c",输入如下源程序:

```
//技能训练 5.1:无软件消抖的独立式键盘输入
include<reg51.h>          //包含单片机寄存器的头文件
```

```
sbit S1 = P1^4;              //将 S1 位定义为 P1.4 引脚
sbit LED0 = P3^0;            //将 LED0 位定义为 P3.0 引脚
void main(void)              //主函数
{
    LED0 = 0;                //P3.0 引脚输出低电平
while(1)
    {
        if(S1 == 0)          //P1.4 引脚输出低电平,按键 S1 被按下
        LED0 =! LED0;        //P3.0 引脚取反
    }
}
```

3. 利用 Proteus 仿真软件仿真

经 Keil C51 软件编译通过后,可利用 Proteus 仿真软件进行仿真。在 Proteus ISIS 编辑环境中绘制仿真电路图,或者打开计算机中的"仿真训练 \ 项目 5 \ ex5.1"文件夹内的"ex5.1. DSN"仿真原理图文件,将编译好的"ex5.1. hex"文件载入 AT89C51。启动仿真,可以看到,当用鼠标按下按键 S1 时,VD1 亮灭状态的控制不能达到预期效果,常常连按几次,VD1 亮灭状态都不发生改变。

出现这种现象的原因是,程序没有进行按键消抖,从而使单片机实际检测到的按键次数为不定状态。

4. 采用实验板试验

程序仿真无误后,将"ex5.1"文件夹中的"ex5.1. hex"文件烧录入 AT89C51 芯片中,再将烧录好的单片机插入实验板,通电运行即可看到和仿真类似的试验结果。

【技能训练 5.2】　软件消抖的独立式键盘输入

要求实现的功能和接口电路如图 5-7 所示,但程序增加软件消抖功能。

1. 实现方法

第一次检测到有按键按下(对应引脚为低电平)时,不立即执行命令(认为是抖动),而是等待几十毫秒后再次检测按键状态。若仍检测到该按键被按下,才认为确实被按下,然后再执行相应的按键功能。

2. 软件消抖的独立式键盘输入的程序设计

先建立文件夹"ex5.2",然后建立"ex5.2"工程项目,最后建立源程序文件"ex5.2. c",输入如下源程序:

```
//技能训练 5.2:软件消抖的独立式键盘输入
#include<reg51.h>           //包含 51 单片机寄存器的头文件
sbit S1 = P1^4;             //将 S1 位定义为 P1.4 引脚
sbit LED0 = P3^0;           //将 LED0 位定义为 P3.0 引脚
/* * * * * * * * * * * * * * * * * * * * * * * * * * * * * * * * * *
函数功能:延时约 30 ms
 * * * * * * * * * * * * * * * * * * * * * * * * * * * * * * * * * * */
void delay(void)
{
```

```
    unsigned char i,j;
    for(i=0;i<100;i++)
    for(j=0;j<100;j++)
        ;
}
/* * * * * * * * * * * * * * * * * * * * * * * * * * * * * * * * * * * * *
函数功能:主函数
 * * * * * * * * * * * * * * * * * * * * * * * * * * * * * * * * * * * * */
void main(void)                  //主函数
{
    LED0 = 0;                    //P3.0 引脚输出低电平
    while(1)
    {
        if(S1 = = 0)             //P1.4 引脚输出低电平,按键 S1 被按下
        {
            delay();             //延时一段时间再次检测
            if(S1 = = 0)         //按键 S1 确实被按下
                LED0 = ! LED0;   //P3.0 引脚取反
        }
    }
}
```

3. 利用 Proteus 仿真软件仿真

经 Keil C51 软件编译通过后,可利用 Proteus 仿真软件进行仿真。在 Proteus ISIS 编辑环境中绘制仿真电路图,或者打开计算机中的"仿真训练\项目 5\ex5.2"文件夹内的"ex5.2.DSN"仿真原理图文件,将编译好的"ex5.2.hex"文件载入 AT89C51。启动仿真,可以看到,当用鼠标按下按键 S1 时,VD1 亮灭状态随即发生改变。结果表明,经软件消抖后,按键 S1 的预期控制功能可以很好地实现。

4. 采用实验板试验

程序仿真无误后,将"ex5.2"文件夹中的"ex5.2.hex"文件烧录入 AT89C51 芯片中,再将烧录好的单片机插入实验板,通电运行即可看到和仿真类似的试验结果。

【技能训练 5.3】 定时器中断控制的键盘扫描

用定时器中断控制进行键盘扫描,要求按下按键 S1 时,P3 口的 8 位 LED 正向流水点亮;按下按键 S2 时,P3 口的 8 位 LED 反向流水点亮;按下按键 S3 时 P3 口的 8 位 LED 熄灭;按下按键 S4 时,P3 口的 8 位 LED 闪烁。实现的功能和接口电路如图 5-8 所示。

1. 实现方法

要保证按键的灵敏度,就必须在足够短的时间内对键盘进行定期扫描。如果用 CPU 控制键盘扫描训练,反应较慢。如果按键不灵敏就是由于 CPU 忙于处理其他程序,从而在较长时间内不能扫描键盘造成的。实践表明,每 1 ms 进行一次键盘扫描,可以很好地实现按键的控制功能。

定时器中断控制的键盘扫描程序流程图如图 5-9 所示。

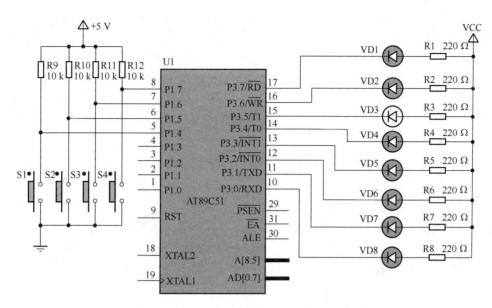

图 5-8　独立式键盘控制的 LED 显示接口电路

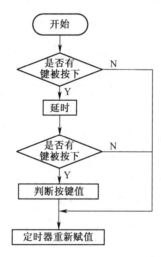

图 5-9　定时器中断控制的键盘扫描程序流程图

2. 定时器中断控制的键盘扫描的程序设计

先建立文件夹"ex5.3",然后建立"ex5.3"工程项目,最后建立源程序文件"ex5.3.c"输入如下源程序:

```
//技能训练5.3:定时器中断控制的独立式键盘扫描
#include<reg51.h>      //包含单片机寄存器的头文件
sbit S1=P1^4;          //将 S1 位定义为 P1.4 引脚
sbit S2=P1^5;          //将 S2 位定义为 P1.5 引脚
sbit S3=P1^6;          //将 S3 位定义为 P1.6 引脚
sbit S4=P1^7;          //将 S4 位定义为 P1.7 引脚
unsigned char keyval;  //存储按键值
```

```
/* * * * * * * * * * * * * * * * * * * * * * * * * * * * * * * * * * * * * * *
函数功能:流水灯延时
* * * * * * * * * * * * * * * * * * * * * * * * * * * * * * * * * * * * * * */
void led_delay(void)
{
    unsigned char i,j;
    for(i=0;i<250;i++)
    for(j=0;j<250;j++)
        ;
}

/* * * * * * * * * * * * * * * * * * * * * * * * * * * * * * * * * * * * * * *
函数功能:软件消抖延时
* * * * * * * * * * * * * * * * * * * * * * * * * * * * * * * * * * * * * * */
void delay20 ms(void)
{
    unsigned char i,j;
    for(i=0;i<100;i++)
    for(j=0;j<60;j++)
        ;
}

/* * * * * * * * * * * * * * * * * * * * * * * * * * * * * * * * * * * * * * *
函数功能:正向流水点亮 LED
* * * * * * * * * * * * * * * * * * * * * * * * * * * * * * * * * * * * * * */
void forward(void)
{
            P3 = 0xfe;          //第1个 LED 灯亮
            led_delay();
            P3 = 0xfd;          //第2个 LED 灯亮
            led_delay();
            P3 = 0xfb;          //第3个 LED 灯亮
            led_delay();
            P3 = 0xf7;          //第4个 LED 灯亮
            led_delay();
            P3 = 0xef;          //第5个 LED 灯亮
            led_delay();
            P3 = 0xdf;          //第6个 LED 灯亮
            led_delay();
            P3 = 0xbf;          //第7个 LED 灯亮
            led_delay();
            P3 = 0x7f;          //第8个 LED 灯亮
            led_delay();
            P3 = 0xff;
```

```
                P3 = 0xfe;        //第 1 个 LED 灯亮
                led_delay();
}
```
/* *

函数功能:反向流水点亮 LED

* /
```
  void backward(void)
  {
                P3 = 0x7f;        //第 8 个 LED 灯亮
                led_delay();
                P3 = 0xbf;        //第 7 个 LED 灯亮
                led_delay();
                P3 = 0xdf;        //第 6 个 LED 灯亮
                led_delay();
                P3 = 0xef;        //第 5 个 LED 灯亮
                led_delay();
                P3 = 0xf7;        //第 4 个 LED 灯亮
                led_delay();
                P3 = 0xfb;        //第 3 个 LED 灯亮
                led_delay();
                P3 = 0xfd;        //第 2 个 LED 灯亮
                led_delay();
                P3 = 0xfe;        //第 1 个 LED 灯亮
                led_delay();
  }
```
/* *

函数功能:关闭所有 LED

* /
```
void stop(void)
{
        P3 = 0xff;                //关闭 8 个 LED
}
```
/* *

函数功能:闪烁点亮 LED

* /
```
void flash(void)
{
  P3 = 0xff;                     //关闭 8 个 LED
  led_delay();
  P3 = 0x00;                     //点亮 8 个 LED
  led_delay();
}
```

```
/* * * * * * * * * * * * * * * * * * * * * * * * * * * * * * * * * * * * *
函数功能:主函数
 * * * * * * * * * * * * * * * * * * * * * * * * * * * * * * * * * * * * */
void main(void)              //主函数
{
  TMOD = 0x01;               //使用定时器 T0 的模式 1
  EA = 1;                    //开总中断
  ET0 = 1;                   //定时器 T0 中断允许
  TR0 = 1;                   //启动定时器 T0
  TH0 = (65536-1000)/256;    //定时器 T0 赋初值,每计数 200 次(217 μs)发送一次中断请求
  TL0 = (65536-1000)%256;    //定时器 T0 赋初值
  keyval = 0;                //按键值初始化为 0
    while(1)
      {
            switch(keyval)
              {
                  case 1:forward();
                          break;
                  case 2:backward();
                          break;
                  case 3:stop();
                          break;
                  case 4: flash();
                          break;
              }
      }
}

/* * * * * * * * * * * * * * * * * * * * * * * * * * * * * * * * * * * * *
函数功能:定时器 T0 的中断服务子程序
 * * * * * * * * * * * * * * * * * * * * * * * * * * * * * * * * * * * * */
void Time0_serve(void) interrupt 1 using 1
{
if((P1&0xf0)! =0xf0)                    //第一次检测到有按键按下
                {
                        delay20 ms();   //延时 20 ms 再检测
                        if(S1==0)       //按键 S1 被按下
                        keyval=1;
                        if(S2==0)       //按键 S2 被按下
                        keyval=2;
                        if(S3==0)       //按键 S3 被按下
                        keyval=3;
                        if(S4==0)       //按键 S4 被按下
```

```
                    keyval=4;
                  }
    TH0=(65536-1000)/256;
    TL0=(65536-1000)%256;
  }
```

3. 利用 Proteus 仿真软件仿真

经 Keil C51 软件编译通过后，可利用 Proteus 仿真软件进行仿真。在 Proteus ISIS 编辑环境中绘制仿真电路图，或者打开计算机中的"仿真训练\项目 5\ex5.3"文件夹内的"ex5.3.DSN"仿真原理图文件，将编译好的"ex5.3.hex"文件载入 AT89C51。启动仿真，可以看到用鼠标按下按键 S1 时，P3 口的 8 个 LED 即开始正向流水点亮；按下按键 S2 时，LED 立即反向流水点亮。结果表明按键的灵敏度明显提高。

4. 采用实验板试验

程序仿真无误后，将"ex5.3"文件夹中的"ex5.3.hex"文件烧录入 AT89C51 芯片中，再将烧录好的单片机插入实验板，通电运行即可看到和仿真类似的试验结果。

结果表明，用定时器 T0 的中断控制键盘扫描，可以很好地实现按键的预期控制功能。

【技能训练 5.4】　矩阵键盘按键值的数码管显示

使用数码管显示矩阵键盘的按键值，采用的接口电路原理图如图 5-10 所示。

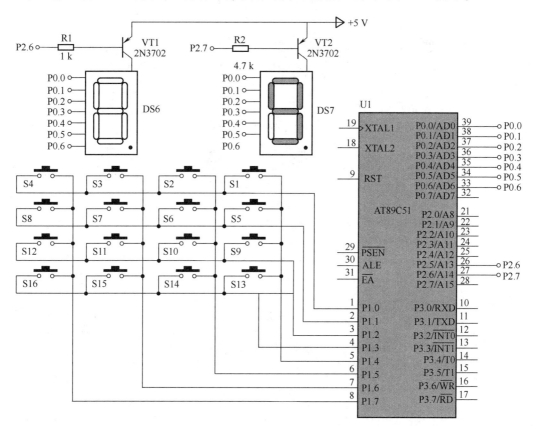

图 5-10　矩阵键盘按键值的数码管显示接口电路原理图及仿真效果

1. 实现方法

用定时器 T0 中断控制进行键盘扫描,扫描到有键被按下后,再将其值传递给主程序,用快速动态扫描方法显示。图 5-11 为矩阵键盘扫描子程序流程图。

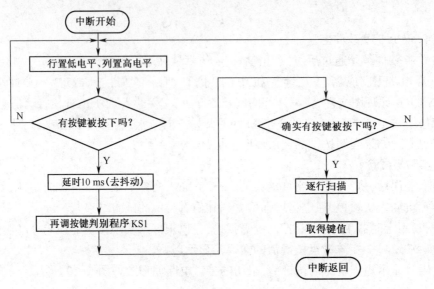

图 5-11　矩阵键盘扫描了程序流程图

2. 矩阵键盘按键值的数码管显示的程序设计

先建立文件夹"ex5.4",然后建立"ex5.4"工程项目,最后建立源程序文件"ex5.4.c",输入如下源程序:

```c
//技能训练 5.4:矩阵键盘按键值的数码管显示
#include<reg51.h>          //包含单片机寄存器的头文件
sbit P14 = P1^4;           //将 P14 位定义为 P1.4 引脚
sbit P15 = P1^5;           //将 P15 位定义为 P1.5 引脚
sbit P16 = P1^6;           //将 P16 位定义为 P1.6 引脚
sbit P17 = P1^7;           //将 P17 位定义为 P1.7 引脚
unsigned char code Tab[ ] = {0xc0,0xf9,0xa4,0xb0,0x99,0x92,0x82,0xf8,0x80,0x90};
                           //数字 0~9 的段码
unsigned char keyval;      //定义变量存储按键值
/* * * * * * * * * * * * * * * * * * * * * * * * * * * * * * * * * * * * * *
函数功能:数码管动态扫描延时
* * * * * * * * * * * * * * * * * * * * * * * * * * * * * * * * * * * * * * * /
void led_delay(void)
{
    unsigned char j;
    for(j=0;j<200;j++)
     ;
}
/* * * * * * * * * * * * * * * * * * * * * * * * * * * * * * * * * * * * * * *
```

函数功能:按键值的数码管显示子程序

```
* * * * * * * * * * * * * * * * * * * * * * * * * * * * * * * * * * * * * * */
void display(unsigned char k)
{
    P2 = 0xbf;               //点亮数码管 DS6
    P0 = Tab[k/10];          //显示十位
    led_delay();             //动态扫描延时
    P2 = 0x7f;               //点亮数码管 DS7
    P0 = Tab[k%10];          //显示个位
    led_delay();             //动态扫描延时
}
/* * * * * * * * * * * * * * * * * * * * * * * * * * * * * * * * * * * * * * *
```

函数功能:软件延时子程序

```
* * * * * * * * * * * * * * * * * * * * * * * * * * * * * * * * * * * * * * */
void delay20 ms(void)
{
    unsigned char i,j;
    for(i=0;i<100;i++)
    for(j=0;j<60;j++)
        ;
}
/* * * * * * * * * * * * * * * * * * * * * * * * * * * * * * * * * * * * * * *
```

函数功能:主函数

```
* * * * * * * * * * * * * * * * * * * * * * * * * * * * * * * * * * * * * * */
void main(void)
{
    EA = 1;                     //开总中断
    ET0 = 1;                    //定时器 T0 中断允许
    TMOD = 0x01;                //使用定时器 T0 的模式 1
    TH0 = (65536-500)/256;      //定时器 T0 的高 8 位赋初值
    TL0 = (65536-500)%256;      //定时器 T0 的低 8 位赋初值
    TR0 = 1;                    //启动定时器 T0
    keyval = 0x00;              //按键值初始化为 0
        while(1)                //无限循环
        {
        display(keyval);        //调用按键值的数码管显示子程序
        }
}
/* * * * * * * * * * * * * * * * * * * * * * * * * * * * * * * * * * * * * * *
```

函数功能:定时器 T0 的中断服务子程序,进行键盘扫描,判断键位

```
* * * * * * * * * * * * * * * * * * * * * * * * * * * * * * * * * * * * * * */
    void time0_interserve(void) interrupt 1 using 1    //定时器 T0 的中断编号为 1,
```

```
                                     //使用第一组寄存器
{
  TR0 = 0;                           //关闭定时器 T0
  P1 = 0xf0;                         //所有行线置为低电平"0",所有列线置为高电平"1"
  if((P1&0xf0)! = 0xf0)             //列线中有一位为低电平"0",说明有键按下
  delay20 ms();                      //延时一段时间、软件消抖
  if((P1&0xf0)! = 0xf0)             //确实有键按下
  {
    P1 = 0xfe;                       //第一行置为低电平"0"(P1.0 输出低电平"0")
    if(P14 = = 0)                    //如果检测到接 P1.4 引脚的列线为低电平"0"
    keyval = 1;                      //可判断按键 S1 被按下
    if(P15 = = 0)                    //如果检测到接 P1.5 引脚的列线为低电平"0"
    keyval = 2;                      //可判断按键 S2 被按下
    if(P16 = = 0)                    //如果检测到接 P1.6 引脚的列线为低电平"0"
    keyval = 3;                      //可判断按键 S3 被按下
    if(P17 = = 0)                    //如果检测到接 P1.7 引脚的列线为低电平"0"
    keyval = 4;                      //可判断按键 S4 被按下
    P1 = 0xfd;                       //第二行置为低电平"0"(P1.1 输出低电平"0")
    if(P14 = = 0)                    //如果检测到接 P1.4 引脚的列线为低电平"0"
    keyval = 5;                      //可判断按键 S5 被按下
    if(P15 = = 0)                    //如果检测到接 P1.5 引脚的列线为低电平"0"
    keyval = 6;                      //可判断按键 S6 被按下
    if(P16 = = 0)                    //如果检测到接 P1.6 引脚的列线为低电平"0"
    keyval = 7;                      //可判断按键 S7 被按下
    if(P17 = = 0)                    //如果检测到接 P1.7 引脚的列线为低电平"0"
    keyval = 8;                      //可判断按键 S8 被按下
    P1 = 0xfb;                       //第三行置为低电平"0"(P1.2 输出低电平"0")
    if(P14 = = 0)                    //如果检测到接 P1.4 引脚的列线为低电平"0"
    keyval = 9;                      //可判断按键 S9 被按下
    if(P15 = = 0)                    //如果检测到接 P1.5 引脚的列线为低电平"0"
    keyval = 10;                     //可判断按键 S10 被按下
    if(P16 = = 0)                    //如果检测到接 P1.6 引脚的列线为低电平"0"
    keyval = 11;                     //可判断按键 S11 被按下
    if(P17 = = 0)                    //如果检测到接 P1.7 引脚的列线为低电平"0"
    keyval = 12;                     //可判断按键 S12 被按下
    P1 = 0xf7;                       //第四行置为低电平"0"(P1.3 输出低电平"0")
    if(P14 = = 0)                    //如果检测到接 P1.4 引脚的列线为低电平"0"
    keyval = 13;                     //可判断按键 S13 被按下
    if(P15 = = 0)                    //如果检测到接 P1.5 引脚的列线为低电平"0"
    keyval = 14;                     //可判断按键 S14 被按下
    if(P16 = = 0)                    //如果检测到接 P1.6 引脚的列线为低电平"0"
    keyval = 15;                     //可判断按键 S15 被按下
```

```
    if(P17 == 0)              //如果检测到接 P1.7 引脚的列线为低电平"0"
    keyval = 16;              //可判断按键 S16 被按下
  }
  TR0 = 1;                    //开启定时器 T0
  TH0 = (65536-500)/256;     //定时器 T0 的高 8 位赋初值
  TL0 = (65536-500)%256;     //定时器 T0 的低 8 位赋初值
}
```

3. 利用 Proteus 仿真软件仿真

经 Keil C51 软件编译通过后,可利用 Proteus 仿真软件进行仿真。在 Proteus ISIS 编辑环境中绘制仿真电路图,或者打开计算机中的"仿真训练\项目 5\ex5.4"文件夹内的"ex5.4.DSN"仿真原理图文件,将编译好的"ex5.4hex"文件载入 AT89C51。启动仿真,可以看到用鼠标按下任意按键时,图 5-10 中的两个数码管即显示出按键值。

4. 采用实验板试验

程序仿真无误后,将"ex5.4"文件夹中的"ex5.4.hex"文件烧录入 AT89C51 芯片中,再将烧录好的单片机插入实验板,通电运行即可看到和仿真类似的试验结果。

【技能训练 5.5】　用 LCD 显示字符"A"

使用 1602 型 LCD 显示字符"A",采用的接口电路原理图如图 5-12 所示。要求在 1602 型 LCD 的第 1 行第 8 列显示大写英文字母"A"。显示模式设置如下:

(1)16×2 显示、5×7 点阵、8 位数据接口。

(2)显示开、有光标开且光标闪烁。

(3)光标右移、字符不移。

1. 实现方法

根据图 5-11 所示的流程图,字符"A"的显示可分为 5 个步骤来完成:LCD 初始化;检测忙碌状态;写地址;写数据;中断显示。

2. 用 LCD 显示字符"A"的程序设计

先建立文件夹"ex5.5",然后建立"ex5.5"工程项目,最后建立源程序文件"ex5.5.c",输入如下源程序:

```
//技能训练 5.5:用 LCD 显示字符'A'
#include<reg51.h>          //包含单片机寄存器的头文件
#include<intrins.h>        //包含_nop_()函数定义的头文件
sbit RS = P2^0;            //寄存器选择位,将 RS 位定义为 P2.0 引脚
sbit RW = P2^1;            //读写选择位,将 RW 位定义为 P2.1 引脚
sbit E = P2^2;             //使能信号位,将 E 位定义为 P2.2 引脚
sbit BF = P0^7;            //忙碌标志位,,将 BF 位定义为 P0.7 引脚
/* * * * * * * * * * * * * * * * * * * * * * * * * * * * *
函数功能:延时 1 ms
(3j+2) * i = (3×33+2)×10 = 1010(μs),可以认为是 1 ms
* * * * * * * * * * * * * * * * * * * * * * * * * * * * */
void delay1ms()
{
```

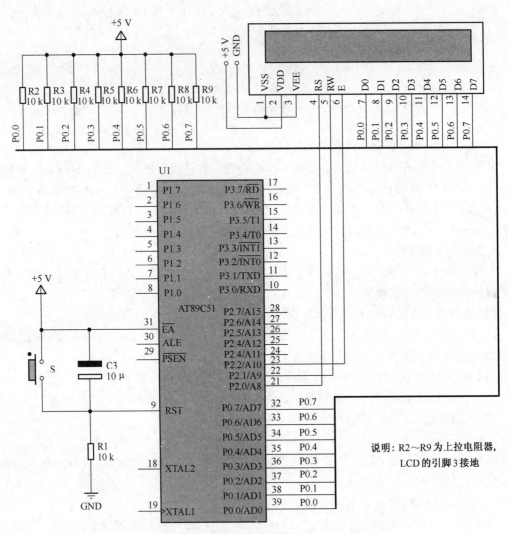

图 5-12　1602 型 LCD 和单片机的接口电路原理图

```
unsigned char i,j;
for(i = 0;i <10;i++)
    for(j = 0;j <33;j++)
        ;
}
/* * * * * * * * * * * * * * * * * * * * * * * * * * * * * * * * * * * *
函数功能:延时若干毫秒
入口参数:n
* * * * * * * * * * * * * * * * * * * * * * * * * * * * * * * * * * * */
void delay(unsigned char n)
{
    unsigned char i;
    for(i = 0;i <n;i++)
```

```
    delay1 ms();
}
/* * * * * * * * * * * * * * * * * * * * * * * * * * * * * * * * * * *
函数功能:判断液晶模块的忙碌状态
返回值:result。result=1,忙碌;result=0,不忙
* * * * * * * * * * * * * * * * * * * * * * * * * * * * * * * * * * */
unsigned char BusyTest(void)
  {
    bit result;
    RS=0;           //根据规定,RS 为低电平,RW 为高电平时,可以读状态
    RW=1;
    E=1;            //E=1,才允许读写
    _nop_();        //空操作
    _nop_();
    _nop_();
    _nop_();        //空操作 4 个机器周期,给硬件反应时间
    result=BF;      //将忙碌标志电平赋给 result
    E=0;
    return result;
  }
/* * * * * * * * * * * * * * * * * * * * * * * * * * * * * * * * * * *
函数功能:将模式设置指令或显示地址写入液晶模块
入口参数:dictate
* * * * * * * * * * * * * * * * * * * * * * * * * * * * * * * * * * */
void WriteInstruction (unsigned char dictate)
{
    while(BusyTest()==1);             //如果忙就等待
    RS=0;                            //根据规定,RS 和 RW 同时为低电平时,可以写入指令
    RW=0;
    E=0;                             //E 置低电平,根据表 5-2,写指令时,E 为高脉冲,
                                     //即让 E 从 0 到 1 发生正跳变,所以应先置"0"
    _nop_();
    _nop_();                         //空操作 2 个机器周期,给硬件反应时间
    P0=dictate;                      //将数据送入 P0 口,即写入指令或地址
    _nop_();
    _nop_();
    _nop_();
    _nop_();                         //空操作 4 个机器周期,给硬件反应时间
    E=1;                             //E 置高电平
    _nop_();
    _nop_();
    _nop_();
```

```
    _nop_();                        //空操作 4 个机器周期,给硬件反应时间
    E=0;                            //当 E 由高电平跳变成低电平时,液晶模块开始执行
                                        命令
}
/* * * * * * * * * * * * * * * * * * * * * * * * * * * * * * * * * * * *
```

函数功能:指定字符显示的实际地址
入口参数:x
```
* * * * * * * * * * * * * * * * * * * * * * * * * * * * * * * * * * * * */
void WriteAddress(unsigned char x)
{
    WriteInstruction(x |0x80);    //显示位置的确定方法规定为"80H+地址码 x"
}

/* * * * * * * * * * * * * * * * * * * * * * * * * * * * * * * * * * * *
```
函数功能:将数据(字符的标准 ASCII 码)写入液晶模块
入口参数:y(为字符常量)
```
* * * * * * * * * * * * * * * * * * * * * * * * * * * * * * * * * * * * */
void WriteData(unsigned char y)
{
    while(BusyTest()= =1);
    RS=1;                           //RS 为高电平,RW 为低电平时,可以写入数据
    RW=0;
    E=0;                            //E 置低电平,根据表 5-2,写指令时,E 为高脉冲,
                                    //就是让 E 从 0 到 1 发生正跳变,所以应先置"0"
    P0=y;                           //将数据送入 P0 口,即将数据写入液晶模块
    _nop_();
    _nop_();
    _nop_();
    _nop_();                        //空操作 4 个机器周期,给硬件反应时间
    E=1;                            //E 置高电平
    _nop_();
    _nop_();
    _nop_();
    _nop_();                        //空操作 4 个机器周期,给硬件反应时间
    E=0;                            //当 E 由高电平跳变成低电平时,液晶模块开始执行命令
}
    /* * * * * * * * * * * * * * * * * * * * * * * * * * * * * * * * * * *
```
函数功能:对 LCD 的显示模式进行初始化设置
```
    * * * * * * * * * * * * * * * * * * * * * * * * * * * * * * * * * * */
void LcdInitiate(void)
{
    delay(15);                      //延时 15 ms,首次写指令时应给 LCD 一段较长的反应时间
    WriteInstruction(0x38);         //显示模式设置:16×2 显示,5×7 点阵,8 位数据接口
```

```
    delay(5);                        //延时 5 ms
    WriteInstruction(0x38);
    delay(5);
    WriteInstruction(0x38);
    delay(5);
    WriteInstruction(0x0f);          //显示模式设置:显示开,有光标且光标闪烁
    delay(5);
    WriteInstruction(0x06);          //显示模式设置:光标右移,字符不移
    delay(5);
    WriteInstruction(0x01);          //清屏幕指令,将以前的显示内容清除
    delay(5);
}
void main(void)                      //主函数
{
    LcdInitiate();                   //调用 LCD 初始化函数
    WriteAddress(0x07);              //将显示地址指定为第 1 行第 8 列
    WriteData('A');                  //将字符常量 A 写入液晶模块
                                     //字符的字形点阵读出和显示由液晶模块自动完成
}
```

3. 利用 Proteus 仿真软件仿真

经 Keil C51 软件编译通过后,可利用 Proteus 仿真软件进行仿真。在 Proteus ISIS 编辑环境中绘制仿真电路图,或者打开计算机中的"仿真训练\项目 5\ex5.5"文件夹内的"ex5.5.DSN"仿真原理图文件,将编译好的"ex5.5.hex"文件载入 AT89C51。启动仿真,即可看到 LCD 显示出字符"A",仿真效果如图 5-13 所示。

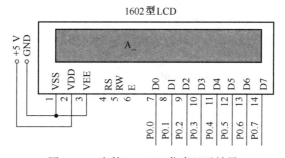

图 5-13　字符"A"LCD 仿真显示效果

4. 采用实验板试验

程序仿真无误后,将"ex5.5"文件夹中的"ex5.5.hex"文件烧录入 AT89C51 芯片中,再将烧录好的单片机和 1602 型 LCD 插入实验板,通电运行即可看到和仿真类似的试验结果。

【技能训练 5.6】　用 LCD 显示模拟检测结果

使用 LCD 显示模拟检测结果,采用的接口电路如图 5-12 所示。假定该检测结果由 4 位整数和 1 位小数组成(如 1432.7)。要求从 1602 型 LCD 的第 1 行第 3 列起显示提示信息"Test　Result";从第 2 行第 6 列起显示检测结果。显示模式设置如下:

（1）16×2 显示、5×7 点阵、8 位数据接口。

（2）显示开、有光标开且光标闪烁。

（3）光标右移、字符不移。

1. 实现方法

（1）模拟检测结果。本训练使用随机函数 rand( ) 来产生一个 0～32 767 之间的整数来模拟检测结果。这个随机结果可用符号 D5D4D3D2D1 来表示。例如，某一时刻产生的随机整数为 40375，则

个位数字：D1＝40375%10＝5

十位数字：D2＝（40375%100）/10＝7

百位数字：D3＝（40375%1000）/100＝3

千位数字：D4＝（40375%10000）/1000＝0

万位数字：D5＝40375/10000＝4

本训练用 D5～D2 来模拟检测结果的整数部分，D1 来模拟检测结果的小数部分。

（2）数字的显示。由于显示的结果是随机的，因此无法事先将检测结果定义为字符串常量。但无论检测结果怎样变化，都是由 0～9 这 10 个数字和 1 个小数点"·"组成。所以，可以将这 10 个数字存储为字符串，代码如下：

```
unsigned char code string[ ] ={"0123456789"};
```

显示的数字可用查表法获取，例如，要显示数字"5"只要向 LCD 写第 6 个数组元素"string[5]"即可。

（3）字符显示地址的确定。因为事先规定从 1602 型 LCD 的第 2 行第 6 列开始显示检测结果，所以千位数应显示在第 8 列（0x07）；个位数应显示在第 9 列（0x08）；小数点应显示在第 10 列（0x09）；最后一位小数则显示在第 11 列（0x0a）。

其他的读写操作和初始化过程与技能训练 5.5 相同。

2. 用 LCD 显示模拟检测结果的程序设计

先建立文件夹"ex5.6"，然后建立"ex5.6"工程项目，最后建立源程序文件"ex5.6.c"，输入如下源程序：

```
//技能训练 5.6：用 LCD 显示模拟检测结果
#include<reg51.h>       //包含单片机寄存器的头文件
#include<stdlib.h>      //包含随机函数 rand()的定义文件
#include<intrins.h>     //包含_nop_()函数定义的头文件
sbit RS=P2^0;           //寄存器选择位,将 RS 位定义为 P2.0 引脚
sbit RW=P2^1;           //读写选择位,将 RW 位定义为 P2.1 引脚
sbit E=P2^2;            //使能信号位,将 E 位定义为 P2.2 引脚
sbit BF=P0^7;           //忙碌标志位,,将 BF 位定义为 P0.7 引脚
unsigned char code digit[ ]={"0123456789"};//定义字符数组显示数字
unsigned char code string[ ]={"Test Result"};//定义字符数组显示提示信息
/* * * * * * * * * * * * * * * * * * * * * * * * * * * * * *
函数功能:延时 1 ms
(3j+2)*i=(3×33+2)×10=1010(μs),可以认为是 1 ms
* * * * * * * * * * * * * * * * * * * * * * * * * * * * * */
```

128

```
void delay1 ms()
{
    unsigned char i,j;
    for(i=0;i<10;i++)
    for(j=0;j<33;j++)
        ;
}
```

```
/* * * * * * * * * * * * * * * * * * * * * * * * * * * * * * *
函数功能:延时若干毫秒
入口参数:n
* * * * * * * * * * * * * * * * * * * * * * * * * * * * * * */
void delay(unsigned char n)
{
    unsigned char i;
    for(i=0;i<n;i++)
    delay1 ms();
}
```

```
/* * * * * * * * * * * * * * * * * * * * * * * * * * * * * * *
函数功能:判断液晶模块的忙碌状态
返回值:result。result=1,忙碌;result=0,不忙
* * * * * * * * * * * * * * * * * * * * * * * * * * * * * * */
unsigned char BusyTest(void)
{
    bit result;
    RS=0;          //根据规定,RS 为低电平,RW 为高电平时,可以读状态
    RW=1;
    E=1;           //E=1,才允许读写
    _nop_();       //空操作
    _nop_();
    _nop_();
    _nop_();       //空操作 4 个机器周期,给硬件反应时间
    result=BF;     //将忙碌标志电平赋给 result
    E=0;           //将 E 恢复低电平
    return result;
}
```

```
/* * * * * * * * * * * * * * * * * * * * * * * * * * * * * * *
函数功能:将模式设置指令或显示地址写入液晶模块
入口参数:dictate
* * * * * * * * * * * * * * * * * * * * * * * * * * * * * * */
void WriteInstruction (unsigned char dictate)
{
    while(BusyTest()= =1);    //如果忙就等待
```

```
    RS = 0;                         //根据规定,RS 和 RW 同时为低电平时,可以写入指令
    RW = 0;
    E = 0;                          //E 置低电平,根据表 5-2,写指令时,E 为高脉冲,
                                    //即让 E 从 0 到 1 发生正跳变,所以应先置"0"
    _nop_();
    _nop_();                        //空操作 2 个机器周期,给硬件反应时间
    P0 = dictate;                   //将数据送入 P0 口,即写入指令或地址
    _nop_();
    _nop_();
    _nop_();
    _nop_();                        //空操作 4 个机器周期,给硬件反应时间
    E = 1;                          //E 置高电平
    _nop_();
    _nop_();
    _nop_();
    _nop_();                        //空操作 4 个机器周期,给硬件反应时间
    E = 0;                          //当 E 由高电平跳变成低电平时,液晶模块开始执行命令
}
/* * * * * * * * * * * * * * * * * * * * * * * * * * * * * * * * *
函数功能:指定字符显示的实际地址
入口参数:x
* * * * * * * * * * * * * * * * * * * * * * * * * * * * * * * * * * */
void WriteAddress(unsigned char x)
{
    WriteInstruction(x |0x80);  //显示位置的确定方法规定为"80H+地址码 x"
}
/* * * * * * * * * * * * * * * * * * * * * * * * * * * * * * * * *
函数功能:将数据(字符的标准 ASCII 码)写入液晶模块
入口参数:y(为字符常量)
* * * * * * * * * * * * * * * * * * * * * * * * * * * * * * * * * * */
void WriteData(unsigned char y)
{
    while(BusyTest()= =1);
    RS = 1;                         //RS 为高电平,RW 为低电平时,可以写入数据
    RW = 0;
    E = 0;                          //E 置低电平,根据表 5-2,写指令时,E 为高脉冲,
                                    //就是让 E 从 0 到 1 发生正跳变,所以应先置"0"
    P0 = y;                         //将数据送入 P0 口,即将数据写入液晶模块
    _nop_();
    _nop_();
    _nop_();
    _nop_();                        //空操作 4 个机器周期,给硬件反应时间
```

```
        E=1;                           //E 置高电平
        _nop_();
        _nop_();
        _nop_();
        _nop_();                       //空操作 4 个机器周期,给硬件反应时间
        E=0;                           //当 E 由高电平跳变成低电平时,液晶模块开始执行命令
}
```

/* *

函数功能:对 LCD 的显示模式进行初始化设置

* */

```
void LcdInitiate(void)
{
        delay(15);                     //延时 15 ms,首次写指令时应给 LCD 一段较长的反应时间
        WriteInstruction(0x38);        //显示模式设置:16×2 显示,5×7 点阵,8 位数据接口
        delay(5);                      //延时 5 ms,给硬件一段反应时间
        WriteInstruction(0x38);
        delay(5);
        WriteInstruction(0x38);        //连续 3 次,确保初始化成功
        delay(5);
        WriteInstruction(0x0c);        //显示模式设置:显示开,无光标,光标不闪烁
        delay(5);
        WriteInstruction(0x06);        //显示模式设置:光标右移,字符不移
        delay(5);
        WriteInstruction(0x01);        //清屏幕指令,将以前的显示内容清除
        delay(5);
}
```

/* *

函数功能:主函数

* */

```
 void main(void)
{
    unsigned char i;                   //定义变量 i 指向字符串数组元素
    unsigned int x;                    //定义变量,存储检测结果
    unsigned char D1,D2,D3,D4,D5;      //分别存储采集的个位、十位、百位、千位和万位数字
    LcdInitiate();                     //调用 LCD 初始化函数
    delay(10);                         //延时 10 ms,给硬件一段反应时间
    WriteAddress(0x02);                //从第 1 行第 3 列开始显示
    i = 0;                             //指向字符数组的第 1 个元素
    while(string[i] != '\0')
        {
            WriteData(string[i]);
            i++;                       //指向下字符数组一个元素
```

```
    }
    while(1)                       //无限循环
    {
        x=rand();                  //模拟数据采集
        D1=x%10;                   //计算个位数字
        D2=(x%100)/10;             //计算十位数字
        D3=(x%1000)/100;           //计算百位数字
        D4=(x%10000)/1000;         //计算千位数字
        D5=x/10000;                //计算万位数字
        WriteAddress(0x45);        //从第2行第6列开始显示
        WriteData(digit[D5]);      //将万位数字的字符常量写入 LCD
        WriteData(digit[D4]);      //将千位数字的字符常量写入 LCD
        WriteData(digit[D3]);      //将百位数字的字符常量写入 LCD
        WriteData(digit[D2]);      //将十位数字的字符常量写入 LCD
        WriteData('.');            //将小数点的字符常量写入 LCD
        WriteData(digit[D1]);      //将个位数字的字符常量写入 LCD
        for(i=0;i<4;i++)           //延时1s(每1s采集一次数据)
        delay(250);                //延时 250 ms
    }
}
```

3. 利用 Proteus 仿真软件仿真

经 Keil C51 软件编译通过后,可利用 Proteus 仿真软件进行仿真。在 Proteus ISIS 编辑环境中绘制仿真电路图,或者打开计算机中的"仿真训练\项目 5\ex5.6"文件夹内的"ex5.6.DSN"仿真原理图文件,将编译好的"ex5.6.hex"文件载入 AT89C51。启动仿真,即可看到从第 1 行第 3 列开始显示出提示信息"Test　Result",第 2 行第 6 列不断显示出变化的模拟检测结果,仿真效果如图 5-14 所示。

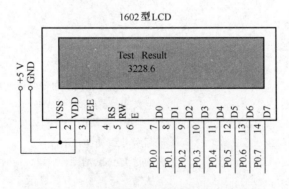

图 5-14　用 LCD 显示模拟检测结果仿真效果

4. 采用实验板试验

程序仿真无误后,将"ex5.6"文件夹中的"ex5.6.hex"文件烧录入 AT89C51 芯片中,再将烧录好的单片机插入实验板,通电运行即可看到和仿真类似的试验结果。

【技能训练 5.7】　液晶时钟设计训练

设计一个液晶时钟,采用的接口电路原理图如图 5-12 所示。要求从 1602 型 LCD 的第 1 行第 4 列开始显示提示信息"Being Time";从第 2 行第 7 列开始显示形如"18:25:34"的时间。显示模式设置如下:

(1)16×2 显示、5×7 点阵、8 位数据接口。

(2)显示开、有光标开且光标闪烁。

(3)光标右移、字符不移。

1. 实现方法

(1)计时方法。本训练采用定时器 T0 来实现计时,具体实现方法参考技能训练 5.4。

(2)显示位置控制。由于要求从第 2 行第 7 列开始显示时间,则依照次序,时的十位数字占据第 7 列,个位数字占第 8 列;时与分之间的冒号":"占据第 9 列;分的十位数字占据第 10 列,个位数字占第 11 列;分与秒之间的冒号":"占据第 12 列;秒的十位数字占据第 13 列,个位数字占第 14 列。

(3)时间显示子函数。秒、分和时的显示分别由 3 个子函数完成。

2. 液晶时钟设计的程序设计

先建立文件夹"ex5.7",然后建立"ex5.7"工程项目,最后建立源程序文件"ex5.7.c",输入如下源程序:

```
//技能训练 5.7:液晶时钟设计
#include<reg51.h>      //包含单片机寄存器的头文件
#include<stdlib.h>     //包含随机函数 rand()的定义文件
#include<intrins.h>    //包含_nop_()函数定义的头文件
sbit RS=P2^0;          //寄存器选择位,将 RS 位定义为 P2.0 引脚
sbit RW=P2^1;          //读写选择位,将 RW 位定义为 P2.1 引脚
sbit E=P2^2;           //使能信号位,将 E 位定义为 P2.2 引脚
sbit BF=P0^7;          //忙碌标志位,,将 BF 位定义为 P0.7 引脚
unsigned char code digit[ ]={"0123456789"}; //定义字符数组显示数字
unsigned char code string[ ]={"BeiJing Time"}; //定义字符数组显示提示信息
unsigned char count;   //定义变量统计中断累计次数
unsigned char s,m,h;   //定义变量储存秒、分钟和小时
/* * * * * * * * * * * * * * * * * * * * * * * * * * * * * * * * * * * * *
函数功能:延时 1 ms
(3j+2)*i=(3×33+2)×10=1010(μs),可以认为是 1ms
* * * * * * * * * * * * * * * * * * * * * * * * * * * * * * * * * * * * */
void delay1 ms()
{
    unsigned char i,j;
    for(i=0;i<10;i++)
    for(j=0;j<33;j++)
        ;
}
```

```
/* * * * * * * * * * * * * * * * * * * * * * * * * * * * * * * * * * *
函数功能:延时若干毫秒
入口参数:n
* * * * * * * * * * * * * * * * * * * * * * * * * * * * * * * * * * * * */
void delay(unsigned char n)
{
    unsigned char i;
    for(i=0;i<n;i++)
    delay1 ms();
}
/* * * * * * * * * * * * * * * * * * * * * * * * * * * * * * * * * * *
函数功能:判断液晶模块的忙碌状态
返回值:result。result=1,忙碌;result=0,不忙
* * * * * * * * * * * * * * * * * * * * * * * * * * * * * * * * * * * */
unsigned char BusyTest(void)
{
    bit result;
    RS=0;          //根据规定,RS 为低电平,RW 为高电平时,可以读状态
    RW=1;
    E=1;           //E=1,才允许读写
    _nop_();       //空操作
    _nop_();
    _nop_();
    _nop_();       //空操作 4 个机器周期,给硬件反应时间
    result=BF;     //将忙碌标志电平赋给 result
    E=0;           //将 E 恢复低电平
    return result;
}
/* * * * * * * * * * * * * * * * * * * * * * * * * * * * * * * * * * *
函数功能:将模式设置指令或显示地址写入液晶模块
入口参数:dictate
* * * * * * * * * * * * * * * * * * * * * * * * * * * * * * * * * * * */
void WriteInstruction (unsigned char dictate)
{
    while(BusyTest()==1);  //如果忙就等待
    RS=0;                  //根据规定,RS 和 RW 同时为低电平时,可以写入指令
    RW=0;
    E=0;                   //E 置低电平,根据表 5-2,写指令时,E 为高脉冲,
                           //即让 E 从 0 到 1 发生正跳变,所以应先置"0"
    _nop_();
    _nop_();               //空操作 2 个机器周期,给硬件反应时间
    P0=dictate;            //将数据送入 P0 口,即写入指令或地址
```

```
    _nop_();
    _nop_();
    _nop_();
    _nop_();                   //空操作 4 个机器周期,给硬件反应时间
    E=1;                       //E 置高电平
    _nop_();
    _nop_();
    _nop_();
    _nop_();                   //空操作 4 个机器周期,给硬件反应时间
    E=0;                       //当 E 由高电平跳变成低电平时,液晶模块开始执行命令
}
```

```
/* * * * * * * * * * * * * * * * * * * * * * * * * * * * * * * * * * * * *
```
函数功能:指定字符显示的实际地址

入口参数:x
```
* * * * * * * * * * * * * * * * * * * * * * * * * * * * * * * * * * * * * */
void WriteAddress(unsigned char x)
{
    WriteInstruction(x|0x80);  //显示位置的确定方法规定为"80H+地址码 x"
}
```

```
/* * * * * * * * * * * * * * * * * * * * * * * * * * * * * * * * * * * * *
```
函数功能:将数据(字符的标准 ASCII 码)写入液晶模块

入口参数:y(为字符常量)
```
* * * * * * * * * * * * * * * * * * * * * * * * * * * * * * * * * * * * * */
void WriteData(unsigned char y)
{
    while(BusyTest()==1);
    RS=1;                      //RS 为高电平,RW 为低电平时,可以写入数据
    RW=0;
    E=0;                       //E 置低电平,根据表 5-2,写指令时,E 为高脉冲,
                               //就是让 E 从 0 到 1 发生正跳变,所以应先置"0"
    P0=y;                      //将数据送入 P0 口,即将数据写入液晶模块
    _nop_();
    _nop_();
    _nop_();
    _nop_();                   //空操作 4 个机器周期,给硬件反应时间
    E=1;                       //E 置高电平
    _nop_();
    _nop_();
    _nop_();
    _nop_();                   //空操作 4 个机器周期,给硬件反应时间
    E=0;                       //当 E 由高电平跳变成低电平时,液晶模块开始执行命令
}
```

```
/* * * * * * * * * * * * * * * * * * * * * * * * * * * * * * * * * * * * *
函数功能:对 LCD 的显示模式进行初始化设置
* * * * * * * * * * * * * * * * * * * * * * * * * * * * * * * * * * * * */
void LcdInitiate(void)
{
    delay(15);                       //延时 15 ms,首次写指令时应给 LCD 一段较长的反应时间
    WriteInstruction(0x38);          //显示模式设置:16×2 显示,5×7 点阵,8 位数据接口
    delay(5);                        //延时 5 ms,给硬件一段反应时间
    WriteInstruction(0x38);
    delay(5);
    WriteInstruction(0x38);          //连续 3 次,确保初始化成功
    delay(5);
    WriteInstruction(0x0c);          //显示模式设置:显示开,无光标,光标不闪烁
    delay(5);
    WriteInstruction(0x06);          //显示模式设置:光标右移,字符不移
    delay(5);
    WriteInstruction(0x01);          //清屏幕指令,将以前的显示内容清除
    delay(5);
}
/* * * * * * * * * * * * * * * * * * * * * * * * * * * * * * * * * * * * *
函数功能:显示时
* * * * * * * * * * * * * * * * * * * * * * * * * * * * * * * * * * * * */
void DisplayHour()
{
    unsigned char i,j;
    i=h/10;                          //取整运算,求得十位数字
    j=h%10;                          //取余运算,求得个位数字
    WriteAddress(0x46);              //写显示地址,将十位数字显示在第 2 行第 7 列
    WriteData(digit[i]);             //将十位数字的字符常量写入 LCD
    WriteData(digit[j]);             //将个位数字的字符常量写入 LCD
}
/* * * * * * * * * * * * * * * * * * * * * * * * * * * * * * * * * * * * *
函数功能:显示分
* * * * * * * * * * * * * * * * * * * * * * * * * * * * * * * * * * * * */
void DisplayMinute()
{
    unsigned char i,j;
    i=m/10;                          //取整运算,求得十位数字
    j=m%10;                          //取余运算,求得个位数字
    WriteAddress(0x49);              //写显示地址,将十位数字显示在第 2 行第 10 列
    WriteData(digit[i]);             //将十位数字的字符常量写入 LCD
    WriteData(digit[j]);             //将个位数字的字符常量写入 LCD
```

```
}
/* * * * * * * * * * * * * * * * * * * * * * * * * * * * * * * * * * *
```
函数功能:显示秒
```
* * * * * * * * * * * * * * * * * * * * * * * * * * * * * * * * * * */
void DisplaySecond()
{
  unsigned char i,j;
  i=s/10;                      //取整运算,求得十位数字
  j=s%10;                      //取余运算,求得个位数字
  WriteAddress(0x4d);          //写显示地址,将十位数字显示在第 2 行第 11 列
  WriteData(digit[i]);         //将十位数字的字符常量写入 LCD
  WriteData(digit[j]);         //将个位数字的字符常量写入 LCD
}


void main(void)               //主函数
{
  unsigned char i;
  LcdInitiate();              //调用 LCD 初始化函数
  TMOD=0x01;                  //使用定时器 T0 的模式 1
  TH0=(65536-46083)/256;      //定时器 T0 的高 8 位赋初值
  TL0=(65536-46083)%256;      //定时器 T0 的低 8 位赋初值
  EA=1;                       //开总中断
  ET0=1;                      //定时器 T0 中断允许
  TR0=1;                      //启动定时器 T0
  count=0;                    //中断次数初始化为 0
  s=0;                        //秒初始化为 0
  m=0;                        //分初始化为 0
  h=0;                        //时初始化为 0
  WriteAddress(0x03);         //写地址,从第 1 行第 4 列开始显示
  i=0;                        //从字符数组的第 1 个元素开始显示
  while(string[i]! ='\0')     //只要没有显示到字符串的结束标志 '\0',就继续
  {
    WriteData(string[i]);     //将第 i 个字符数组元素写入 LCD
    i++;                      //指向下一个数组元素
  }
  WriteAddress(0x48);         //写地址,将第 1 个冒号显示在第 2 行第 9 列
  WriteData(':');             //将冒号的字符常量写入 LCD
  WriteAddress(0x4c);         //写地址,将第 2 个冒号显示在第 2 行第 12 列
  WriteData(':');             //将冒号的字符常量写入 LCD
  while(1)                    //无限循环
  {
    DisplayHour();            //显示时
```

```
    delay(5);                    //给硬件一段反应时间
    DisplayMinute();             //显示分
    delay(5);                    //给硬件一段反应时间
    DisplaySecond();             //显示秒
    delay(5);                    //给硬件一段反应时间
  }
}
/* * * * * * * * * * * * * * * * * * * * * * * * * * * * * * * * * * * *
函数功能:定时器 T0 的中断服务函数
 * * * * * * * * * * * * * * * * * * * * * * * * * * * * * * * * * * * * /
void Time0(void) interrupt 1 using 1   //定时器 T0 的中断编号为1,使用第1组工作寄存器
{
    count++;                     //每产生1次中断,中断累计次数加1
    if(count==20)                //如果中断次数计满20次
    {
      count=0;                   //中断累计次数清0
      s++;                       //秒加1
    }
    if(s==60)                    //如果秒计满60
    {
      s=0;                       //秒清0
      m++;                       //分加1
    }
    if(m==60)                    //如果分计满60
    {
      m=0;                       //分清0
      h++;                       //时加1
    }
    if(h==24)                    //如果时计满24
    {
      h=0;                       //时清0
    }
    TH0=(65536-46083)/256;       //定时器 T0 高8位重新赋初值
    TL0=(65536-46083)%256;       //定时器 T0 低8位重新赋初值
}
```

3. 利用 Proteus 仿真软件仿真

经 Keil C51 软件编译通过后,可利用 Proteus 仿真软件进行仿真。在 Proteus ISIS 编辑环境中绘制仿真电路图,或者打开计算机中的"仿真训练\项目 5\ex5.7"文件夹内的"ex5.7.DSN"仿真原理图文件,将编译好的"ex5.7.hex"文件载入 AT89C51。启动仿真,即可看到液晶屏幕从第1行第4列开始显示出提示信息"Beijing Time",第2行第7列起显示出形如"00:01:38"格式的时间。仿真效果如图 5-15 所示。

4. 采用实验板试验

程序仿真无误后,将"ex5.7"文件夹中的"ex5.7.hex"文件烧录入 AT89C51 芯片中,再将

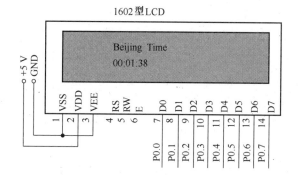

图 5-15　液晶时钟的仿真效果

烧录好的单片机插入实验板,通电运行即可看到和仿真类似的试验结果。

自我测试

5-1　机械式按键组成的键盘,如何消除按键抖动?

5-2　独立式键盘和矩阵键盘分别有什么特点? 适用于什么场合?

5-3　如何使一些字符显示在 RT1602C 型液晶面板的特定位置?

5-4　液晶进行读写之前,为何要检查液晶是否处于忙状态?

项目 **6**　单片机的定时器/计数器综合应用

学习目标

(1)掌握定时器/计数器的基本工作原理。

(2)掌握定时器/计数器的基本结构及相关寄存器的设置。

(3)掌握 C 语言关于定时器的相关编程。

(4)熟悉利用单片机的定时器/计数器实现定时和计数功能。

(5)能完成单片机的定时器/计数器相关电路设计。

(6)能应用 C 语言程序完成单片机定时器的初始化及相关编程控制。

(7)实现对定时器应用于相关电路的设计、运行及调试。

项目描述

本项目是用定时器 T0 查询方式控制 P2 口 8 位 LED 闪烁。用定时器 T1 查询方式控制单片机发出 1 kHz 音频,要求 T1 工作于方式 1。使用计数器 T0 的查询方式统计按键次数,并将结果送入 P1 口 8 个 LED 进行显示。要求计数从 0 开始,计满 100 后清 0。

知识链接

一、定时器/计数器的基本概念

单片机中的定时器/计数器除了可以用作计数器,还可以用作定时器。那么单片机的定时器/计数器是怎么回事呢?只要计数脉冲的间隔相等,那么计数值就代表了时间的流逝。其实,单片机中的定时器和计数器是一个器件,只不过计数器记录的是外界发生的事情,而定时器则是由单片机提供一个非常稳定的计数源,然后把计数源的计数次数转化为定时器的时间。

如果要用单片机对外部信号进行计数,或者利用单片机对外围设备进行定时控制,如测量电动机转速或控制电炉加热时间等,就需要用到单片机的定时器/计数器。

1. 计数

计数一般是指对事件的统计,通常以"1"为单位进行累加。生活中常见的计数应用有录音机上的磁带量计数器、家用电能表、汽车和摩托车上的里程表。计数也广泛用于工业生产和仪表检测中,如某制药厂生产线需要对药片计数,要求每计满 100 片为 1 瓶,当生产线上的计数器计满 100 片时,就产生一个电信号以驱动某机械机构做出相应的包装动作。

2. 计数器的容量

通常,计数器能够计量的总数都是有限的。例如,录音机上的计数器最多计到 999。

MCS-51 单片机有 T0 和 T1 两个计数器,分别由两个 8 位计数单元构成。例如,T0 由 TH0 和 TL0 两个 8 位特殊功能寄存器构成。所以 T0 和 T1 都是 16 位的计数器,最大的计数值是 65 536。图 6-1 为单片机的计数方法示意图。

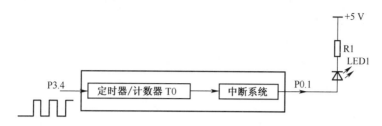

图 6-1　单片机的计数方法示意图

在图 6-1 中,单片机内有一个定时器/计数器 T0。当 T0 用作计数器时,T0 端(P3.4 引脚)用来输入脉冲信号。当脉冲信号输入时,计数器就开始对脉冲计数,当计满 65 536 时,计数器溢出并送给 CPU 一个信号,使 CPU 停止目前正在执行的任务,而去执行规定的其他任务。本例计数溢出后规定的任务是让 P0.1 引脚输出低电平,点亮发光二极管。

3. 定时

MCS-51 单片机中的计数器还可以用作定时器。图 6-2 所示为单片机的定时方法示意图。

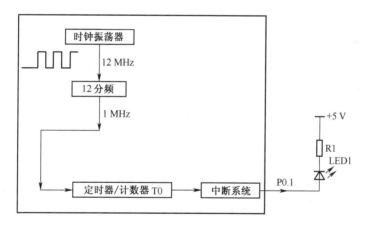

图 6-2　单片机的定时方法示意图

从图 6-2 中可以看出,将定时器/计数器 T0 设为定时器,就是将定时器/计数器与外部输入断开,而与内部脉冲信号连通,对内部信号计数。

假定单片机的时钟振荡器可以产生 12 MHz 的时钟脉冲信号,经 12 分频后得到 1 MHz 的脉冲信号,1 MHz 的信号每个脉冲的持续时间(1 个周期)为 1 μs。如果定时器 T0 对 1 MHz 的信号计数,当计到 65 536 时,将需要 65 536 μs。此时,定时器计数达到最大值,也会溢出并送给 CPU 一个信号,使 CPU 停止目前正在执行的任务,而去执行规定的其他任务。本例的任务是让 P0.1 引脚输出低电平,点亮发光二极管。

如果将定时器的初值设置为 65 536-1 000=64 536,那么单片机将计数 1 000 个 1 μs 脉冲即 1 ms 而产生溢出。

二、定时器/计数器的结构及工作原理

定时器/计数器是单片机的一个重要组成部分。了解它的结构和工作原理,对单片机应用系统开发具有很大的帮助。

1. 定时器/计数器的结构

MCS-51 单片机内有 2 个 16 位定时器/计数器,即定时器/计数器 0(T0)和定时器/计数器 1(T1)。16 位定时器/计数器实际上是 16 位加 1 计数器。其中 T0 由 2 个 8 位特殊功能寄存器 TH0 和 TL0 构成;T1 由 2 个 8 位特殊功能寄存器 TH1 和 TL1 构成。这两组特殊功能寄存器用来存放定时或计数初值。MCS-51 单片机的定时器/计数器的结构框图如图 6-3 所示。

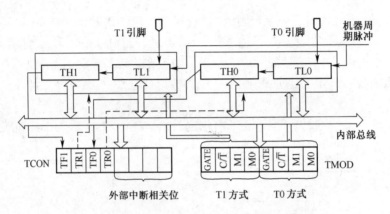

图 6-3　MCS-51 单片机的定时器/计数器的结构框图

由图 6-3 可以看出,单片机内部有关部件如下:

①两个定时器/计数器(T0 和 T1):均为 16 位定时器/计数器。

②寄存器 TCON:控制两个定时器/计数器的启动和中断申请。

③寄存器 TMOD:用来设置定时器/计数器的工作方式。

两个定时器/计数器在内部通过总线与 CPU 连接,从而可以受 CPU 的控制并传送给 CPU 信号,从而申请 CPU 去执行规定的任务。

2. 定时器/计数器的工作原理

作为定时器/计数器的加 1 计数器,输入的计数脉冲有两个来源:一个是由系统的时钟振荡器输出脉冲经 12 分频后送来;一个是 T0 或 T1 引脚输入的外部脉冲源。每来一个脉冲计数器加 1,当加到计数器为全 1 时,再输入一个脉冲就使计数器回零,且计数器的溢出使 TCON 中 TF0 或 TF1 置 1,向 CPU 发出中断请求(定时器/计数器中断允许时)。如果定时器/计数器工作于定时模式,则表示定时时间已到;如果定时器/计数器工作于计数模式,则表示计数值已满。可见,由溢出时计数器的值减去计数初值才是加 1 计数器的计数值。

计算机中,常把一条指令的执行过程划分为若干个阶段,每一个阶段完成一项工作。每一项工作称为一个基本操作,完成一个基本操作所需要的时间称为机器周期。8051 系列单片机的 1 个机器周期由 6 个状态周期(S1~S6)组成。1 个状态周期包含 2 个节拍(P1、P2),所以 8051 单片机的 1 个机器周期包含 6 个状态周期,即 12 个时钟周期。例如,外接 24 MHz

晶振的单片机,它的 1 个机器周期 $=1/24$ MHz$\times 12 = 0.5$ μs。

设置为定时器模式时,加 1 计数器是对内部机器周期计数(1 个机器周期等于 12 个振荡周期,即计数频率为晶振频率的 1/12)。计数值 N 乘以机器周期 T_{cy} 就是定时时间 t。

设置为计数器模式时,外部事件计数脉冲由 T0 或 T1 引脚输入到计数器。在每个机器周期的 S5P2 期间采样 T0、T1 引脚电平。当某周期采样到一高电平输入,而下一周期又采样到一低电平时,则计数器加 1,更新的计数值在下一个机器周期的 S3P1 期间装入计数器。

由于检测一个从 1 到 0 的下降沿需要 2 个机器周期,因此要求被采样的电平至少要维持 1 个机器周期。当晶振频率为 12 MHz 时,最高计数频率不超过 $\frac{1}{2}$ MHz,即计数脉冲的周期要大于 2 μs。

三、定时器/计数器的控制

由于定时器/计数器必须在寄存器 TCON 和 TMOD 的控制下才能准确工作,因此必须掌握寄存器 TCON 和 TMOD 的控制方法。所谓的"控制"也就是对两个寄存器 TCON 和 TMOD 的位进行设置。

1. 定时器/计数器的工作模式控制寄存器(TMOD)

寄存器 TMOD 是单片机的一个特殊功能寄存器,功能是控制定时器/计数器 T0、T1 的工作方式。它的字节地址为 89H,不可以对它进行位操作,只能以字节设置工作模式,低 4 位用于设置 T0,高 4 位用于设置 T1。其格式见表 6-1。

表 6-1　定时器/计数器方式控制寄存器 TMOD 的格式

位序	B7	B6	B5	B4	B3	B2	B1	B0
位符号	GATE	C/$\overline{\text{T}}$	M1	M0	GATE	C/$\overline{\text{T}}$	M1	M0

它们与定时器/计数器 T0、T1 的控制功能一样,下面以低 4 位控制定时器/计数器 T0 为例来说明各位的具体控制功能。

(1)GATE:门控位。GATE $=0$ 时,只要用软件使 TCON 中的 TR0 或 TR1 为 1,就可以启动定时器/计数器工作;GATA $=1$ 时,要用软件使 TCON 中的 TR0 或 TR1 为 1,同时外部中断引脚$\overline{\text{INT0}}$或$\overline{\text{INT1}}$也为高电平时,才能启动定时器/计数器工作,即此时定时器/计数器的启动条件,加上了$\overline{\text{INT0}}$或$\overline{\text{INT1}}$引脚为高电平这一条件。

(2)C/$\overline{\text{T}}$:定时/计数模式选择位。C/$\overline{\text{T}} = 0$ 时,定时器/计数器被设置为定时器工作模式;C/$\overline{\text{T}} = 1$ 时,定时器/计数器被设置为计数器工作模式。

(3)M1、M0 位:定时器/计数器工作方式设置位。定时器/计数器对应有 4 种工作方式,由 M1、M0 进行设置组合,见表 6-2。

表 6-2　定时器/计数器工作方式

M1	M0	工 作 方 式	功　　能
0	0	方式 0	13 位定时器/计数器,TH0 的 8 位和 TL0 的 5 位,最大计数值 $2^{13} = 8\ 192$
0	1	方式 1	16 位定时器/计数器,TH0 的 8 位和 TL0 的 8 位,最大计数值 $2^{16} = 65\ 536$
1	0	方式 2	8 位自动重装的定时器/计数器,最大计数值 $2^8 = 256$
1	1	方式 3	T0 分成 2 个独立的 8 位定时器/计数器;T1 在方式 3 时停止工作

2. 定时器/计数器的控制寄存器(TCON)

TCON是一个特殊功能寄存器,主要功能是接收各种中断源送来的请求信号,同时也对定时器/计数器进行启动和停止控制。字节地址是88H,它有8位,每位均可进行位寻址(如可使用指令"TR0=1";将TR0位置"1"),各位的地址和名称见表6-3。

表6-3 定时器/计数器控制寄存器 TCON 的格式

位地址	8FH	8EH	8DH	8CH	8BH	8AH	89H	88H
位符号	TF1	TR1	TF0	TR0	IE1	IT1	IE0	IT0

TCON的高4位用于控制定时器/计数器的中断申请,低4位与外部中断有关,其含义将在项目7中介绍。

(1)TF1和TF0:分别是定时器/计数器T1和T0的溢出标志位。当定时器/计数器工作产生溢出时,会将TF1和TF0位置"1",表示定时器/计数器有中断请求。

(2)TR1或TR0:分别是定时器/计数器T1和T0的启动/停止位。在编写程序时,若将TR1或TR0设置为"1",那么相应的定时器/计数器就开始工作;若将TR1或TR0设置为"0",那么相应的定时器/计数器就停止工作。

3. 定时器/计数器的工作方式

T0、T1的定时/计数功能由TMOD的C/$\overline{T}$位进行选择,而工作方式则由TMOD的M1、M0位共同控制。在M1、M0位的控制下,可以在4种不同的方式下工作。

(1)方式0。当M1、M0的组合为00时,定时器/计数器工作于方式0,逻辑结构如图6-4所示。在这种工作方式下,16位寄存器只用13位,它由TL0的低5位和TH0的8位构成。当计数器溢出时,则置位TCON中的溢出标志位TF0,表示有中断请求。

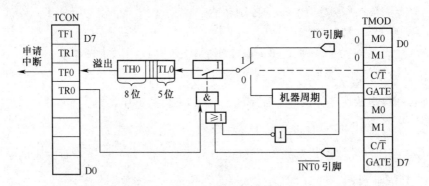

图6-4 T1(T0)方式0的逻辑结构

TMOD中的标志位C/$\overline{T}$控制的电子开关决定了定时器/计数器的工作模式。

当C/$\overline{T}$=0时,T1为定时器工作模式,此时计数器的计数脉冲是单片机内部振荡器12分频后的信号。

当C/$\overline{T}$=1时,T1为计数器工作模式。此时计数器的计数脉冲为P3.5引脚上的外部输入脉冲,当P3.5引脚上输入脉冲发生负跳变时,计数器加1。

T1 或 T0 能否启动工作,取决于 TR1、TR0、GATE 和引脚$\overline{ITN1}$、$\overline{ITN0}$的状态。

当 GATE=0 时,只要 TR1、TR0 为 1,就可以启动 T1、T0 工作。

当 GATE=1 时,只有$\overline{ITN1}$或$\overline{ITN0}$为高电平,且 TR1 或 TR0 置 1 时,才能启动 T1 或 T0 工作。

(2)方式 1。当 M1、M0 的组合为 01 时,定时器/计数器工作于方式 1,其逻辑结构和操作方法与方式 0 基本相同。它们的差别仅在于计数的位数不同,如图 6-5 所示。

方式 1 的计数位数是 16 位,由 TL0 作为低 8 位、TH0 作为高 8 位,组成了 16 位加 1 计数器。

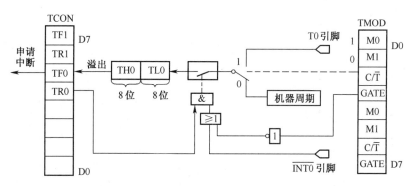

图 6-5 T1(T0)方式 1 的逻辑结构

(3)方式 2。当 M1、M0 的组合为 10 时,定时器/计数器工作于方式 2,其逻辑结构如图 6-6 所示。

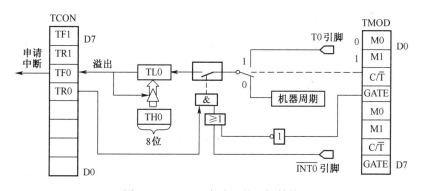

图 6-6 T1(T0)方式 2 的逻辑结构

方式 2 由 TL1 构成 8 位计数器和作为计数器初值的常数缓冲器的 TH1 构成。当 TH1 计数溢出时,置溢出标志位 TF1 为 1 的同时,还自动将 TH1 的初值送入 TL1,使 TL1 从初值重新开始计数。这样既提高了定时精度,同时应用只需在开始时赋初值 1 次,简化了程序的编写。

(4)方式 3。当 M1、M0 的组合为 11 时,定时器/计数器工作于方式 3,其逻辑结构如图 6-7所示。方式 3 只适用于定时器/计数器 T0,定时器 T1 处于方式 3 时相当于 TR1=0,停止计数。

T0 工作在方式 3 时,T0 分成为两个独立的 8 位计数器 TL0 和 TH0,TL0 使用 T0 的所有

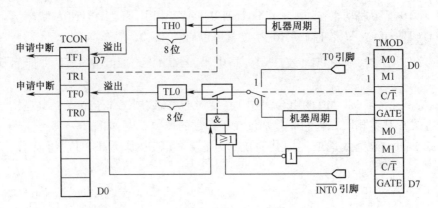

图 6-7　T1(T0)方式 3 的逻辑结构

控制位：C/T̄、GATE、TR0、TF0 和 INT0。当 TL0 计数溢出时，由硬件使 TF0 置 1，向 CPU 发出中断请求。而 TH0 固定为定时方式（不能进行外部计数），并且借用了 T1 的控制位 TR1、TF1。因此，TH0 的启、停受 TR1 控制，TH0 的溢出将置位 TF1。

在 T0 工作在方式 3 时，因 T1 的控制位 C/T̄、M1M0 并未交出，原则上 T1 仍可按方式 0、方式 1、方式 2 工作，只是不能使用运行控制位 TR1 和溢出标志位 TF1，也不能发出中断请求信号。方式设定后，T1 将自动运行，如果要停止工作，只需要将其定义为方式 3 即可。

在单片机的串行通信应用中，T1 常作为串行口波特率发生器，而且工作在方式 2。这时将 T0 设置为方式 3，可以使单片机的定时器/计数器资源得到充分利用。

4. 定时器/计数器中定时/计数初值的计算

在 MCS-51 单片机中，T1 和 T0 都是增量计数器。因此不能直接将要计数的值作为初值放入寄存器中，而是将计数的最大值减去实际要计数的值的差存入寄存器中。可采用如下定时器/计数器初值计算公式计算：

$$计数初值 = 2^n - 计数值$$

式中，n 为工作方式决定的计数器位数。

例如，当 T0 工作在方式 0 时，$n=16$，最大计数值为 65 536，若要计数 10 000 次，需要将初值设置为 65 536-10 000=55 536。如果单片机采用的晶振频率为 11.059 2 MHz，则计数 1 次需要的时间（12 分频后的 1 个脉冲周期）为

$$T_0 = \frac{12}{11.059\ 2}\mu s = 1.085\mu s$$

所以，计数 10 000 次实际上就相当于计时 1.085×10 000μs = 10 850 μs

四、C 语言的指针

指针是 C 语言中的一个重要概念，指针类型数据在 C 语言程序中的使用十分普遍。正确使用指针类型数据可以有效地表示复杂的数据结构，这样不但可以直接处理内存地址，而且可以更为有效地使用数组。

1. 指针与地址

众所周知，一个程序的指令、常量和变量等都要存放在机器的内存单元中，而机器的内

存是按字节来划分存储单元的。给内存中每个字节都赋予一个编号,这就是存储单元的地址。各个存储单元中所存放的数据称为该存储单元的内容。计算机在执行任何一个程序时,都要涉及许多的寻址操作。所谓寻址,就是按照内存单元的地址来访问该存储单元中的内容,即按地址来读或写该单元中的数据。由于通过地址可以找到所需要的存储单元,因此可以说地址是指向存储单元的。

在 C 语言中,为了能够实现直接对内存单元进行操作,引入了指针类型的数据。指针类型数据是专门用来存储其他类型数据地址的,因此,一个变量的地址就称为该变量的指针。例如,有一个整型变量 i 存在内存单元 40H 中,则该内存单元地址 40H 就是变量 i 的指针。

如果有一个变量专门用来存放另一个变量的地址,则称之为"指针变量"。例如,如果用另一个变量 ip 来存放整型变量 i 的地址 40H,则 ip 即为一个指针变量。

变量的指针和指针变量是两个不同的概念:变量的指针就是该变量的地址,而一个指针变量存放的内容是另一个变量在内存中的地址,拥有这个地址的变量则称为该指针变量所指向的变量。每一个变量都有它自己的指针(即地址),而每一个指针变量都是指向另一个变量的。为了表示指针变量和它所指向的变量之间的关系,C 语言中用符号"∗"来表示"指向"。

例如,整型变量 i 的地址 40H 存放在指针变量 ip 中,则可用 ∗ip 来表示指针变量 ip 所指向的变量,即 ∗ip 也表示变量 i,下面两个赋值语句:

```
i = 0x50;
```

```
* ip = 0x50;
```

都是给同一个变量赋值 0x50,图 6-8 形象地说明了指针变量 ip 和它所指向的变量 i 之间的关系。

图 6-8   指针变量 ip 和它所指向的变量 i 之间的关系

从图 6-8 可以看到,对于同一个变量 i,可以通过变量名 i 来访问它,也可以通过指向它的指针变量 ip,用 ∗ip 来访问它。前者称为直接访问,后者称为间接访问。符号"∗"称为指针运算符,它只能与指针变量一起连用,运算的结果是得到该指针变量所指向的变量的值。

取地址运算符"&",它可以与一个变量连用,其作用是求取该变量的地址。通过"&"运算符可以将一个变量的地址赋给一个指针变量。例如,赋值语句 ip = &i 的作用是取得变量 i 的地址并赋给指针变量 ip。通过这种赋值后,即可以说指针变量 ip 指向了变量 i。注意,不要将符号"&"和"∗"混淆,&i 是取变量 i 的地址,∗ip 是取指针变量 ip 所指向的变量的值。

2. 指针变量的定义

指针变量的定义与一般变量的定义类似,其一般形式如下:

数据类型   [存储器类型 1] ∗ [存储器类型 2]   标识符;

其中,"标识符"是所定义的指针变量名;"数据类型"说明了该指针变量所指向的变量的类型;"存储器类型 1"和"存储器类型 2"是可选项,它是 C51 编译器的一种扩展。如果带有"存储器类型 1"选项,则指针被定义为基于存储器的指针;无此选项时,被定义为一般指针。这两种指针的区别在于它们的存储字节不同,一般指针在内存中占用 3 字节,第一字节存放该指针存储器类型的编码(由编译时编译模式的默认值确定),第二和第三字节分别存放该指针的高位和低位地址偏移量。存储器类型的编码值见表 6-4。

表 6-4　存储器类型的编码值

存储器类型 1	idata/data/bdata	xdata	pdata	code
代码	0x00	0x01	0xfe	0xff

"存储器类型 2"选项用来指定指针本身的存储器空间。

一般指针可用于存取任何变量而不必考虑变量在单片机存储器空间的位置,许多 C51 库函数采用了一般指针,函数可以利用一般指针来存取位于任何存储器空间的数据。

3. 指针变量的引用

指针变量是含有一个数据对象地址的特殊变量,只能存放地址。与指针变量有关的运算符有两个,即取地址运算符 & 和间接访问运算符 *。例如,&a 为取变量 a 的地址,*p 为指针变量 p 所指向的变量。

指针变量经过定义之后可以像其他基本类型变量一样被引用。例如:

(1)变量定义:

```
int i,x,y,*pi,*px,py;/*pi,px 为指针变量*/
```

(2)指针赋值:

```
pi = &i;      /*将变量 i 的地址赋给指针变量 pi,使 pi 指向 i*/
px = = &x;    /*px 指向 x*/
py = &y;      /*py 指向 y*/
```

(3)指针变量引用:

```
*pi = 0;      /*等价于 i = 0*/
*pi += 1;     /*等价于 i += 1*/
(*pi)++;      /*等价于 i++*/
```

(4)指向相同类型数据的指针之间可以相互赋值:px = py,表示原来指针 px 指向 x,py 指向 y,经上述赋值之后,px 和 py 都指向 y。

4. 数组的指针

在 C 语言中,指针与数组有着十分密切的关系,任何能够用数组实现的运算都可以通过指针来完成。例如,定义一个具有 10 个元素的整型数组可以写成:

```
int  a[10];
```

数组 a 中各个元素分别为 a[0]、a[1]、…、a[9]。数组名 a 表示元素 a[0] 的地址,而 *a 则表示所代表的地址中的内容,即 a[0]。

如果定义一个指向整型变量的指针 pa 并赋以数组 a 中第一个元素 a[0] 的地址:

```
int *pa;
pa = &a[0];
```

则可以通过指针 pa 来操作数组,即可用 *pa 代表 a[0],*(pa+i) 代表 a[i] 等,也可以使用 pa[0]、pa[1]、…、pa[9] 的形式。

指针可以与一个整数或整数表达式进行加减运算,从而获得该指针当前所指位置前面或后面某个数据的地址。假设 p 为一个指针变量,n 为一个整数,则 p±n 表示离开指针 p 当前位置的前面或后面第 n 个数据的地址。

五、C 语言的函数

函数是 C 语言中的基本模块,实际上 C 语言程序就是由若干个模块化的函数所构成的。由前文可知,C 语言程序总是由主函数 main( )开始,main( ) 函数是一个控制程序流程的特殊函数,是程序的起点。在进行程序设计的过程中,如果所设计的程序较大,一般应将其分成若干个子程序模块,每个模块完成一种特定的功能。在 C 语言中,子程序是用函数来实现的。对于一些需要经常使用的子程序,可以设计成一个专门的函数库,以供反复调用。此外,C51 编译器还提供了丰富的运行库函数,用户可以根据需要随时调用。这种模块化的程序设计方法,可以大大提高编程效率和速度。

(一) 函数的定义

从用户的角度来看,C 语言程序有两种函数,即标准库函数和用户自定义函数。标准库函数是 C51 编译器提供的,不需要用户进行定义,可以直接调用;用户自定义函数是用户根据自己需要编写的能实现特定功能的函数,必须先定义之后才能调用。函数定义的一般形式为:

函数类型   函数名(形式参数表)
形式参数说明
{
　局部变量定义;
　函数体语句;
}

其中:函数类型说明了自定义函数返回值的类型;函数名是用标识符表示的自定义函数名称;形式参数表中列出的是在主调用函数与被调用函数之间传递数据的形式参数,形式参数的类型必须要加以说明。ANSI C 标准允许在形式参数表中对形式参数的类型进行说明。

如果定义的是无参函数,可以没有形式参数表,但圆括号不能省略。局部变量定义是对在函数内部使用的局部变量进行定义;函数体语句是为完成该函数的特定功能而设置的各种语句。

如果定义函数时只给出一对花括号,而不给出其局部变量和函数体语句,则该函数为"空函数",这种空函数也是合法的。在进行 C 语言模块化程序设计时,各模块的功能可通过函数来实现。开始时只设计最基本的模块,其他作为扩充功能在以后需要时再加上,编写程序时,可在将来准备扩充的地方写上一个空函数,这样可使程序的结构清晰,可读性好,而且易于扩充。

(二) 函数的调用

1. 函数的调用形式

C 语言程序中,函数是可以互相调用的。函数调用就是在一个函数体中引用另外一个已

经定义了的函数。前者称为主调函数,后者称为被调函数。函数调用的一般形式为:

   函数名(实际参数表);

其中:函数名指出被调用的函数;实际参数表中可以包含多个实际参数,各个参数之间用逗号隔开。实际参数的作用是将它的值传递给被调用函数中的形式参数。需要注意的是,函数调用中的实际参数与函数定义中的形式参数必须在数量、类型及顺序上严格保持一致,以便将实际参数的值正确地传递给形式参数,否则在函数调用时会产生意想不到的结果。如果调用的是无参函数,则可以没有实际参数表,但圆括号不能省略。

2. 对被调用函数的说明

与使用变量一样,在调用一个函数之前(包括标准库函数),必须对该函数的类型进行说明,即"先说明、后使用"。如果调用的是库函数,一般应在程序的开始处用预处理命令#include将有关函数说明的头文件包含进来。例如,前面例子中经常出现的预处理命令#include<stdio.h>就是将与库输出函数 printf 有关的头文件 stdio.h 包含到程序文件中来。头文件 stdio.h 中有关于库输入输出函数的一些说明信息,如果不使用这个包含命令,库输入输出函数就无法被正确调用。

如果调用的是用户自定义函数,而且该函数与调用它的主调函数在同一个文件中,一般应该在主调函数中对被调函数的类型进行说明。函数说明的一般形式为:

   类型标识符　被调用的函数名(形式参数表);

其中:类型标识符说明了函数返回值的类型;形式参数表说明各个形式参数的类型。

需要注意的是,函数的说明与函数的定义是完全不同的。函数的定义是对函数功能的确立,是一个完整的函数单位;而函数的说明只是说明了函数返回值的类型。两者在书写形式上也不一样,函数说明结束时,在圆括号的后面需要有一个分号";"作为结束标志,而在函数定义时,被定义函数名的圆括号后面没有分号";",即函数定义还未结束,后面应接着书写形式参数说明和被定义的函数体部分。

如果被调函数是在主调函数前面定义的或者已经在程序文件的开始处说明了所有被调函数的类型,在这两种情况下,可以不必再在主调函数中对被调函数进行说明,也可以将所有用户自定义函数的说明另存为一个专门的头文件,需要时用#include 将其包含到主程序中去。

C语言程序中不允许在一个函数定义的内部包括另一个函数的定义,即不允许嵌套函数定义。但是允许在调用一个函数的过程中包含另一个函数调用,即嵌套函数调用在 C 语言程序中是允许的。

3. 函数的参数和函数的返回值

通常在进行函数调用时,主调用函数与被调用函数之间具有数据传递关系。这种数据传递是通过函数的参数实现的。在定义一个函数时,位于函数名后面圆括号中的变量名称为"形式参数",而在调用函数时,函数名后面括号中的表达式称为"实际参数"。形式参数在未发生函数调用之前,不占用内存单元,因而也是没有值的。只有在发生函数调用时,它才被分配内存单元,同时获得从主调用函数中实际参数传递过来的值。函数调用结束后,它所占用的内存单元也被释放。

实际参数可以是常数,也可以是变量或表达式,但要求它们具有确定的值。进行函数调用时,主调函数将实际参数的值传递给被调函数中的形式参数。为了完成正确的参数传递,实际参数的类型必须与形式参数的类型一致,如果两者不一致,则会发生"类型不匹配"错误。

4. 实际参数的传递方式

在进行函数调用时,必须用主调函数中的实际参数来替换被调函数中的形式参数,这就是所谓的参数传递。在 C 语言程序中,对于不同类型的实际参数,有 3 种不同的参数传递方式:

(1)基本类型的实际参数传递。当函数的参数是基本类型的变量时,主调函数将实际参数的值传递给被调函数中的形式参数,这种方式称为值传递。前面讲过,函数中的形式参数在未发生函数调用之前是不占用内存单元的,只有在进行函数调用时才为其分配临时存储单元。而函数的实际参数是要占用确定的存储单元的,值传递方式是将实际参数的值传递到为被调函数中形式参数分配的临时存储单元中,函数调用结束后,临时存储单元被释放,形式参数的值也就不复存在,但实际参数所占用的存储单元保持原来的值不变。这种参数传递方式在执行被调函数时,如果形式参数的值发生变化,可以不必担心主调函数中实际参数的值会受到影响,因此值传递是一种单向传递。

(2)数组类型的实际参数传递。当函数的参数是数组类型的变量时,主调函数将实际参数数组的起始地址传递到被调函数中形式参数的临时存储单元,这种方式称为地址传递。地址传递方式在执行被调函数时,形式参数通过实际参数传递来的地址,直接到主调函数中去存取相应的数组元素,故形式参数的变化会改变实际参数的值。因此地址传递是一种双向传递。

(3)指针类型的实际参数传递。当函数的参数是指针类型的变量时,主调函数将实际参数的地址传递到被调函数中形式参数的临时存储单元,因此也属于地址传递。在执行被调函数时,也是直接到主调函数中去访问实际参数变量。在这种情况下,形式参数的变化会改变实际参数的值。

项目实施

【技能训练 6.1】   用定时器 T0 查询方式控制 P2 口 8 个 LED 闪烁

用定时器 T0 查询方式控制 P2 口 8 个 LED 闪烁,要求 T0 工作于方式 1,LED 的闪烁周期是 100 ms,即亮 50 ms,灭 50 ms,电路原理图如图 6-9 所示。

1. 实现方法

(1)定时器 T0 工作方式的设置。用如下指令对 T0 的工作方式进行设置:

```
TMOD=0x01;//即 TMOD=00000001B,低 4 位 GATE=0,C/T̄=0,M1M0=0
```

(2)定时器初值设定。因为单片机的晶振频率为 11.059 2 MHz,经 12 分频后送到 T0 的脉冲频率 $f=11.059\ 2/12$ MHz,周期 $T=1/f=12/11.059\ 2\ \mu s=1.085\ \mu s$。即每个脉冲计时 1.085 μs。计时 50 ms(即 50 000 μs),则需要计的脉冲数为 50 000/1.085=46 083(次)。定时器的初值应设置为 65 536-46 083=19 453。这个数需要用 T0 的高 8 位寄存器(TH0)和低 8 位寄存器(TL0)分别存储,设置方法如下:

```
TH0=(65536-46083)/256;          //定时器 T0 的高 8 位赋初值
```

```
TL0 =(65536-46083)% 256;          //定时器 T0 的低 8 位赋初值
```

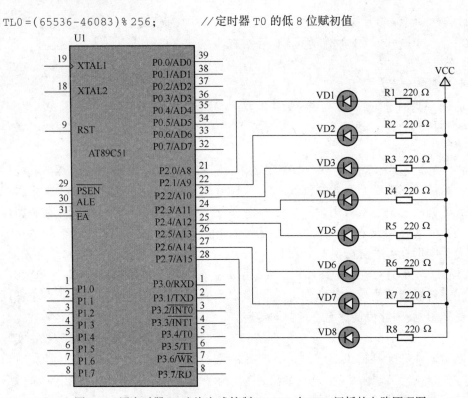

图 6-9 用定时器 T0 查询方式控制 P2 口 8 个 LED 闪烁的电路原理图

（3）查询方式的实现。定时器 T0 开始工作后,可通过编程让单片机不断查询溢出标志位 TF0 是否为"1",若为"1"则表示计时时间到;否则,等待。

2. 用定时器 T0 查询方式控制 P2 口 8 个 LED 闪烁的程序设计

先建立文件夹"ex6.1",然后建立"ex6.1"工程项目,最后建立源程序文件"ex6.1.c",输入如下源程序:

```
//技能训练 6.1:用定时器 T0 查询方式控制 P2 口 8 个 LED 闪烁
#include<reg51.h>                 //包含单片机寄存器的头文件
/* * * * * * * * * * * * * * * * * * * * * * * * * * * * * * * * * * * * * *
函数功能:主函数
* * * * * * * * * * * * * * * * * * * * * * * * * * * * * * * * * * * * * */
void main(void)
{
    EA = 1;                       //开总中断
    ET0 = 1;                      //定时器 T0 中断允许
    TMOD = 0x01;                  //使用定时器 T0 的方式 1
    TH0 =(65536-46083)/256;       //定时器 T0 的高 8 位赋初值
    TL0 =(65536-46083)%256;       //定时器 T0 的低 8 位赋初值
    TR0 = 1;                      //启动定时器 T0
    TF0 = 0;
    P2 = 0xff;
```

```
    while(1)                              //无限循环等待查询
      {
        while(TF0==0)
            ;
        TF0=0;
        P2=~P2;
        TH0=(65536-46083)/256;      //定时器T0的高8位赋初值
        TL0=(65536-46083)%256;      //定时器T0的低8位赋初值
      }
  }
```

3. 利用 Proteus 仿真软件仿真

经 Keil C51 软件编译通过后,可用 Proteus 仿真软件进行仿真。在 Proteus ISIS 编辑环境中绘制仿真电路图,或者打开计算机中的"仿真训练\项目 6\ex6.1"文件夹内的"ex6.1.DSN"仿真原理图文件,将编译好的"ex6.1.hex"文件载入 AT89C51。启动仿真,即可看到 P2 口的 8 个 LED 开始闪烁。

4. 采用实验板试验

程序仿真无误后,将"ex6.1"文件夹中的"ex6.1.hex"文件烧录入 AT89C51 芯片,再将烧录好的单片机插入实验板,通电运行即可看到和仿真类似的试验结果。

【技能训练 6.2】 用定时器 T1 查询方式控制单片机发出 1 kHz 音频

用定时器 T1 查询方式控制单片机发出 1 kHz 音频,所采用的电路原理图如图 6-10 所示。要求 T1 工作于方式 1。

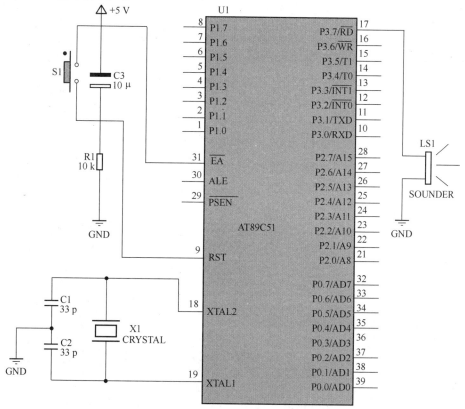

图 6-10 用定时器 T1 查询方式控制单片机发出 1 kHz 音频的电路原理图

1. 实现方法

（1）T1 工作方式的设置。用如下指令对 T1 的工作方式进行设置：

TMOD＝0x10；//即 TMOD＝00010000B,高 4 位 GATE＝0,C/T̄＝0,M1M0＝01

（2）定时器初值的设定。只要单片机送给蜂鸣器(接 P3.7 引脚)的电平信号每隔音频的半个周期取反一次即可发出 1 kHz 音频。本任务音频的半个周期为 1/1 000 s＝0.001 s,即 1 000 μs,则要计数的脉冲为 1 000/1.085＝921(次)。所以,定时器 T1 的初值设置如下：

TH1＝(65536-921)/256；　　　//定时器 T1 的高 8 位赋初值
TL1＝(65536-921)％256；　　　//定时器 T1 的低 8 位赋初值

2. 用定时器 T1 查询方式控制单片机发出 1 kHz 音频的程序设计

先建立文件夹"ex6.2",然后建立"ex6.2"工程项目,最后建立源程序文件"ex6.2.c",输入如下源程序：

```
//技能训练 6.2:用定时器 T1 查询方式控制单片机发出 1 kHz 音频
#include<reg51.h>              //包含单片机寄存器的头文件
sbit sound=P3^7;              //将 sound 位定义为 P3.7 引脚
/* * * * * * * * * * * * * * * * * * * * * * * * * * * * * * * * * * * * * *
函数功能:主函数
* * * * * * * * * * * * * * * * * * * * * * * * * * * * * * * * * * * * * */
void main(void)
{
  EA=1;                        //开总中断
  ET0=1;                       //定时器 T0 中断允许
  TMOD=0x10;                   //使用定时器 T1 的方式 1
  TH1=(65536-921)/256;         //定时器 T1 的高 8 位赋初值
  TL1=(65536-921)%256;         //定时器 T1 的低 8 位赋初值
  TR1=1;                       //启动定时器 T1
  TF1=0;
  while(1)                     //无限循环等待查询
    {
      while(TF1==0)
        ;
      TF1=0;
      sound=~sound;            //将 P3.7 引脚输出电平取反
      TH1=(65536-921)/256;     //定时器 T0 的高 8 位赋初值
      TL1=(65536-921)%256;     //定时器 T0 的低 8 位赋初值
    }
}
```

3. 利用 Proteus 仿真软件仿真

经 Keil C51 软件编译通过后,可利用 Proteus 仿真软件进行仿真。在 Proteus ISIS 编辑环境中绘制仿真电路图,或者打开计算机中的"仿真训练\项目 6\ex6.2"文件夹内的"ex6.2.DSN"仿真原理图文件,将编译好的"ex6.2.hex"文件载入 AT89C51。启动仿真,即可听到单片机蜂鸣器发出"嘀"的 1 kHz 音频。

4. 采用实验板试验

程序仿真无误后,将"ex6.2"文件夹中的"ex6.2.hex"文件烧录入 AT89C51 芯片,再将烧录好的单片机插入实验板,通电运行即可看到和仿真类似的试验结果。

【技能训练 6.3】　用计数器 T0 查询方式计数,并将结果送入 P1 口显示

用计数器 T0 的查询方式计数,并将结果送入 P1 口显示。要求计数从 0 开始,计满 100 后清 0。电路原理图及仿真效果如图 6-11 所示。

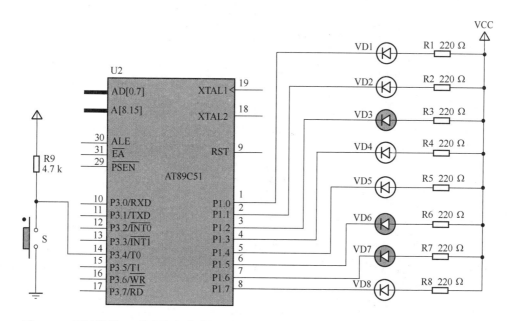

图 6-11　用计数器 T0 的查询方式计数,并将结果送入 P1 口显示的电路原理图及其仿真效果

1. 实现方法

(1)计数器 T0 工作方式的设置。用如下指令对 T0 的工作方式进行设置:

```
TMOD=0x02;        //T0 工作方式 2
```

(2)计数器初值设定。因为计数器 T0 在方式 2 工作时,TH0 和 TL0 仅存放初次置入的时间常数。在 TL0 计满后,即置位 TF0,同时 TH0 中的时间常数自动再装入 TL0,然后重新开始计数。所以 T0 工作在方式 2 且计数最大值为 100 时的初值设置如下:

```
TH0=256-100;      //定时器 T1 的高 8 位赋初值
TL0=256-100;      //定时器 T1 的低 8 位赋初值
```

2. 用计数器 T0 查询方式计数,并将结果送入 P1 口显示的程序设计

先建立文件夹"ex6.3",然后建立"ex6.3"工程项目,最后建立源程序文件"ex6.3.c",输入如下源程序:

```
//技能训练 6.3:用计数器 T0 查询方式计数,并将结果送入 P1 口显示
#include<reg51.h>              //包含单片机寄存器的头文件
sbit S=P3^4;                   //将 S 位定义为 P3.4 引脚
/* * * * * * * * * * * * * * * * * * * * * * * * * * * * * * * * * * * * *
函数功能:主函数
 * * * * * * * * * * * * * * * * * * * * * * * * * * * * * * * * * * * */
```

```
void main(void)
  {
    //EA=1;                        //开总中断
    //ET0=1;                       //定时器 T0 中断允许
    TMOD=0x02;                     //使用定时器 T0 的方式 2
    TH0=256-156;                   //定时器 T0 的高 8 位赋初值
    TL0=256-156;                   //定时器 T0 的低 8 位赋初值
    TR0=1;                         //启动定时器 T0
    while(1)                       //无限循环等待查询
      {
        while(TF0==0)             //如果未计满就等待
          {
            if(S==0)             //按键 S 按下接地,电平为 0
              P1=TL0;            //计数器 TL0 加 1 后送 P1 口显示
          }
        TF0=0;                    //计数器溢出后,将 TF0 清 0
      }
  }
```

3. 利用 Proteus 仿真软件仿真

经 Keil C51 软件编译通过后,可用 Proteus 仿真软件进行仿真。在 Proteus ISIS 编辑环境中绘制仿真电路图,或者打开计算机中的"仿真训练 \ 项目 6 \ ex6.3"文件夹内的"ex6.3.DSN"仿真原理图文件,将编译好的"ex6.3.hex"文件载入 AT89C51。启动仿真,当用鼠标按下按键 S 时,可看到 P1 口的 8 个 LED 开始闪烁。

4. 采用实验板试验

程序仿真无误后,将"ex6.3"文件夹中的"ex6.3.hex"文件烧录入 AT89C51 芯片,再将烧录好的单片机插入实验板,通电运行即可看到和仿真类似的试验结果。

自我测试

6-1 定时器/计数器有哪几种工作方式? 各有什么特点?

6-2 控制寄存器 TMOD 和 TCON 各位的定义是什么? 怎样确定各定时器/计数器的工作方式?

6-3 定时器/计数器用作定时器时,其定时时间与哪些因素有关? 用作计数器时,对外界的计数频率有何限制?

6-4 在工作方式 3 中,定时器/计数器 T0 和 T1 的应用有什么不同?

6-5 晶振 f_{osc}=6 MHz,T0 工作在方式 1,最大定时时间为多少?

6-6 当定时器 T0 工作于方式 3 时,如何使运行中的定时器 T1 停下来?

6-7 已知单片机时钟频率 f_{osc}=12 MHz,当要求定时时间为 50 ms 和 25 ms 时,试编写定时器/计数器的初始化程序。

6-8 已知 AT89C51 的时钟频率 f_{osc}=6 MHz,试利用定时器编写程序,使 P1.0 输出一个占空比为 1/4 的脉冲波。

学习目标

(1)了解单片机中断的基本概念和功能。

(2)掌握单片机中断系统的结构和控制方式。

(3)掌握中断系统的中断处理过程。

(4)能独立完成单片机用外部中断$\overline{INT0}$的中断测量外部负脉冲宽度电路设计。

(5)能使用 C 语言实现对用外部中断$\overline{INT0}$的中断测量外部负脉冲宽度控制程序的设计。

项目描述

本项目是通过定时器 T0 和 T1 控制 LED 的闪烁与定时,用计数器 T0 和 T1 控制单片机发出 1 kHz 音频和测量正脉冲宽度,以及用外部中断 0 扩展 4 个外部中断。具体内容如下:

(1)用定时器 T0 的方式 1 通过 P2.0 引脚控制 LED 闪烁和长时间定时。

(2)用定时器 T1 的方式 1 控制两个 LED 以不同周期闪烁。

(3)用计数器 T1 的中断方式控制单片机发出 1 kHz 音频。

(4)用计数器 T0 的方式 2 对外部脉冲计数和门控制位测量外部正脉冲宽度。

(5)利用外部中断$\overline{INT0}$扩展 4 个外部中断。

知识链接

中断系统在单片机应用系统中起着十分重要的作用,是现代嵌入式控制系统广泛采用的一种实时控制技术,能对突发事件进行及时处理,从而大大提高系统对外部事件的处理能力。可以说,正是有了中断技术,单片机才能够得以普及。因此,中断技术是单片机的一项重要技术,只有掌握了中断技术才能开发出灵活、高效的单片机应用系统。

一、单片机中断系统的概念

在日常生活中,“中断”是一种很普遍的现象。例如,你正在家中看书,突然电话铃响了,你放下书,去接电话并和来电话的人交谈,然后放下电话,回来继续看书。这就是生活中的“中断”现象,就是正常的工作过程被外部的事件打断了。单片机也有同样的问题。CPU 在处理某一事件 A 时,发生了另一事件 B 请求 CPU 迅速去处理(中断发生);CPU 暂时中断当前的工作,转去处理事件 B(中断响应和中断服务);待 CPU 将事件 B 处理完毕后,再回到原来事件 A 被中断的地方继续处理事件 A(中断返回),这一过程称为中断,如图 7-1 所示。

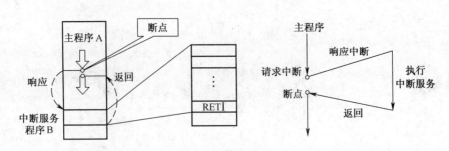

图 7-1　中断过程示意图

1. 中断源

引起 CPU 中断的根源称为中断源。中断源向 CPU 提出中断请求,CPU 暂时中断原来处理的事件 A,转去处理事件 B;事件 B 处理完毕后,再回到原来被中断的地方(即断点),称为中断返回。实现上述中断功能的部件称为中断系统(又称中断机构)。

随着计算机技术的应用,人们发现中断技术不仅解决了快速主机与慢速 I/O 设备的数据传送问题,而且还具有如下优点:

(1)分时操作。CPU 可以分时为多个 I/O 设备服务,提高了计算机的利用率。

(2)实时响应。CPU 能够及时处理应用系统的随机事件,系统的实时性大大增强。

(3)可靠性高。CPU 具有处理设备故障及掉电等突发性事件的能力,从而使系统可靠性提高。

MCS−51 单片机有 5 个中断源。其中 2 个外部中断请求源$\overline{INT0}$(P3.2)和$\overline{INT1}$(P3.3),2 个片内定时器/计数器 T0 和 T1 的溢出请求中断源 TF0(TCON 的第 5 位)和 TF1(TCON 的第 7 位),1 个片内串行口发送或接收中断请求源 TI(SCON 的第 1 位)和 RI(SCON 的第 0 位)。

(1)$\overline{INT0}$,外部中断 0。可由 IT0(TCON.0)选择其为低电平有效还是下降沿有效。当 CPU 检测到 P3.2 引脚上出现有效的中断信号时,中断标志 IE0(TCON.1)置 1,向 CPU 申请中断。

(2)$\overline{INT1}$,外部中断 1。可由 IT1(TCON.2)选择其为低电平有效还是下降沿有效。当 CPU 检测到 P3.3 引脚上出现有效的中断信号时,中断标志 IE1(TCON.3)置 1,向 CPU 申请中断。

(3)TF0(TCON.5),片内定时器/计数器 T0 溢出中断请求标志。当定时器/计数器 T0 发生溢出时,置位 TF0,并向 CPU 申请中断。

(4)TF1(TCON.7),片内定时器/计数器 T1 溢出中断请求标志。当定时器/计数器 T1 发生溢出时,置位 TF1,并向 CPU 申请中断。

(5)RI(SCON.0)或 TI(SCON.1),串行口中断请求标志。当串行口接收完一帧串行数据时置位 RI 或当串行口发送完一帧串行数据时置位 TI,向 CPU 申请中断。

2. 中断的优先级别

单片机内的 CPU 工作时,如果一个中断源向它发出中断请求信号,它就会产生中断。但是如果同时有两个中断请求信号,CPU 会优先接受优先级别高的中断源,然后再接受优先级别低的中断源。表 7-1 列出了 MCS-51 单片机中断源的自然优先级、入口地址及中断编号。

表 7-1 MCS-51 单片机中断源的自然优先级、入口地址及中断编号

中　断　源	C51 编译器对 中断的编号	中断服务程序入口地址	优先级顺序
外部中断 0($\overline{INT0}$)	0	0003H	高
定时器/计数器 0(T0)溢出中断	1	000BH	
外部中断 1($\overline{INT1}$)	2	0013H	↓
定时器/计数器 1(T1)溢出中断	3	001BH	
串行口中断 RI 或 TI	4	0023H	低

需要说明的是,为了便于用 C 语言编写单片机中断程序,C51 编译器也支持 MCS-51 单片机的中断服务程序,而且 C 语言编写中断服务程序,比用汇编语言方便得多。C 语言编写中断服务程序的格式如下:

函数类型　函数名(形式参数列表)[interruptn][usingm]

其中,interrupt 后面的 n 是中断编号,取值范围为 0~4,其意义见表 7-1;using 后面的 m 表示使用的工作寄存器组号(如不另外说明,则默认用第 0 组)。

例如,定时器 T0 的中断服务程序可用如下方法编写:

```
void  Time0(void)  interrupt1  using0
//定时器 T0 的中断服务函数,T0 的中断编号为 1,使用第 0 组工作寄存器
  {
      …//中断服务程序
  }
```

3. 中断的处理过程

CPU 处理中断事件的过程称为 CPU 的中断响应过程。对中断事件的整个处理过程,称为中断处理。再接着继续执行被中断的程序,称为中断返回。中断的处理过程和普遍子程序调用是有本质区别的。中断的产生是随机的,主要为各种外部或内部事件服务;而普遍子程序(子函数)调用是程序中事先安排好的,主要为主程序服务(与外部事件无关)。

二、中断系统的结构及控制

1. 中断系统的结构

MCS-51 单片机中断系统的结构如图 7-2 所示。

(1)5 个中断请求源。MCS-51 单片机的中断源有 5 个中断请求源:

①外部中断请求源 $\overline{INT0}$,由 P3.2 引脚输入。

②外部中断请求源 $\overline{INT1}$,由 P3.3 引脚输入。

③定时器/计数器溢出中断请求源 T0。

④定时器/计数器溢出中断请求源 T1。

⑤串行口中断请求源 TI 或 RI。

(2)中断源寄存器。MCS-51 单片机的中断源寄存器有两个,即定时器/计数器控制寄存器 TCON 和串行口控制寄存器 SCON,它们可以向 CPU 发出中断请求。

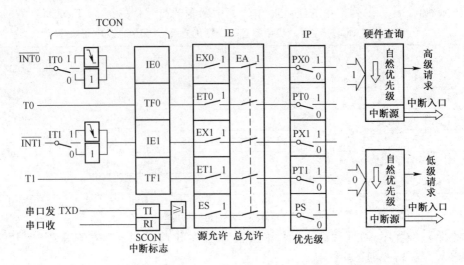

图 7-2　MCS-51 单片机中断系统的结构

（3）中断允许寄存器。MCS-51 单片机有 1 个中断允许寄存器 IE,其功能是控制各个中断请求能否通过(即是否允许使用各个中断)。

（4）中断优先级控制寄存器。MCS-51 单片机有 1 个中断优先级控制寄存器 IP,其功能是设置每个中断的优先级。

2. 中断系统的控制

MCS-51 单片机中断的各种控制是通过设置 TCON、SCON、IE、IP 这 4 个寄存器来实现的。

（1）定时器/计数器控制寄存器 TCON。TCON 的功能是接收外部中断源($\overline{INT0}$、$\overline{INT1}$)和定时器/计数器(T0、T1)送来的中断请求信号。字节地址为 88H,可以进行位操作。表 7-2 列出了 TCON 的格式。

表 7-2　定时器/计数器控制寄存器 TCON 的格式

位地址	8FH	8EH	8DH	8CH	8BH	8AH	89H	88H
位符号	TF1	TR1	TF0	TR0	IE1	IT1	IE0	IT0

IT0 和 IT1 分别为外部中断的触发方式控制位,可以进行置位和复位。以外部中断$\overline{INT1}$为例,IT1 = 0 时,$\overline{INT1}$为低电平触发方式(即由"0"来触发外部中断$\overline{INT1}$);IT1 = 1 时,$\overline{INT1}$为负跳变触发方式(即由"1"到"0"跳变时触发外部中断$\overline{INT1}$)。

IE0 和 IE1 分别为外部中断$\overline{INT0}$和$\overline{INT1}$中断请求标志位。以外部中断$\overline{INT1}$为例,当外部有中断请求信号(低电平或负跳变)输入 P3.3 引脚时,寄存器 TCON 的 IE1 位会被硬件自动置"1"。在 CPU 响应中断后,硬件自动将 IE1 清 0。

TF0 和 TF1 分别为定时器/计数器 T0 和 T1 的中断请求标志。当定时器/计数器工作产生溢出,会将 TF0 和 TF1 置"1"。以定时器 T0 为例,当 T0 溢出时,TF0 被置"1",同时向 CPU 发出中断请求。在 CPU 响应中断后,硬件自动将 TF0 清 0. 注意和定时器查询方式的区别,查询到 TF0 被置"1"后,需要由软件清 0。

TR0 和 TR1 分别为定时器/计数器 T0 和 T1 的启动/停止位。在编写程序时,若将 TR0 或 TR1 置为"1",那么相应的定时器/计数器就开始工作;若置为"0",相应的定时器/计数器 则停止工作。

在单片机复位时,寄存器 TCON 的各位均被初始化为"0"。

(2)串行口控制寄存器 SCON。SCON 的功能主要是接收串行口送来的中断请求信号,具 体格式将在后面串行通信中进行介绍。

(3)中断允许寄存器 IE。中断是否能够被响应和执行,要看相应的中断是否被允许, MCS-51 单片机的各个中断是否允许是由中断允许控制寄存器 IE 来控制的,IE 的字节地址 是 A8H,可以进行位操作,其格式如表 7-3 所示。

表 7-3 中断允许寄存器 IE 的格式

位地址	AFH	—	—	ACH	ABH	AAH	A9H	A8H
位符号	EA	—	—	ES	ET1	EX1	ET0	EX0

EA:中断系统总允许控制位。EA=0,关闭所有中断,只有在 EA=1 的条件下开通某一个 中断源的允许控制位,该中断才能被 CPU 响应。

ES:串行口中断允许控制位。ES=1,串行口开中断;ES=0,串行口关中断。

ET1:定时器/计数器 T1 的溢出中断允许控制位,ET1=0,禁止 T1 中断;ET1=1,允许 T1 中断。

EX1:外部中断$\overline{INT1}$中断允许控制位。EX0=0;禁止 INT1 中断;EX1=1,允许 INT1 中断。

ET0:定时器/计数器 T0 的溢出中断允许控制位。ET0=0,禁止 T0 中断;ET0=1,允许 T0 中断。

EX0:外部中断$\overline{INT0}$中断允许控制位。EX0=0,禁止$\overline{INT0}$中断;EX0=1,允许$\overline{INT0}$中断。

(4)中断优先级控制寄存器 IP。由于 MCS-51 单片机的 5 个独立中断源的硬件结构不 同,在同时发生中断请求时,CPU 按照表 7-1 所列的自然优先级顺序接受它们的中断请求。 然而在某些场合,系统需要优先接受某些自然优先级较低的中断请求,这时需要通过中断优 先级控制寄存器 IP 来进行设置。

中断优先级控制寄存器 IP 的字节地址为 B8H,可进行位操作,其格式如表 7-4 所示。

表 7-4 中断优先级控制寄存器 IP 的格式

位地址	—	—	—	BCH	BBH	BAH	B9H	B8H
位符号	—	—	—	PS	PT1	PX1	PT0	PX0

PX0:外部中断$\overline{INT0}$中断优先级控制位。PX0=1,$\overline{INT0}$设置为高优先级中断;PX0=0, $\overline{INT0}$设置为低优先级中断。

PT0:定时器/计数器 T0 中断优先级控制位,功能同上。

PX1:外部中断$\overline{INT1}$中断优先级控制位,功能同上。

PT1:定时器/计数器 T1 中断优先级控制位,功能同上。

PS:串行口中断优先级控制位,功能同上。

中断优先级控制寄存器 IP 的各位都由用户通过程序置 1 和清 0,可用位操作指令或字节操作指令设置 IP 的内容,以改变各中断源的中断优先级。例如,尽管定时器 T0 的自然优先级高于外部中断,但仍然可以通过设置 IP 使$\overline{INT1}$的中断请求比 T0 优先响应,其设置方法有两种。

①用位操作的方法：

```
PX1 = 1;      //外部中断INT1被设置为高优先级中断
PT0 = 0;      //定时器 T0 被设置为低优先级中断
```

②用字节操作的方法：

```
IP = 0x04;    //IP = 00000100B,即 PX1 = 1,PT0 = 0
```

综上所述,一个中断源的中断请求被响应,需要满足以下必要条件：

a. CPU 开中断,即 IE 寄存器中的中断系统总允许控制位 EA = 1。

b. 中断源发出中断请求,即该中断源所对应的中断请求标志位为 1。

c. 中断源的中断允许位为 1,即该中断没有被屏蔽。

d. 无同级或更高级中断正在被服务。

三、外部中断源的扩展

MCS-51 单片机仅有两个外部中断请求输入端$\overline{INT0}$和$\overline{INT1}$。在实际应用中,若外部中断源超过两个,则需要扩展外部中断源。常用的扩展方法有定时器扩展法和中断加查询扩展法。

(一)定时器扩展法

MCS-51 单片机内部设有两个 16 位可编程定时器/计数器。定时器/计数器工作于计数方式时,定时器 T0 外部输入端(P3.4)或定时器 T1 外部输入端(P3.5)作为计数脉冲输入端,在计数输入脉冲的下降沿到来时进行加 1 计数。当定时器/计数器计满后,若再有脉冲到来,定时器/计数器将产生溢出中断。

在外部中断源个数不太多并且定时器的两个中断标志 TF0 或 TF1、外部计数输入端 T0(P3.4)或 T1(P3.5)没有使用的情况下,一般可采用定时器扩展法进行外部中断源的扩展。具体方法如下:将定时器/计数器设置为计数方式,计数初值设置为满量程,当外部计数输入端 T0(P3.4)或 T1(P3.5)发生下降沿跳变时,计数器将加 1 产生溢出中断,将立即向 CPU 发出中断请求,在满足 CPU 中断响应条件的情况下,CPU 将执行相应的中断服务程序。利用此特性,可把 T0 或 T1 引脚作为外部中断请求信号输入端,把计数器的溢出中断标志作为外部中断请求标志。

例如,将定时器 T0 扩展为外部中断源。分析如下:将定时器 T0 设定为方式 2(初值自动重载工作方式),TH0 和 TL0 的初值均设为 0FFH,允许定时器 T0 中断,CPU 开放中断。

源程序如下：

```
TMOD = 0x06;       //设定定时器的工作方式为方式 2,计数方式
TH0 = 0xff;        //送计数初值为满量程
TL0 = 0xff;
TR0 = 1;           //启动定时器 T0
```

```
ET0 = 1;              //定时器 T0 中断允许
EA = 1;               //CPU 总中断允许
```

(二) 中断加查询扩展法

利用单片机的两根外部中断请求信号输入引脚,每一根都可以通过多个外部中断源通过或非门连接多个外部中断源,同时利用并行输入端口作为多个外部中断源的识别线,以达到扩展外部中断源的目的。

中断加查询扩展法比较简单,可以用于外部中断源较多的场合,它的缺点是:因查询时间较长,不能满足实时控制的要求。

项目实施

【技能训练 7.1】　用定时器 T0 的方式 1,通过 P2.0 引脚控制 LED 闪烁

用定时器 T0 的方式 1,通过 P2.0 引脚控制 LED 的闪烁,要求闪烁周期为 100 ms,即亮50 ms,灭 50 ms。本训练采用的电路原理图如图 7-3 所示。

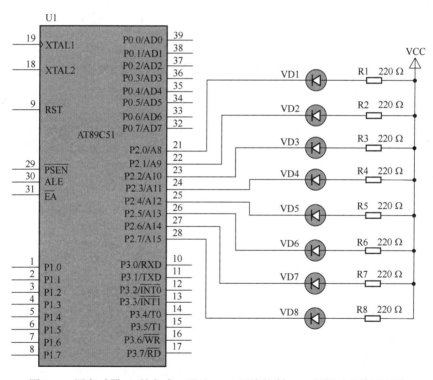

图 7-3　用定时器 T0 的方式 1 通过 P2.0 引脚控制 LED 闪烁的电路原理图

1. 实现方法

将定时器 T0 设置为工作方式 1,而要使 T0 作为中断源,必须开总中断开关 EA 和 T0 的分支开关 ET0,然后还要将 TR0 置"1"以启动定时器 T0。

2. 用定时器 T0 的方式 1 控制 LED 闪烁的程序设计

先建立文件夹"ex7.1",然后建立"ex7.1"工程项目,最后建立源程序文件"ex7.1.c",输

入如下源程序:

```
//技能训练7.1:用定时器T0的方式1通过P2.0引脚控制LED闪烁
#include<reg51.h>              //包含单片机寄存器的头文件
sbit D1=P2^0;                  //将D1位定义为P2.0引脚
/* * * * * * * * * * * * * * * * * * * * * * * * * * * * * * * * * * * *
函数功能:主函数
* * * * * * * * * * * * * * * * * * * * * * * * * * * * * * * * * * * */
void main(void)
{
    EA=1;                      //开总中断
    ET0=1;                     //定时器T0中断允许
    TMOD=0x01;                 //使用定时器T0的方式2
    TH0=(65536-46083)/256;     //定时器T0的高8位赋初值
    TL0=(65536-46083)%256;     //定时器T0的低8位赋初值
    TR0=1;                     //启动定时器T0
    while(1)                   //无限循环等待中断
        ;
}

/* * * * * * * * * * * * * * * * * * * * * * * * * * * * * * * * * * * *
函数功能:定时器T0的中断服务程序
* * * * * * * * * * * * * * * * * * * * * * * * * * * * * * * * * * * */
void Time0(void) interrupt1 using0   //"interrupt"声明函数为中断服务函数
                                     //其后的1为定时器T0的中断编号;using后的0表示
                                     //使用第0组工作寄存器
{
    D1=~D1;                    //按位取反操作,将P2.0引脚输出电平取反
    TH0=(65536-46083)/256;     //定时器T0的高8位重新赋初值
    TL0=(65536-46083)%256;     //定时器T0的低8位重新赋初值
}
```

3. 利用 Proteus 仿真软件仿真

经 Keil C51 软件编译通过后,可利用 Proteus 仿真软件进行仿真。在 Proteus ISIS 编辑环境中绘制仿真电路图,或者打开计算机中的"仿真训练\项目 7\ex7.1"文件夹内的"ex7.1.DSN"仿真原理图文件,将编译好的"ex7.1.hex"文件载入 AT89C51。启动仿真,即看到 P2.0 引脚 LED 开始闪烁。

4. 采用实验板试验

程序仿真无误后,将"ex7.1"文件夹中的"ex7.1.hex"文件烧录入 AT89C51 芯片,再将烧录好的单片机插入实验板,通电运行即可看到和仿真类似的试验结果。

【技能训练7.2】 用定时器 T0 的方式 1,通过 P2.0 引脚控制 LED 实现长时间定时

用定时器 T0 的方式 1 实现长时间定时,要求闪烁周期为 2 s,即亮 1 s,灭 1 s。本训练采用的电路原理图如图 7-3 所示。

1. 实现方法

将定时器 T0 设置为工作方式 1，最大可计脉冲数为 65 536。对于 11.059 2 MHz 的时钟频率，一个脉冲的宽度为 1.085 μs，则最大计时长度只有 1.085×65 536 μs＝71 107 μs。所以，要定时 1 s 或更长的时间，还需要采用一种被称为"软件计数"的方法：设置一个变量 Countor 来存储定时器 T0 的中断次数，即每产生 1 次中断，使变量 Countor 自加 1，如果 T0 每 50 ms中断 1 次，那么当 Countor 自加 20 次时，所计时间就是 1 s。

2. 用定时器 T0 的方式 1 实现长时间定时的程序设计

先建立文件夹"ex7.2"，然后建立"Ex7.2"工程项目，最后建立源程序文件"Ex7.2.c"，输入如下源程序：

```
//技能训练 7.2:用定时器 T0 的方式 1 通过 P2.0 引脚控制 LED 实现长时间定时
#include<reg51.h>              //包含单片机寄存器的头文件
sbit D1＝P2^0;                 //将 D1 位定义为 P2.0 引脚
unsigned char Countor;         //设置全局变量,存储定时器 T0 中断次数
/* * * * * * * * * * * * * * * * * * * * * * * * * * * * * * * * * * * * * *
函数功能:主函数
 * * * * * * * * * * * * * * * * * * * * * * * * * * * * * * * * * * * * */
void main(void)
{
  EA＝1;                       //开总中断
  ET0＝1;                      //定时器 T0 中断允许
  TMOD＝0x01;                  //使用定时器 T0 的方式 1
  TH0＝(65536-46083)/256;      //定时器 T0 的高 8 位赋初值
  TL0＝(65536-46083)%256;      //定时器 T0 的低 8 位赋初值
  TR0＝1;                      //启动定时器 T0
  Countor＝0;                  //从 0 开始累计中断次数
  while(1)                     //无限循环等待中断
     ;
}
/* * * * * * * * * * * * * * * * * * * * * * * * * * * * * * * * * * * * *
函数功能:定时器 T0 的中断服务程序
 * * * * * * * * * * * * * * * * * * * * * * * * * * * * * * * * * * * * */
void Time0(void) interrupt1 using0   //"interrupt"声明函数为中断服务函数
                                     //其后的 1 为定时器 T0 的中断编号;using 后的 0 表
                                     //示使用第 0 组工作寄存器
{
  Countor++;                   //中断次数自加 1
  if(Countor==20)              //若累计满 20 次,即计时满 1s
  {
    D1＝~D1;                   //按位取反操作,将 P2.0 引脚输出电平取反
    Countor＝0;                //将 Countor 清 0,重新从 0 开始计数
  }
```

```
    TH0 = (65536-46083) /256;    //定时器 T0 的高 8 位重新赋初值
    TL0 = (65536-46083) % 256;   //定时器 T0 的低 8 位重新赋初值
}
```

3. 利用 Proteus 仿真软件仿真

经 Keil C51 软件编译通过后,可利用 Proteus 仿真软件进行仿真。在 Proteus ISIS 编辑环境中绘制仿真电路图,或者打开计算机中的"仿真训练\项目 7\ex7.2"文件夹内的"ex7.2.DSN"仿真原理图文件,将编译好的"ex7.2.hex"文件载入 AT89C51。启动仿真,即看到 P2.0 引脚 LED 闪烁速度明显慢于技能训练 7.1。

4. 采用实验板试验

程序仿真无误后,将"ex7.2"文件夹中的"ex7.2.hex"文件烧录入 AT89C51 芯片,再将烧录好的单片机插入实验板,通电运行即可看到和仿真类似的试验结果。

【技能训练 7.3】 用定时器 T1 的方式 1,通过 P2.0、P2.1 引脚控制两个 LED 以不同周期闪烁

用定时器 T1 的方式 1,通过 P2.0、P2.1 引脚控制两个 LED 分别以 200 ms 和 800 ms 的周期闪烁。本训练采用的电路原理图如图 7-3 所示。

1. 实现方法

通过给定时器 T1 赋适当的初值,可将其设置为每 50 ms 产生 1 次中断,由于要控制两个 LED 以不同周期闪烁,第一个 LED 亮、灭时间为 100 ms,第二个 LED 亮、火时间为 400 ms,所以设置两个变量 Countor1 和 Countor2 来分别统计中断次数,Countor1 累计满 2 次时所计时为 100 ms,Countor2 累计满 8 次时计时为 400 ms。

2. 用定时器 T1 的方式 1 控制两个 LED 以不同周期闪烁的程序设计

先建立文件夹"ex7.3",然后建立"ex7.3"工程项目,最后建立源程序文件"ex7.3.c",输入如下源程序:

```
//技能训练 7.3:用定时器 T1 的方式 1,通过 P2.0、P2.1 引脚控制两个 LED 以不同周期闪烁
#include<reg51.h>                   //包含单片机寄存器的头文件
sbit D1 = P2^0;                     //将 D1 位定义为 P2.0 引脚
sbit D2 = P2^1;                     //将 D2 位定义为 P2.1 引脚
unsigned char Countor1;            //设置全局变量,存储定时器 T1 中断次数
unsigned char Countor2;            //设置全局变量,存储定时器 T1 中断次数
/* * * * * * * * * * * * * * * * * * * * * * * * * * * * * * * * * * * * *
函数功能:主函数
* * * * * * * * * * * * * * * * * * * * * * * * * * * * * * * * * * * * */
void main(void)
{
    EA = 1;                         //开总中断
    ET1 = 1;                        //定时器 T1 中断允许
    TMOD = 0x10;                    //使用定时器 T1 的方式 1
    TH1 = (65536-46083) /256;      //定时器 T1 的高 8 位赋初值
    TL1 = (65536-46083) % 256;     //定时器 T1 的低 8 位赋初值
    TR1 = 1;                        //启动定时器 T1
```

```
    Countor1 = 0;                          //从 0 开始累计中断次数
    Countor2 = 0;                          //从 0 开始累计中断次数
    while(1)//无限循环等待中断
        ;
}
/* * * * * * * * * * * * * * * * * * * * * * * * * * * * * * * * * * * *
函数功能:定时器 T1 的中断服务程序
 * * * * * * * * * * * * * * * * * * * * * * * * * * * * * * * * * * * */
void Time1(void) interrupt3 using0 //"interrupt"声明函数为中断服务函数
                                //其后的 3 为定时器 T1 的中断编号;using 后的 0 表示
                                //使用第 0 组工作寄存器
{
    Countor1++;                         //Countor1 自加 1
    Countor2++;                         //Countor2 自加 1
    if(Countor1 == 2)                   //若累计满 2 次,即计时满 100ms
    {
        D1 = ~D1;                       //按位取反操作,将 P2.0 引脚输出电平取反
        Countor1 = 0;                   //将 Countor1 清 0,重新从 0 开始计数
    }
    if(Countor2 == 8)                   //若累计满 8 次,即计时满 400ms
    {
        D2 = ~D2;                       //按位取反操作,将 P2.1 引脚输出电平取反
        Countor2 = 0;                   //将 Countor1 清 0,重新从 0 开始计数
    }
    TH1 = (65536 - 46083)/256;          //定时器 T1 的高 8 位重新赋初值
    TL1 = (65536 - 46083)%256;          //定时器 T1 的低 8 位重新赋初值
}
```

3. 利用 Proteus 仿真软件仿真

经 Keil C51 软件编译通过后,可利用 Proteus 仿真软件进行仿真。在 Proteus ISIS 编辑环境中绘制仿真电路图,或者打开计算机中的"仿真训练\项目 7\ex7.3"文件夹内的"ex7.3.DSN"仿真原理图文件,将编译好的"ex7.3.hex"文件载入 AT89C51。启动仿真,即看到 P2.0、P2.1 引脚的两个 LED 开始闪烁。

4. 采用实验板试验

程序仿真无误后,将"ex7.3"文件夹中的"ex7.3.hex"文件烧录入 AT89C51 芯片,再将烧录好的单片机插入实验板,通电运行即可看到和仿真类似的试验结果。

【技能训练 7.4】 用计数器 T1 的中断方式控制单片机发出 1 kHz 音频

用计数器 T1 的中断方式控制单片机发出 1 kHz 音频,采用的电路原理图如图 7-3 所示。

1. 实现方法

将计数器 T1 设置为工作方式 1,再开总中断 EA、分支中断 ET1 接着启动定时器 T1,即可使用其中断。由技能训练 6.2 可知,要产生 1 kHz 音频,定时器 T1 的初值应设置如下:

```
    TH1 = (65536 - 921)/256;         //定时器 T1 的高 8 位赋初值
```

167

```
   TL1=(65536-921)%256;      //定时器 T1 的低 8 位赋初值
```

2. 用计数器 T1 的中断方式控制单片机发出 1 kHz 音频的程序设计

先建立文件夹"ex7.4",然后建立"ex7.4"工程项目,最后建立源程序文件"ex7.4.c",输入如下源程序:

```c
//技能训练 7.4:用计数器 T1 的中断控制单片机发出 1 kHz 音频
#include<reg51.h>              //包含单片机寄存器的头文件
sbit sound=P3^7;              //将 sound 位定义为 P3.7 引脚
/* * * * * * * * * * * * * * * * * * * * * * * * * * * * * * * * * * * *
函数功能:主函数
* * * * * * * * * * * * * * * * * * * * * * * * * * * * * * * * * * * */
void main(void)
{
   EA=1;                    //开总中断
   ET1=1;                   //定时器 T1 中断允许
   TMOD=0x10;               //TMOD=00010000B,使用定时器 T1 的方式 1
   TH1=(65536-921)/256;     //定时器 T1 的高 8 位赋初值
   TL1=(65536-921)%256;     //定时器 T1 的低 8 位赋初值
   TR1=1;                   //启动定时器 T1
   while(1)                 //无限循环等待中断
      ;
}
/* * * * * * * * * * * * * * * * * * * * * * * * * * * * * * * * * * * *
函数功能:定时器 T1 的中断服务程序
* * * * * * * * * * * * * * * * * * * * * * * * * * * * * * * * * * * */
void Time1(void) interrupt3 using0//interrupt 声明函数为中断服务函数
{
   sound=~sound;
   TH1=(65536-921)/256;       //定时器 T1 的高 8 位重新赋初值
   TL1=(65536-921)%256;       //定时器 T1 的低 8 位重新赋初值
}
```

3. 利用 Proteus 仿真软件仿真

经 Keil C51 软件编译通过后,可利用 Proteus 仿真软件进行仿真。在 Proteus ISIS 编辑环境中绘制仿真电路图,或者打开计算机中的"仿真训练\项目 7\ex7.4"文件夹内的"ex7.4.DSN"仿真原理图文件,将编译好的"ex7.4.hex"文件载入 AT89C51。启动仿真,即可听到单片机蜂鸣器发出"嘀"的 1 kHz 音频。

4. 采用实验板试验

程序仿真无误后,将"ex7.4"文件夹中的"ex7.4.hex"文件烧录入 AT89C51 芯片,再将烧录好的单片机插入实验板,通电运行即可看到和仿真类似的试验结果。

【技能训练 7.5】 用计数器 T0 的方式 2 对外部脉冲计数

用单片机 U1(P1.4 引脚送出)送出 50 个矩形脉冲,再用单片机 U2(P3.4 引脚接收)进行脉冲个数的统计,结果由 P1 口 8 个 LED 显示验证。本训练采用的电路原理图及其仿真效果如图 7-4 所示。

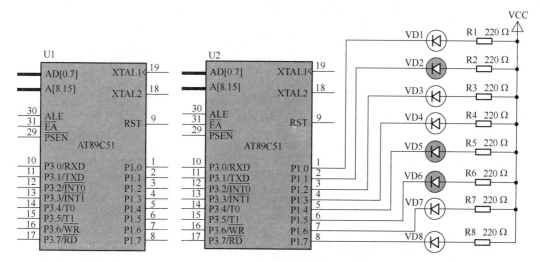

图 7-4　用计数器 T0 的方式 2 对外部脉冲计数的电路原理图及其仿真效果

1. 实现方法

（1）使单片机 U1 输出 100 ms 方波，因对方波宽度未进行准确要求，其脉冲宽度可用一般延时函数控制（延时约为 30 ms）。

（2）使用定时器 T0 的方式 2 对输入脉冲进行计数。需要注意的是，因为只计 50 个数，所以不必使用 T0 的中断，因而将 ET0 置"0"。

2. 用计数器 T0 的方式 2 对外部脉冲计数的程序设计

（1）设计第一个程序，让单片机 U1 产生 50 个矩形脉冲。

先建立一个文件目录"ex7.5"，再建立"fangbo"子文件夹，然后建立"fangbo"工程项目，最后建立源程序文件"fangbo.c"，输入如下源程序：

```
//技能训练 7.5.1:产生 50 个矩形脉冲
#include<reg51.h>           //包含单片机寄存器的头文件
sbit u=P1^4;                //将 u 位定义为 P1.4
/* * * * * * * * * * * * * * * * * * * * * * * * * * * * * * * * * * * *
函数功能:延时约 30ms(3*100*100=30000 μs=30 ms
 * * * * * * * * * * * * * * * * * * * * * * * * * * * * * * * * * * * */
void delay30ms(void)
{
  unsigned char m,n;
  for(m=0;m<100;m++)
  for(n=0;n<100;n++)
     ;
}
/* * * * * * * * * * * * * * * * * * * * * * * * * * * * * * * * * * * *
函数功能:主函数
 * * * * * * * * * * * * * * * * * * * * * * * * * * * * * * * * * * * */
```

```
void main(void)
  {
    unsigned char i;
    u = 1;                    //初始化输出高电平
    for(i = 0;i<50;i++) //输出 50 个矩形脉冲
    {
      u = 1;
      delay30ms();
      u = 0;
      delay30ms();
    }
    while(1)                //无限循环,防止程序"跑飞"
      ;
  }
```

(2)设计第二个程序,让单片机 U2 统计 50 个矩形脉冲。

先建立一个文件目录"ex7.5",再建立"jishu"子文件夹,然后建立"jishu"工程项目,最后建立源程序文件"jishu. c",输入如下源程序:

```
//技能训练 7.5.2:计数器 T0 统计外部脉冲数
#include<reg51.h>              //包含单片机寄存器的头文件
/* * * * * * * * * * * * * * * * * * * * * * * * * * * * * * * * * * * * *
函数功能:主函数
* * * * * * * * * * * * * * * * * * * * * * * * * * * * * * * * * * * * */
void main(void)
  {
    TMOD = 0x06;              //TMOD = 00000110B,使用计数器 T0 的方式 2
    EA = 1;                   //开总中断
    ET0 = 0;                  //不使用定时器 T0 的中断
    TR0 = 1;                  //启动 T0
    TH0 = 0;                  //计数器 T0 高 8 位赋初值
    TL0 = 0;                  //计数器 T0 低 8 位赋初值
    while(1)                  //无限循环,不停地将 TL0 计数结果送 P1 口
    P1 = TL0;
}
```

3. 利用 Proteus 仿真软件仿真

两个程序均经 Keil C51 软件编译通过后,可利用 Proteus 仿真软件进行仿真。在 Proteus ISIS 编辑环境中绘制仿真电路图,或者打开计算机中的"仿真训练\项目 7\ex7.5"文件夹内的"ex7. 5. DSN"仿真原理图文件,先将编译好的"fangbo. hex"文件载入单片机 U1;再将编译好的"jishu. hex"文件载入单片机 U2;启动仿真,即看到如图 7-4 所示的仿真效果,容易验证 P1 = 00110010B = 0x32 = 3×16+2 = 50,与预期结果相同。

4. 采用实验板试验

程序仿真无误后,将"ex7.5"文件夹中的"jishu. hex"文件烧录入 AT89C51 芯片中,通电

运行后,可用将 P3.4 引脚(T0 输入端)接地的方法模拟外脉冲输入,将细铜线一端接地,另一端接 P3.4 引脚。可以看到,随着铜线接地次数的增加,P1 口 8 个 LED 的亮灭状态随之发生相应变化。

【技能训练7.6】 用定时器 T0 的门控制位测量外部正脉冲宽度

步骤:用单片机 U1(从 P1.4 引脚)产生正脉冲宽度为 250 μs 的方波,再用单片机 U2 的 $\overline{\text{INT0}}$(P3.2)引脚检测,验证该方波的正脉冲宽度,结果由 P1 口 8 个 LED 显示验证。本训练采用的电路原理图和仿真效果如图 7-5 所示。

1. 实现方法

(1)第一个程序使单片机 U1 产生正脉冲宽度为 250 μs 的方波。为精确考虑,需使用定时器 T0 的方式 2 控制产生。

(2)第二个程序使用定时器 T0 的门控制位测试 $\overline{\text{INT0}}$ 引脚上出现的正脉冲宽度。当 T0 的门控制位 GATE = 1 时,需要 TR0 和 $\overline{\text{INT0}}$ 同时为高电平时,才能启动 T0 计时。所以,可以利用定时器在 $\overline{\text{INT0}}$ 为高电平期间对外部正脉冲宽度计时。

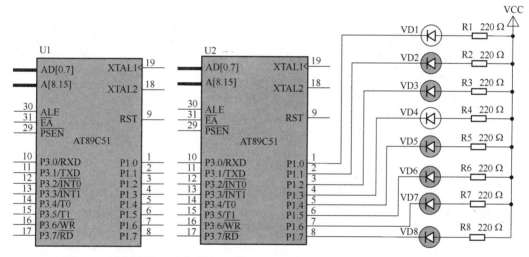

图 7-5 用定时器 T0 的门控制位测量外部正脉冲宽度的电路原理图及仿真效果

2. 用定时器 T0 的门控制位测量外部正脉冲宽度的程序设计

(1)设计第一个程序,使单片机 U1 产生正脉冲宽度为 250 μs 的方波。

先建立一个文件目录"ex7.6",再建立"fangbo"子文件夹,然后建立"fangbo"工程项目,最后建立源程序文件"fangbo.c",输入如下源程序:

```
//技能训练7.6.1:输出正脉冲宽度为 250 μs 的方波
#include<reg51.h>          //包含单片机寄存器的头文件
sbit u=P1^4;               //将 u 位定义为 P1.4
/* * * * * * * * * * * * * * * * * * * * * * * * * * * * * * * * * * *
函数功能:主函数
 * * * * * * * * * * * * * * * * * * * * * * * * * * * * * * * * * * */
void main(void)
```

```
    {
        TMOD = 0x02;                    //TMOD=00000010B,使用定时器 T0 的方式 2
        EA = 1;                         //开总中断
        ET0 = 1;                        //定时器 T0 中断允许
        TH0 = 256-250;                  //定时器 T0 的高 8 位赋初值
        TL0 = 256-250;                  //定时器 T0 的低 8 位赋初值
        TR0 = 1;                        //启动定时器 T0
        while(1)                        //无限循环,等待中断
            ;
    }
/* * * * * * * * * * * * * * * * * * * * * * * * * * * * * * * * * * * * * * *
```
函数功能:定时器 T0 的中断服务程序
```
  * * * * * * * * * * * * * * * * * * * * * * * * * * * * * * * * * * * * * * * /
void Time0(void) interrupt1 using0 // "interrupt"声明函数为中断服务函数
{
    u = ~u;                         //将 P1.4 引脚输出电平取反,产生方波
}
```

(2)设计第二个程序,使用定时器 T0 的门控制位测试$\overline{\text{INT0}}$引脚上出现的正脉冲宽度。

先建立一个文件目录"ex7.6",再建立"celiang"子文件夹,然后建立"celiang"工程项目,最后建立源程序文件"celiang.c",输入如下源程序:

```
//技能训练 7.6.2:定时器 T0 的方式 2 测量正脉冲宽度
#include<reg51.h>                   //包含单片机寄存器的头文件
sbit ui = P3^2;                     //将 ui 位定义为 P3.2(INT0)引脚,表示输入电压
/* * * * * * * * * * * * * * * * * * * * * * * * * * * * * * * * * * * * * * *
```
函数功能:主函数
```
  * * * * * * * * * * * * * * * * * * * * * * * * * * * * * * * * * * * * * * * /
void main(void)
    {
        TMOD = 0x0a;                //TMOD=00001010B,使用定时器 T0 的方式 2,GATE 置 1
        EA = 1;                     //开总中断
        ET0 = 0;                    //不使用定时器 T0 的中断
        TR0 = 1;                    //启动 T0
        TH0 = 0;                    //计数器 T0 高 8 位赋初值
        TL0 = 0;                    //计数器 T0 低 8 位赋初值
        while(1)                    //无限循环,不停地将 TL0 计数结果送 P1 口
            {
                while(ui == 0)      //INT0 为低电平,T0 不能启动
                    ;
                TL0 = 0;            //INT0 为高电平,启动 T0 计时,所以将 TL0 清 0
                while(ui == 1)      //在 INT0 高电平期间,等待,计时
                    ;
                P1 = TL0;           //将计时结果送 P1 口显示
```

}
}

3. 利用 Proteus 仿真软件仿真

两个程序均经 Keil C51 软件编译通过后,可利用 Proteus 仿真软件进行仿真。在 Proteus ISIS 编辑环境中绘制仿真电路图,或者打开计算机中的"仿真训练\项目 7\ex7.6"文件夹内的"ex7.6.DSN"仿真原理图文件,先将编译好的"fangbo.hex"文件载入单片机 U1;再将编译好的"celiang.hex"文件载入单片机 U2;启动仿真,即看到 P1.0、P1.4 引脚 LED 被点亮,表明 P1 = 11110110B = 0xf6 = 15×16+6 = 246,与预期 250 μs 仅有 4 μs 的误差。

4. 采用实验板试验

如果有信号发生器,可利用实验板进行试验。程序仿真无误后,将"ex7.6"文件夹中的"celiang.hex"文件烧录入 AT89C51 芯片中。通电运行后,将信号发生器产生的脉冲信号送到 P3.2 引脚即可测量脉冲宽度。

【技能训练 7.7】　用外部中断$\overline{\text{INT0}}$测量负跳变信号累计数

使用外部中断$\overline{\text{INT0}}$测量从 P3.0 引脚输出的负跳变信号累计数,并将结果送 P1 口显示验证。采用的电路原理图及其仿真效果如图 7-6 所示。

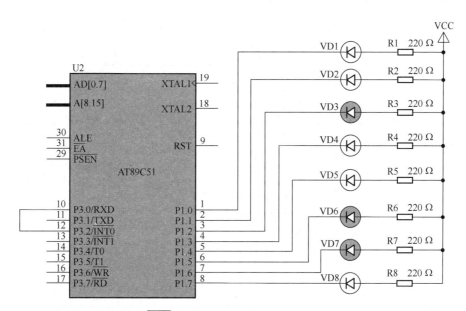

图 7-6　用外部中断$\overline{\text{INT0}}$测量负跳变信号累计数的电路原理图及其仿真效果

1. 实现方法

(1)外部中断的使用。要使用外部中断,必须对中断允许控制寄存器 IE 和定时器/计数器控制寄存器 TCON 进行如下设置:

```
EA = 1;        //开放总中断
EX0 = 1;       //允许使用外部中断
IT0 = 1;       //选择负跳变来触发外部中断
```

而对负跳变信号的统计可利用外部中断$\overline{\text{INT0}}$的中断服务函数进行,即当外部中断到来时,让计数变量自加 1 即可。

(2)负跳变的形成。由软件控制 P3.0 引脚输出电平产生。

2. 用外部中断INT0测量负跳变信号累计数的程序设计

先建立文件夹"ex7.7",然后建立"ex7.7"工程项目,最后建立源程序文件"ex7.7.c",输入如下源程序:

```
//技能训练 7.7:用外部中断INT0测量负跳变信号累计数
#include<reg51.h>              //包含单片机寄存器的头文件
sbit u = P3.0;                 //将 u 位定义为 P3.0,从该引脚输出矩形脉冲
unsigned char Countor;         //设置全局变量,存储负跳变累计数
/* * * * * * * * * * * * * * * * * * * * * * * * * * * * * * * * * * * * * *
函数功能:延时约 30 ms(3 * 100 * 100 = 30 000 μs = 30 ms)
* * * * * * * * * * * * * * * * * * * * * * * * * * * * * * * * * * * * * */
void delay30 ms(void)
{
  unsigned char m,n;
  for(m=0;m<100;m++)
  for(n=0;n<100;n++)
     ;
}
/* * * * * * * * * * * * * * * * * * * * * * * * * * * * * * * * * * * * * *
函数功能:主函数
* * * * * * * * * * * * * * * * * * * * * * * * * * * * * * * * * * * * * */
void main(void)
  {
  unsigned char i;
  EA = 1;                      //开放总中断
  EX0 = 1;                     //允许使用外部中断
  IT0 = 1;                     //选择负跳变来触发外部中断
  Countor = 0;
  for(i=0;i<100;i++)           //输出 100 个负跳变
  {
    u = 1;
    delay30ms();
    u = 0;
    delay30ms();
  }
  while(1)                     //无限循环,防止程序"跑飞"
     ;
  }
  /* * * * * * * * * * * * * * * * * * * * * * * * * * * * * * * * * * * * *
函数功能:外部中断INT0的中断服务程序
```

```
* * * * * * * * * * * * * * * * * * * * * * * * * * * * * * * * * * * * * */
void int0(void) interrupt0 using0  //外部中断INT0的中断编号为 0
{
    Countor++;                      //每触发一次外部中断,计数变量加 1
    P1=Countor;                     //计数结果送 P1 口显示
}
```

3. 利用 Proteus 仿真软件仿真

经 Keil C51 软件编译通过后,可利用 Proteus 仿真软件进行仿真。在 Proteus ISIS 编辑环境中绘制仿真电路图,或者打开计算机中的"仿真训练\项目 7\ex7.7"文件夹内的"ex7.7.DSN"仿真原理图文件,将编译好的"ex7.7.hex"文件载入 AT89C51。启动仿真,即看到图 7-6 所示的仿真效果图。可验证 P1=01100100B=0x64=6×16+4=100,与预期发送的 100 个负跳变数相同。

4. 采用实验板试验

程序仿真无误后,将"ex7.7"文件夹中的"ex7.7.hex"文件烧录入 AT89C51 芯片中,再用细铜线将 P3.0 引脚和 P3.2 引脚连起来,通电运行后,即可看到和仿真类似的结果。

【技能训练 7.8】　用外部中断INT0的中断测量外部负脉冲宽度

用外部中断INT0和定时器 T0 测量外部输入的负脉冲宽度。由单片机 U1(P1.4 引脚)输出方波,再由单片机 U2(P3.2 引脚)接收并检测负脉冲宽度,结果由 P1 口 8 个 LED 显示验证。采用的电路原理图及其仿真效果如图 7-7 所示。为便于验证,本任务将输出负脉冲宽度设置为 200 μs。

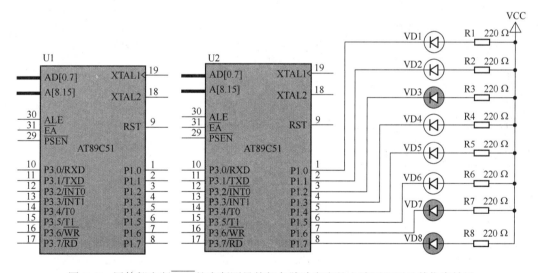

图 7-7　用外部中断INT0的中断测量外部负脉冲宽度的电路原理图及其仿真效果

1. 实现方法

本训练实现方法类似于技能训练 7.7,所不同的是技能训练 7.7 是利用INT0引脚输入正脉冲时,启动定时器 T0 开始计时。本训练是利用INT0引脚输入负脉冲触发中断,在外部中断的服务函数内启动 T0 计时。

2. 用外部中断INT0的中断测量外部负脉冲宽度的程序设计

(1)产生负脉冲的程序设计。先建立文件目录"ex7.8",再建立子文件夹"fangbo",然后建立"fangbo"工程项目,最后建立源程序文件"fangbo.c",输入如下源程序:

```c
//技能训练 7.8.1:输出负脉冲宽度为 200 μs 的方波
#include<reg51.h>            //包含单片机寄存器的头文件
sbit u=P1^4;                 //将 u 位定义为 P1.4
/* * * * * * * * * * * * * * * * * * * * * * * * * * * * * * * * * * * * * * * *
函数功能:主函数
* * * * * * * * * * * * * * * * * * * * * * * * * * * * * * * * * * * * * * * */
void main(void)
{
    TMOD=0x02;               //TMOD=00000010B,使用定时器 T0 的方式 2
    EA=1;                    //开总中断
    ET0=1;                   //定时器 T0 中断允许
    TH0=256-200;             //定时器 T0 的高 8 位赋初值
    TL0=256-200;             //定时器 T0 的低 8 位赋初值
    TR0=1;                   //启动定时器 T0
    while(1)                 //无限循环,等待中断
        ;
}
/* * * * * * * * * * * * * * * * * * * * * * * * * * * * * * * * * * * * * * * *
函数功能:定时器 T0 的中断服务程序
* * * * * * * * * * * * * * * * * * * * * * * * * * * * * * * * * * * * * * * */
void Time0(void) interrupt1 using0 //"interrupt"声明函数为中断服务函数
{
    u=~u;                           //将 P1.4 引脚输出电平取反,产生方波
}
```

(2)测量负脉冲宽度的程序设计。先建立一个文件目录"ex7.8"再建立子文件夹"celiang",然后建立"celiang"工程项目,最后建立源程序文件"celiang.c",输入如下源程序:

```c
//技能训练 7.8.2:测量负脉冲宽度
#include<reg51.h>            //包含单片机寄存器的头文件
sbit u=P3^2;                 //将 u 位定义为 P3.2
/* * * * * * * * * * * * * * * * * * * * * * * * * * * * * * * * * * * * * * * *
函数功能:主函数
* * * * * * * * * * * * * * * * * * * * * * * * * * * * * * * * * * * * * * * */
void main(void)
{
    TMOD=0x02;               //TMOD=00000010B,使用定时器 T0 的方式 2
    EA=1;                    //开总中断
    EX0=1;                   //允许使用外部中断
    IT0=1;                   //选择负跳变来触发外部中断
    ET0=1;                   //定时器 T0 中断允许
```

```
        TH0 = 0;                      //定时器 T0 的高 8 位赋初值 0
        TL0 = 0;                      //定时器 T0 的低 8 位赋初值 0
        TR0 = 0;                      //先关闭 T0
        while(1)                      //无限循环,不停检测输入负脉冲宽度
            ;
    }
    /* * * * * * * * * * * * * * * * * * * * * * * * * * * * * * * * * * * * * * *
    函数功能:外部中断INT0的中断服务程序
    * * * * * * * * * * * * * * * * * * * * * * * * * * * * * * * * * * * * * * */
    void int0(void) interrupt0 using0       //外部中断INT0的中断编号为 0
    {
        TR0 = 1;                      //外部中断一到来,即启动 T0 计时
        TL0 = 0;                      //从 0 开始计时
        while(u = = 0)                //低电平时,等待 T0 计时
            ;
        P1 = TL0;                     //将结果送 P1 口显示
        TR0 = 0;                      //关闭 T0
    }
```

3. 利用 Proteus 仿真软件仿真

经 Keil C51 软件编译通过后,可利用 Proteus 仿真软件进行仿真。在 Proteus ISIS 编辑环境中绘制仿真电路图,或者打开计算机中的"仿真训练 \ 项目 7 \ ex7.8"文件夹内的"ex7.8.DSN"仿真原理图文件,将编译好的"ex7.8.hex"文件载入 AT89C51。启动仿真,即可看到 P1.0、P1.1、P1.3、P1.4 和 P1.5 引脚 LED 点亮,表明 P1 = 11000100B = 0xc4 = 12×16+4 = 196,与预期的 200 μs 仅有 4 μs 误差。

4. 采用实验板试验

程序仿真无误后,将"ex7.8"文件夹中的"ex7.8.hex"文件烧录入 AT89C51 芯片,再将烧录好的单片机插入实验板,通电运行即可看到和仿真类似的试验结果。

【技能训练 7.9】　利用外部中断INT0扩展 4 个外部中断源

利用或非门连接多个外部中断源,达到扩展外部中断源。

1. 实现方法

利用单片机的两根外部中断请求信号输入引脚,通过或非门连接多个外部中断源,同时利用并行输入口作为多个外部中断源的识别线,以达到扩展外部中断源的目的。

2. 外部中断源扩展电路设计

4 个扩展的外部中断源通过一个或非门与外部中断 0 请求信号输入引脚INT0(P3.2)相连接,4 个扩展的外部中断源同时分别连接到单片机 P2 口的 P2.0~P2.3 引脚,如图 7-8 所示。

在 4 个扩展的外部中断源中,若有一个或几个为高电平则输出为 0,则INT0(P3.2)为低电平,从而向 CPU 发出中断请求。可以看出,这些扩展的外部中断源都是电平触发方式(高电平有效)。

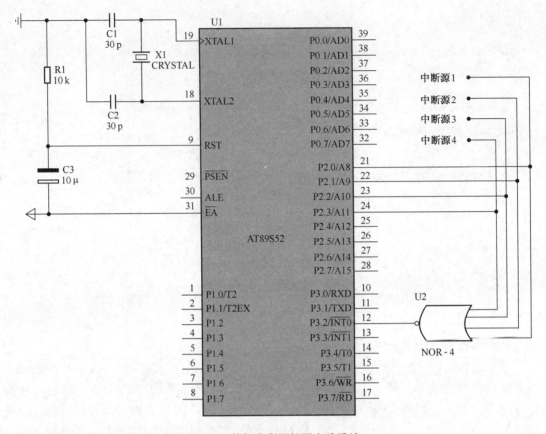

图7-8 外部中断源扩展电路设计

3. 外部中断源扩展程序设计

CPU 在执行中断服务程序时,先依次查询 P2 口的中断源输入状态,然后转入到相应的中断服务程序。4 个扩展的外部中断源的优先级顺序由软件的查询顺序决定,即最先查询的优先级最高,最后查询的优先级最低。中断服务程序如下:

```
void  int0(void) interrupt0 using0        //外部中断INT0的中断类型号为 0
{
  if(P20==1)
    inte1();                             //调用 inte1 函数,为扩展的外部中断源 1 服务
  else  if(P21==1)
    inte2();                             //调用 inte2 函数,为扩展的外部中断源 2 服务
  else  if(P22==1)
    inte3();                             //调用 inte3 函数,为扩展的外部中断源 3 服务
  else
    inte4();                             //调用 inte4 函数,为扩展的外部中断源 4 服务
```

本技能训练的"利用 Proteus 仿真软件仿真"和"采用实验板试验"的内容由读者自行完成。项目 8、项目 9 不再采用实验板试验。

自我测试

7-1　什么是中断？中断有什么优点？

7-2　什么是中断源？MCS-51 单片机有几个中断源,各中断标志是如何产生的,又如何清 0 的？CPU 响应中断时,它们的中断矢量地址分别是多少？

7-3　外部中断有哪两种触发方式？对触发脉冲或电平有什么要求？如何选择和设定？

7-4　MCS-51 单片机的中断系统有几个优先级？如何设定？

7-5　CPU 响应中断有哪些条件？在什么情况下中断响应会受阻？

7-6　MCS-51 单片机中断处理的过程如何描述？

7-7　试用中断方式设计秒发生器,即在 AT89C51 的 P1.0 口每秒产生一个机器周期的正脉冲,由 P1.1 口每分钟产生一个机器周期的正脉冲。

7-8　试用定时器中断技术设计一个秒闪电路,要求发光二极管 LED 每秒闪亮 400 ms,设时钟频率为 6 MHz。

项目 **8**　单片机串行通信的设计与实现

学习目标

(1)了解串行通信的基本概念。

(2)熟悉串行口的基本结构及相关寄存器的设置。

(3)掌握串行口的 4 种工作方式。

(4)掌握多机通信原理。

(5)掌握单片机点对点、点对多数据传输的设计方法及编程方法。

(6)学会利用 C51 对串行通信进行简单的编程。

项目描述

本项目使用两片 AT89C51 单片机实现点对点数据传输,以及多个 AT89S52 单片机,实现一主机多从机的通信。具体内容如下:

(1)将方式 0 用于扩展并行输出控制流水灯。

(2)基于方式 1 的单工通信。

(3)基于方式 3 的单工通信。

(4)单片机向计算机发送数据。

(5)单片机接收计算机发出的数据。

知识链接

单片机与外部的信息交换称为通信。单片机与外部最常用的通信方式是串行通信。串行通信通过内部的串行通信口与外围设备进行数据交换,在数据采集和信息处理等众多场合都有着重要的应用。

一、串行通信的概念

在计算机系统中,单片机之间的通信,通常采用两种形式:并行通信——各位数据同时进行传输的通信方式;串行通信——数据一位一位顺序传输的通信方式。

1. 并行通信和串行通信

(1)并行通信的特点:各位数据同时传送,传送速度快、效率高。但有多少数据位就需要有多少根数据线,因此传送成本高。在集成电路芯片的内部、同一插件板上各部件之间、同一机箱内各插件板之间等数据传送都是并行的。并行数据传送的距离通常小于 30 m。

并行通信通常是将收发设备的所有数据位用多条数据线连接并同时传送,如图 8-1 所示。

并行通信时除了数据线外还有通信控制线。发送设备在发送数据时要先检测接收设备的状态,若接收设备处于可以接收数据的状态,发送设备就发出选通信号。在选通信号的作用下,各位数据信号同时传送到接收设备。可以看出,传送 1 字节仅用了 1 个周期。

(2)串行通信的特点:数据传送按位顺序进行,最少只需要一根传输线即可完成,成本低,但速度慢。计算机与远程终端与终端之间的数据传送通常都是串行的。串行数据传送的距离可以从几米到几千千米。

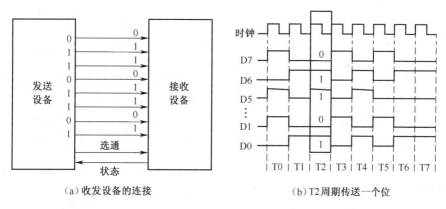

(a)收发设备的连接　　　　　　(b)T2周期传送一个位

图 8-1　并行通信示意图

串行通信是将数据字节分成一位一位的形式在一条传输线上逐个地传送,如图 8-2 所示。串行通信时,数据发送设备先将数据代码由并行形式转换成串行形式,然后一位一位地逐个放在传输线路上进行传送;数据接收设备将接收的串行位形式的数据转换成并行形式进行存储或处理。串行通信必须采取一定的方法进行数据传送的起始及停止控制。

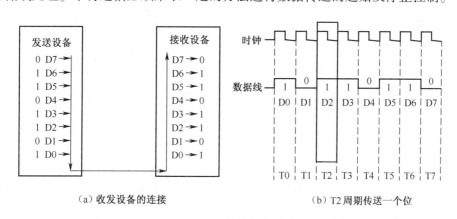

(a)收发设备的连接　　　　　　(b)T2周期传送一个位

图 8-2　串行通信示意图

2. 异步通信与同步通信

对于串行通信,数据信息和控制信息都要在一条线上实现。为了对数据信息和控制信息进行区分,收发双方要事先约定共同遵守的通信协议。通信协议约定内容包括:同步方式、数据格式、传输速率、检验方式。

依发送与接收时钟的配置方式,串行通信可以分为异步通信和同步通信。

(1)异步通信方式(Asynchronous Communication)。异步通信是指通信的发送与接收设备使用各自的时钟控制数据的发送和接收过程。为使双方的收发协调,要求发送设备和接收设备的时钟频率尽可能一致。异步通信示意图如图 8-3 所示。

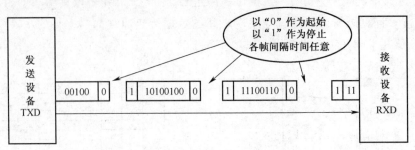

图 8-3　异步通信示意图

异步通信是以字符(构成的帧)为单位进行传输的,字符与字符之间的间隙(时间间隔)是任意的,但每个字符中的各位是以固定的时间传送的,即字符之间是异步的(字符之间不一定有"位间隔"的整数倍的关系),但同一字符内的各位是同步的(各位之间的距离均为"位间隔"的整数倍)。

异步通信也要求发送设备与接收设备传送数据的同步,采用的办法是使传送的每一个字符都以起始位 0 开始,以停止位 1 结束。这样,传送的每一帧都用起始位来进行收发双方的同步。停止位和间隙作为时钟频率偏差的缓冲,即使收发双方时钟频率略有偏差,积累的误差也仅限制在本帧之内。异步通信的帧格式如图 8-4 所示。

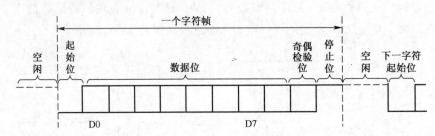

图 8-4　异步通信的帧格式

由图 8-4 可见,异步通信的每帧数据由 4 部分组成:起始位(1 位)、数据位(8 位)、奇偶检验位(1 位,可无检验位)和停止位(1 位)。各部分功能如下:

①起始位:位于字符帧开始,只占 1 位,始终为逻辑 0(低电平),用于向接收设备表示发送端开始发送一帧信息。

②数据位:紧跟在起始位之后,用户根据情况可取 5 位、6 位、7 位或 8 位,低位在前、高位在后。若所传数据为 ASCⅡ字符,则常取 7 位。

③奇偶检验位:位于数据位之后,仅占 1 位,用来表征串行通信采用奇检验还是偶检验,用户可根据需要决定。

④停止位:位于字符帧末尾,为逻辑 1(高电平),通常取 1 位、1.5 位或 2 位,用于向接收端表示一帧字符信息已发送完毕,也为发送下一帧字符做准备。

在异步通信中,为了确保收发双方通信协调,事先必须设置好波特率。波特率是指单位时间内被传送的二进制数据的位数,以 Bd 为单位。同时是衡量串行数据传输快慢的重要指标和参数。假设数据传输的速率是 120 字符/s,字符为 10 位,则传输的波特率为

$$10b/字符×120 字符/s = 1\ 200\ Bd$$

每一位传输的时间 T_d 为波特率的倒数,则:

$$T_d = \frac{1}{1\ 200\ s} = 0.833\ ms$$

异步通信的特点是不要求收发双方时钟频率的严格一致,实现容易,设备开销较小,但每个字符要附加 2~3 位,用于起止位,各帧之间还有间隔,因此传输效率不高。

(2)同步通信方式(Synchronous Communication)。同步通信时要建立发送方时钟对接收方时钟的直接控制,使双方达到完全同步。同步通信传输效率高。

由于 80C51 的串行口属于通用的异步收发器(UART),所以本书只讨论异步通信。

(3)串行通信的方式。在串行通信中,数据是在两个站之间传送的。按照数据传送方向及时间关系可分为:单工、半双工和全双工 3 种传送方式,如图 8-5 所示。

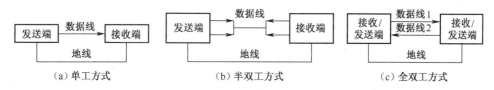

（a）单工方式　　　　（b）半双工方式　　　　（c）全双工方式

图 8-5　3 种串行通信方式

①单工方式。在单工方式下通信线的一端接发送端,另一端接接收端,它们形成单向连接,只允许数据按照一个固定方向传送,如图 8-5(a)所示,数据只能单方向传送。

②半双工方式。在半双工方式下,系统中的每个通信设备都由一个发送器和一个接收器组成,通过收发开关接到通信线上,如图 8-5(b)所示。在这种方式下,数据能够实现双方向传送,但任何时刻只能由其中的一方发送数据,另一方接收数据。其收发开关并不是实际的物理开关,而是由软件控制的电子开关,通信线两端通过半双工协议进行功能切换。

③全双工方式。虽然半双工比单工方式灵活,但它的效率依然很低,可以通过采用信道划分技术来克服它的这个缺点。在图 8-5(c)所示的全双工方式中,不是交替发送和接收,而是同时发送和接收。全双工通信系统的每端都含有发送器和接收器,数据可以同时在两个方向上传送。

需要注意的是,尽管许多串行通信接口电路具有全双工功能,但在实际应用中,大多数情况下只工作于半双工方式,即两个工作站通常并不同时收发。这种用法并无害处,虽然没有充分发挥效率,但简单、实用。

(4)串行通信的奇偶检验。通信线路可能受到干扰,所以通信过程中就有可能产生错误。为了确保数据的正确传输,最简单且常用的方法就是奇偶检验。

单片机的特殊功能寄存器中有一个程序状态字寄存器(PSW),它的最低位 P 称为奇偶检验位。如果累加器 ACC 中的"1"的个数为偶数,则 P=0;如果为奇数,则 P=1。假如要传送数据"10101110"(奇数个"1",P=1),接收到数据后,要对数据奇偶检验,如果 P=1,则认为数据传输正确;如果 P=0(偶数个"1"),则认为数据传输错误,通过发送方,再次传送数据。

二、串行通信的结构

MCS-51 单片机有一个可编程的全双工串行通信接口,通过它可进行异步通信,其内部结构如图 8-6 所示。

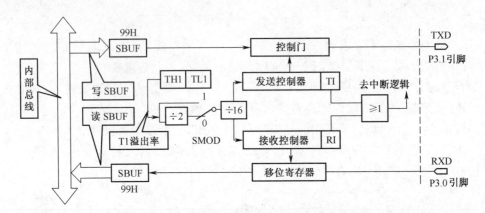

图 8-6　MCS-51 单片机串行通信接口的内部结构

(1)两个数据缓冲器。SBUF 是一个特殊功能寄存器,它包括发送数据缓冲寄存器 SBUF 和接收数据缓冲寄存器 SBUF。前者用来发送串行数据,后者用来接收串行数据。它们共用同一个地址 99H。发送数据时,该地址指向发送数据缓冲寄存器 SBUF;接收数据时,该地址指向接收数据缓冲寄存器 SBUF。可同时发送、接收数据(全双工)。发送缓冲器只能写入,不能读出;接收缓冲器只能读出,不能写入。

(2)输入移位寄存器。输入移位寄存器的功能是在接收控制器的控制下,将输入的数据逐位移入接收数据缓冲寄存器 SBUF。

(3)串行控制寄存器(SCON)。串行控制寄存器(SCON)的功能是控制串行通信的工作方式,并反映串行通信口的工作状态。

(4)定时器 T1。定时器 T1 用作波特率发生器,控制传输数据的速度。

三、串行通信的控制

在 MCS-51 单片机的特殊功能寄存器中,有 4 个寄存器与串行通信有关,分别为 SCON、PCON、IE 和 IP。其中,SCON 和 PCON 直接控制串行口的工作方式。

1. 串行控制寄存器(SCON)

SCON 是一个特殊功能寄存器,用于设定串行口的工作方式、接收/发送状态控制以及设置状态标志。字节地址为 98H。可字节寻址又可位寻址,SCON 的格式见表 8-1。

表 8-1　串行口控制寄存器(SCON)的格式

位地址	9FH	9EH	9DH	9CH	9BH	9AH	99H	98H
位名称	SM0	SM1	SM2	REN	TB8	RB8	TI	RI

(1)SM0、SM1:工作方式选择位。可选择 4 种工作方式,见表 8-2。

表 8-2 串行口的 4 种工作方式

SM0 SM1	方式	功 能 说 明
0　0	0	同步移位寄存器方式(用于控制 I/O 口)$f_{osc}/12$
0　1	1	8 位异步收发,波特率可变(由定时器 T1 设置)
1　0	2	8 位异步收发,波特率为 $f_{osc}/64$ 或 $f_{osc}/32$
1　1	3	9 位异步收发,波特率可变(由定时器 T1 设置)

(2)SM2:多机通信控制位。主要用于方式 2 和方式 3 的多机通信情况。SM2＝1 时,允许多机通信;SM2＝0 时,禁止多机通信。

(3)REN:允许串行接收位。若软件置 REN＝1,则启动串行口接收数据;若软件置 REN＝0,则禁止串行口接收数据。

(4)TB8:在方式 2 或方式 3 中,是发送数据的第 9 位,可以用软件规定其作用。可以用作数据的奇偶检验位,或在多机通信中,作为地址帧/数据帧的标志位。在方式 0 和方式 1 中,该位未用。

(5)RB8:在方式 2 或方式 3 中,是接收数据的第 9 位,作为奇偶检验位或地址帧/数据帧的标志位。在方式 1 时,若 SM2＝0,则 RB8 是接收到的停止位。

(6)TI:发送中断标志位。在方式 0 时,当串行发送第 8 位数据结束时,或在其他方式,串行发送停止位的开始时,由内部硬件使 TI 置 1,向 CPU 发中断申请。在中断服务程序中,必须用软件将其清 0,取消此中断申请。

(7)RI:接收中断标志位。在方式 0 时,当串行接收第 8 位数据结束时,或在其他方式,串行接收停止位的开始时,由内部硬件使 RI 置 1,向 CPU 发中断申请。在中断服务程序中,必须用软件将其清 0,取消此中断申请。

在系统复位时,SCON 的所有位均被清 0。

2. 电源控制寄存器(PCON)

电源控制寄存器(PCON)。不能进行位寻址。PCON 中的第 7 位 SMOD 与串行口有关。字节地址为 97H。PCON 的格式见表 8-3。

表 8-3 电源控制寄存器(PCON)的格式

位	D7	D6	D5	D4	D3	D2	D1	D0
位名称	SMOD	—	—	—	GF1	GF0	PD	IDL

SMOD:波特率倍增位。在串行口方式 1、方式 2、方式 3 时,波特率与 SMOD 有关,当 SMOD＝1 时,波特率提高一倍。当系统复位时,SMOD＝0。控制字中其余各位与串行口无关。

3.4 种工作方式与波特率的设置

MCS-51 单片机有 4 种工作方式,即方式 0、方式 1、方式 2 和方式 3。由串行口控制寄存器(SCON)中 SM0、SM1 决定。

(1)方式 0。SM0SM1＝00 时,串行口工作于方式 0。

①数据发送。当串行口工作在方式 0 时,若要发送数据,通常需要外接 8 位串/并转换移位寄存器 74LS164,具体发送电路如图 8-7 所示。其中,RXD 端用来输出串行数据;TXD 端

用来输出移位脉冲;P1.7 引脚用来对 74LS164 进行清 0。

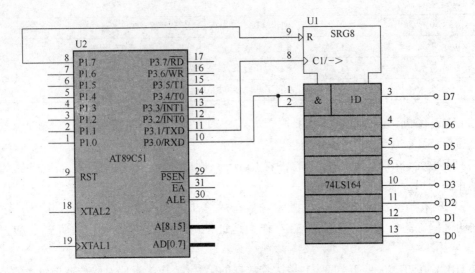

图 8-7　串行通信在方式 0 时的发送电路

　　发送数据前,P1.7 引脚先发出一个清 0 信号(低电平)到 74LS164 的第 9 引脚,对其进行清 0,让 D0~D7 全部为"0"。然后让单片机执行写 SBUF 命令,只要将数据写入 SBUF,单片机即自动开始数据发送,从 RXD(P3.0)引脚送出 8 位数据。与此同时,单片机 TXD 端输出移位脉冲到 74LS164 的第 8 引脚(时钟引脚),使 74LS164 按照先低位后高位的顺序从 RXD 端接收 8 位数据。数据发送完毕,74LS164 的 D0~D7 端即输出 8 位数据。最后,数据发送完毕后,SCON 的发送中断标志位 T1 自动置"1"。如果要继续发送数据,需要用软件将其清 0。

　　②数据接收。若要接收数据,通常需要外接 8 位并/串转换移位寄存器 74LS165,具体接收电路如图 8-8 所示。这时,RXD 端用来接收输入的串行数据,TXD 端用来输出移位脉冲,P3.7 端用来对 74LS165 的数据进行锁存。

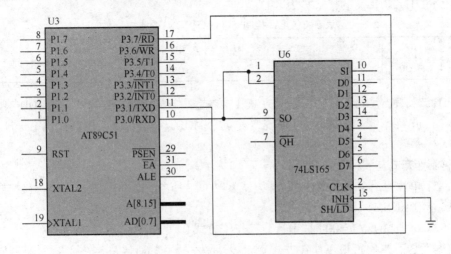

图 8-8　串行通信在方式 0 时的接收电路

首先从 P3.7 引脚发出一个低电平信号到 74LS165 的第 1 引脚,锁存由 D0~D7 端输入的 8 位数据,然后由单片机执行读 SBUF 指令(开始接收数据)。同时,TXD 端送移位脉冲到 74LS165 的第 2 引脚(CLK 端),使数据逐位从 RXD 端送入单片机。在串行口接收到一帧数据后,中断标志 RI 中断置位,如果要继续接收数据,需要用软件将 RI 清 0。

在方式 0 中,串行通信口发送和接收数据的波特率都是 $f_{osc}/12$。

(2)方式 1。当 SM0SM1=01 时,串行口工作在方式 1。此时,可发送或接收的一帧信息共 10 位,1 位起始位(高电平"0")、8 位数据位(D0~D7)和 1 位停止位(低电平"1")。

①数据发送。发送数据时,只要指令将数据写入发送缓冲 SBUF 时,发送控制器在移位脉冲(由定时器 T1 产生的信号经 16 分频或 32 分频得到)的控制下,先从 TXD 引脚输出 1 位起始位,然后再逐位将 8 位数据从 TXD 端送出,当最后一位数据发送完毕,发送控制器立即将 SCON 的 TI 位置"1",向 CPU 发出中断请求,同时从 TXD 端输出停止位(高电平)。

②数据接收。在 REN=1 时,方式 1 允许接收。串行口开始采样 RXD 引脚,当采样到由"1"至"0"的负跳变信号时,确认是开始位 0,就开始启动接收,将输入的 8 位数据逐位移入内部的输入移位寄存器。如果接收不到起始位,则重新检测 RXD 引脚上是否有负跳变信号。

当一帧数据接收完毕以后,必须同时满足以下两个条件,这帧数据接收才真正有效。

a. RI=0,即无中断请求,或者在上一帧数据接收完成时,RI=1 发出的中断请求已被响应,SBUF 中的数据已被取走,SBUF 已空。

b. SM2=0。

若这两个条件不能同时满足时,接收到的数据不装入 SBUF,该帧数据将丢弃。

(3)方式 2。当 SM0SM1=10 时,串行口工作在方式 2。工作在方式 2 时,每帧数据均为 11 位,即 1 位起始位 0,8 位数据位,1 位可编程的第 9 位数据和 1 位停止位。其中第 9 位数据(TB8)可作奇偶检验位,也可作多机通信数据、地址标志位。

①数据发送。发送前,先根据通信协议由软件设置 TB8(第 9 位数据),然后将要发送的数据写入 SBUF,即可启动发送过程。串行口能自动将 TB8 取走,并装入到第 9 位数据位的位置,再逐一发送出去。发送一帧信息后,则将 TI 置"1"。

②数据接收。在方式 2 时,需要先设置 SCON 中的 REN=1,串行口才允许接收数据,然后当 RXD 端检测到有负跳变时,即说明外围设备发来了数据的起始位,开始接收此帧数据的其余数据。

当一帧数据接收完毕后,必须同时满足以下两个条件,这帧数据接收才真正有效。

a. RI=0,意味着接收缓冲器为空。

b. SM2=0。

当上述两个条件满足时,接收到的数据送入 SBUF,第 9 位数据送入 RB8,并由硬件自动置 RI 为 1。若不满足这两个条件,接收的信息将被丢弃。

(4)方式 3。当 SM0SM1=11 时,串行口工作在方式 3。

方式 3 与方式 2 一样,传送一帧数据都是 11 位的,工作原理也相同。两者区别仅在于波特率不同。

(5)波特率的设置。在串行通信中,为了保证数据发送和接收的成功,要求发送方发送数据的速率和接收方接收数据的速率必须相同,这就需要将双方的波特率设置为相同。

由于设置波特率比较麻烦,且在一般情况下常用的波特率足以满足实际应用。因此,本书不介绍设置波特率的计算方法,而是直接给出常用波特率、晶振频率和定时器计数初值之间的关系,见表8-4,应用时查表即可。

表8-4 常用波特率、晶振频率和定时器计数初值之间的关系

工作方式	常用波特率/Bd	晶振频率/MHz	SMOD	TH1 初值
1、3	19 200	11.059 2	1	FDH
1、3	9 600	11.059 2	0	FDH
1、3	4 800	11.059 2	0	FAH
1、3	2 400	11.059 2	0	F4H
1、3	1 200	11.059 2	0	E8H

注:晶振频率选用 11.059 2 MHz 时,极易获得标准波特率。

四、单片机点对多数据传输

(一)MCS-51 单片机多机通信技术

1. 多机通信原理

多机通信时,主机向从机发送的信息分为地址帧和数据帧两类,以第9位可编程 TB8 作为区分标志。

TB8=0:表示发送的信息为数据帧;

TB8=1:表示发送的信息为地址帧。

多机通信充分利用了 MCS-51 单片机串行控制寄存器(SCON)中的多机通信控制位 SM2 的特性。

当 SM2=1 时,CPU 接收的前8位数据是否送入 SBUF 取决于接收的第9位 RB8 的状态:若 TB8=1,将接收到的前8位数据送入 SBUF,并置位 R1 产生中断请求;若 TB8=0,则接收到的前8位数据丢弃。即当从机 SM2=1 时,从机只能接收主机发送的地址帧(RB8=1),对数据帧(RB8=0)不予理睬;当从机 SM2=0 时,从机可接收主机发送的所有信息。

通信开始时,主机首先发送地址帧。由于各从机的 SM2=1 和 RB8=1,所以各从机均分别发出串行接收中断请求,通过串行中断服务程序来判断主机发送的地址与本从机地址是否相符。如果相符,则把自身的 SM2 清0,以准备接收随后传送来的数据帧。其余从机由于地址不符,则仍保持 SM2=1 状态,因而不能接收主机送来的数据帧。这就是多机通信中主、从机一对一的通信情况。这种通信只能在主、从机之间进行,如果想在两个从机之间进行通信,则要通过主机作为中介才能实现。

2. 多机通信过程

(1)主、从机工作在方式2或方式3,主机置 SM2=0,REN=1;从机置 SM2=1,REN=1。

(2)主机置位 TB8=1,向从机发送寻址地址帧,各从机因满足接收条件(SM2=1,RB8=1),从而接收到主机发来的地址,并与本从机地址进行比较。

（3）地址一致的从机（未被寻址机）保持 SM2＝1。

（4）主机核对返回的地址，若与此前发出的地址一致，则准备发送数据；若不一致，则返回第（2）步重新发送地址帧。

（5）主机向从机发送数据，此时主机 TB8＝0，只有被选中的那台从机能接收到该数据，其他从机则舍弃该数据。

（6）本次通信结束后，从机重新置 SM2＝1，等待下次通信。

3.RS-232-C 串行通信总线及其接口

RS-232-C 是使用最早、应用最多的一种异步串行通信总线标准，它是数据终端设备（DTE）和数据通信设备（DCE）之间串行二进制数据交换接口技术标准。由于 MCS-51 单片机本身有一个异步串行通信接口，因此该系列单片机用 RS-232-C 串行接口总线极为方便。

RS-232-C 采用按位串行方式。RS-232-C 传递信息的格式标准对所传递的信息规定如下，格式标准如图 8-9 所示。

（1）信息的开始为起始位，信息的结尾为停止位，它可以是 1 位、1.5 位或 2 位。

（2）信息本身可以是 5 位、6 位、7 位、8 位再加 1 位奇偶检验位。

（3）如果两个信息之间无信息，则应写"1"，表示空。

RS-232-C 传输速率规定 19 200 bit/s、9 600 bit/s、4 800 bit/s、2 400 bit/s、600 bit/s、300 bit/s、150 bit/s、110 bit/s、75 bit/s、50 bit/s，RS-232-C 接口总线的传送距离一般不超过50 m。

RS-232-C 的电平使用下面的负逻辑：

低电平"0"：+5~+15 V；高电平"1"：-5~-15 V。

因此 RS-232-C 不能和 TTL 电平直接相连，使用时必须加上适当的接口，否则将使 TTL 电路烧毁。实际使用时，RS-232-C 和 TTL 电平之间必须进行电平转换，可采用 MAX232 集成电路转换，图 8-10 为其引脚图。

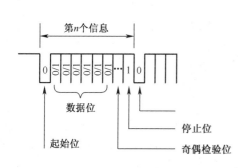

图 8-9　RS-232-C 数据传输格式

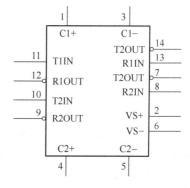

图 8-10　MAX232 引脚图

（二）MCS-51 单片机点对多数据传输电路设计

根据技能训练任务要求，主机发送的信息可以传到各个从机或指定的从机，各从机发送的信息只能被主机接收。单片机点对多数据传输电路包含点对多通信发送电路、点对多通信接收电路和通信连接等部分。

1. 点对多通信发送电路

点对多通信发送电路由 AT89S52 单片机最小应用系统、转换电路构成。转换电路可以完成 TTL 电平与 RS-232-C 电平之间的转换,由 MAX232 芯片实现。点对多通信发送端电路如图 8-11 所示。

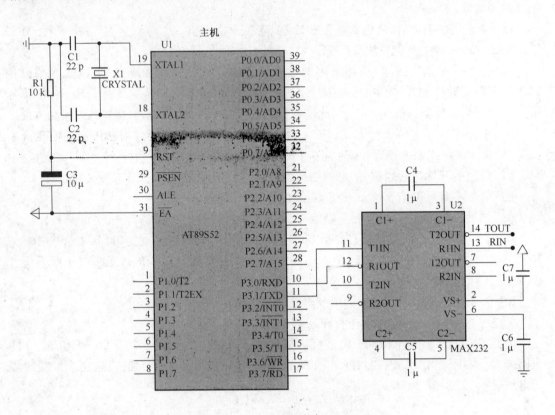

图 8-11　点对多通信发送端电路

2. 点对多通信接收电路

点对多通信接收电路由 AT89S52 单片机最小应用系统、转换电路、从机地址设置电路、LED 指示电路构成。点对多通信接收端如图 8-12 所示。

转换电路可以完成 TTL 电平与 RS-232-C 电平之间的转换,由 MAX232 芯片实现;从机地址设置电路,在单片机 P1.0~P1.3 这 4 个引脚上连接了 4 个拨动开关,来设置该从机地址,这样就可以依此来确定从机地址;LED 指示电路,在单片机 P1.0 引脚上连接一个 LED,当数据接收成功时 LED 将被点亮。

最后,用 Proteus 仿真软件完成点对多通信接收电路设计。运行 Proteus 软件,新建"点对多通信电路"设计文件。按照图 8-12 所示放置并编辑 AT89S52、CRYSTAL、CAP、CAP-ELEC、RES、LED-GREEN、DIPSW-4、RESPACK-7 和 MAX232 等元器件。完成单片机点对多数据传输电路设计后,进行电气规则检测。

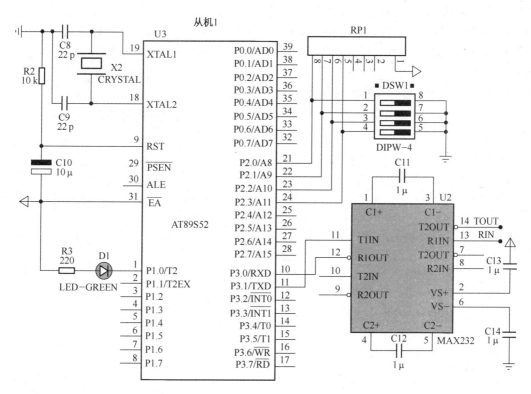

图 8-12 点对多通信接收电路

项目实施

【技能训练 8.1】 将方式 0 用于扩展并行输出控制流水灯

将方式 0 用于扩展并行输出控制流水灯,使用单片机串行口 RXD 端将一段流水灯控制码送至串/并转换移位寄存器 74LS164,循环点亮 8 个 LED,电路原理图及其仿真效果如图 8-13 所示。

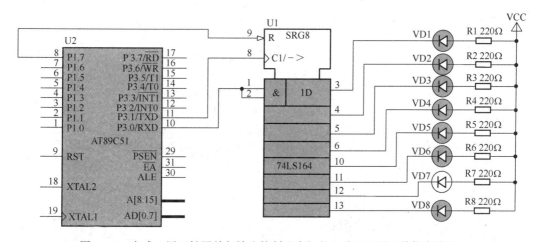

图 8-13 方式 0 用于扩展并行输出控制流水灯的电路原理图及其仿真效果

1. 实现方法

本训练要使用方式 0,只要设置串行控制寄存器 SCON,使 SM0=0,SM1=0 即可。

让 P1.7 引脚先发出一个清 0 信号(低电平)到 74LS164 的第 9 引脚,然后将数据写入 SBUF,单片机即可自动启动数据发送,移位脉冲同样由 TXD 自动送出。

2. 将方式 0 用于扩展并行输出控制流水灯的程序设计

先建立文件夹"ex8.1",然后建立"ex8.1"工程项目,最后建立源程序文件"ex8.1.c",输入如下源程序:

```
//技能训练 8.1:将方式 0 用于扩展并行输出控制流水灯
#include<reg51.h>              //包含单片机寄存器的头文件
#include<intrins.h>            //包含函数_nop_()定义的头文件
unsigned char code Tab[]={0xfe,0xfd,0xfb,0xf7,0xef,0xdf,0xbf,0x7f};
                             //流水灯控制码,该数组被定义为全局变量
sbit P17=P1^7;
/* * * * * * * * * * * * * * * * * * * * * * * * * * * * * * * * * * * * * * *
函数功能:延时约 150 ms
* * * * * * * * * * * * * * * * * * * * * * * * * * * * * * * * * * * * * * */
void delay(void)
{
    unsigned char m,n;
    for(m=0;m<200;m++)
    for(n=0;n<250;n++)
        ;
}
/* * * * * * * * * * * * * * * * * * * * * * * * * * * * * * * * * * * * * * *
函数功能:发送 1 字节的数据
* * * * * * * * * * * * * * * * * * * * * * * * * * * * * * * * * * * * * * */
void Send(unsigned char dat)
{
    P17=0;                    //P1.7 引脚输出清 0 信号,对 74LS164 清 0
    _nop_();                  //延时 1 个机器周期
    _nop_();                  //延时 1 个机器周期,保证清 0 完成
    P17=1;                    //结束对 74LS164 的清 0
    SBUF=dat;                 //将数据写入发送缓冲器,启动发送
    while(TI==0)              //若没有发送完毕,等待
      ;
    TI=0;                     //发送完毕,TI 被置"1",需将其清 0
}
/* * * * * * * * * * * * * * * * * * * * * * * * * * * * * * * * * * * * * * *
函数功能:主函数
* * * * * * * * * * * * * * * * * * * * * * * * * * * * * * * * * * * * * * */
void main(void)
```

```
    }
unsigned char i;
SCON = 0x00;                 // SCON = 00000000B,使串行口工作于方式 0
while(1)
  {
    for(i = 0;i<8;i++)
      {
        Send(Tab[i]);        // 发送数据
        delay();             // 延时
      }
  }
}
```

3. 利用 Proteus 仿真软件仿真

经 Keil C51 软件编译通过后,可利用 Proteus 仿真软件进行仿真。在 Proteus ISIS 编辑环境中绘制仿真电路图,或者打开计算机中的"仿真训练 8\ex8.1"文件夹内的"ex8.1.DSN"仿真原理图文件,将编译好的"ex8.1.hex"文件载入 AT89C51。启动仿真,即可看到 8 个 LED 流水点亮。

【技能训练8.2】　基于方式1的单工通信

基于方式1的单工通信是使用单片机 U1 通过串行口 TXD 端将一段流水灯控制码以方式 1 发送至单片机 U2 的 RXD,U2 再利用该段流水灯控制码点亮其 P1 口的 8 个 LED。本训练的电路原理图及其仿真效果如图 8-14 所示。

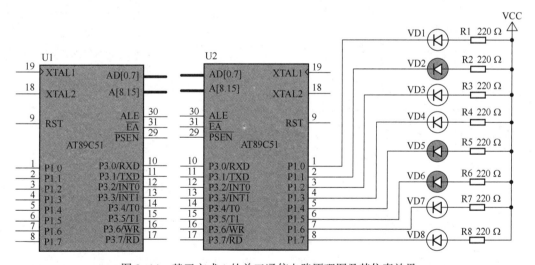

图 8-14　基于方式1的单工通信电路原理图及其仿真效果

1. 实现方法

本训练需针对两个单片机 U1 和 U2 分别设计两个程序:程序 1 完成数据发送任务(对 U1);程序 2 完成数据接收任务(对 U2)。根据任务要求,对单片机 U1 编程时,需要令 SM = 0,SM1 = 1;对单片机 U2 编程时,除了需要令 SM = 0,SM1 = 1,还需设置 REN = 1,使接收允许。本例选择波特率为 9600Bd,由表 8-4 可得:SMOD = 0,TH1 = FDH。

2. 基于方式1的单工通信的程序设计

(1)单片机 U1 的数据发送程序。先建立一个文件目录"ex8.2"，再建立子文件夹"send"，然后建立"send"工程项目，最后建立源程序文件"send.c"，输入如下源程序：

```c
//技能训练 8.2.1:数据发送程序
#include<reg51.h>                    //包含单片机寄存器的头文件
unsigned char code Tab[]={0xfe,0xfd,0xfb,0xf7,0xef,0xdf,0xbf,0x7f};
                                     //流水灯控制码,该数组被定义为全局变量
/* * * * * * * * * * * * * * * * * * * * * * * * * * * * * * * * * * * * * *
函数功能:向 PC 发送 1 字节数据
* * * * * * * * * * * * * * * * * * * * * * * * * * * * * * * * * * * * * */
void Send(unsigned char dat)
{
   SBUF=dat;                         //将待发送数据写入发送缓冲器
   while(TI==0)                      //若发送中断标志位没有置"1"(正在发送)就等待
      ;                              //空操作
   TI=0;                             //用软件将 TI 清 0
}
/* * * * * * * * * * * * * * * * * * * * * * * * * * * * * * * * * * * * * *
函数功能:延时约 150 ms
* * * * * * * * * * * * * * * * * * * * * * * * * * * * * * * * * * * * * */
void delay(void)
{
   unsigned char m,n;
   for(m=0;m<200;m++)
   for(n=0;n<250;n++)
       ;
}
/* * * * * * * * * * * * * * * * * * * * * * * * * * * * * * * * * * * * * *
函数功能:主函数
* * * * * * * * * * * * * * * * * * * * * * * * * * * * * * * * * * * * * */
void main(void)
{
   unsigned char i;
   TMOD=0x20;                        //TMOD=00100000B,定时器 T1 工作于方式 2
   SCON=0x40;                        //SCON=01000000B,串行口工作于方式 1
   PCON=0x00;                        //PCON=00000000B,波特率 9 600 Bd
   TH1=0xfd;                         //根据规定给定时器 T1 高 8 位赋初值
   TL1=0xfd;                         //根据规定给定时器 T1 低 8 位赋初值
   TR1=1;                            //启动定时器 T1
   while(1)
     {
       for(i=0;i<8;i++)              //一共 8 位流水灯控制码
```

```
    {
    Send(Tab[i]);                    //发送数据 i
    delay();                         //150 ms 发送一次数据(等待 150 ms 再发送一次数据)
    }
  }
}
```

（2）单片机 U2 的数据接收程序。先建立一个文件目录"ex8.2"，再建立子文件夹"receive"，然后建立"receive"工程项目，最后建立源程序文件"receive.c"，输入如下源程序：

```
//技能训练 8.2.2:数据接收程序
#include<reg51.h>                    //包含单片机寄存器的头文件
/* * * * * * * * * * * * * * * * * * * * * * * * * * * * * * * * * * *
函数功能:接收 1 字节数据
* * * * * * * * * * * * * * * * * * * * * * * * * * * * * * * * * * */
unsigned char Receive(void)
{
  unsigned char dat;
  while(RI==0)                       //只要接收中断标志位 RI 没有被置"1"
       ;                             //等待,直至接收完毕(RI=1)
  RI=0;                              //为了接收下一帧数据,需要将 RI 清 0
  dat=SBUF;                          //将接收缓冲器中的数据存于 dat
  return dat;
}
/* * * * * * * * * * * * * * * * * * * * * * * * * * * * * * * * * * *
函数功能:主函数
* * * * * * * * * * * * * * * * * * * * * * * * * * * * * * * * * * */
void main(void)
{
    TMOD=0x20;                       //定时器 T1 工作于方式 2
    SCON=0x50;                       //SCON=01010000B,串行口工作于方式 1,允许接收(REN=1)
    PCON=0x00;                       //PCON=00000000B,波特率 9 600 Bd
    TH1=0xfd;                        //根据规定给定时器 T1 高 8 位赋初值
    TL1=0xfd;                        //根据规定给定时器 T1 低 8 位赋初值
    TR1=1;                           //启动定时器 T1
    REN=1;                           //允许接收
    while(1)
  {
    P1=Receive();                    //将接收到的数据送 P1 口显示
  }
}
```

3. 利用 Proteus 仿真软件仿真

经 Keil C51 软件编译通过后，可利用 Proteus 仿真软件进行仿真。在 Proteus ISIS 编辑环境中绘制仿真电路图，或者打开计算机中的"仿真实例 8\ex8.2"文件夹内的"ex8.2.DSN"仿真原理图文件,将编译好的"ex8.2.hex"文件载入 AT89C51。启动仿真,即可看到单片机 U2 的 P1 口 8 个 LED 流水点亮。

【技能训练8.3】 基于方式3的单工通信

基于方式 3 的单工通信是使用单片机 U1 通过串行口 TXD 端将一段流水灯控制码以方式 3 发送至单片机 U2 的 RXD,U2 再利用该段流水灯控制码点亮其 P1 口的 8 个 LED。本训练的电路原理图如图 8-14 所示。

1. 实现方法

本训练的通信方式比方式 1 多了一个可编程位 TB8,该位用作奇偶检验位。接收到的 8 位二进制数据有可能出错,需要进行奇偶检验。其方法是将单片机 U2 的 RB8 和 PSW 的奇偶检验位比较。如果相同,接收数据;否则,拒绝接收。

2. 基于方式3的单工通信的程序设计

(1)单片机 U1 的数据发送程序。先建立一个文件目录"ex8.3",再建立子文件夹 "send",然后建立"send"工程项目,最后建立源程序文件"send.c",输入如下源程序:

```c
//技能训练8.3.1:数据发送程序
#include<reg51.h>           //包含单片机寄存器的头文件
sbit p=PSW^0;               //将p位定义为程序状态字寄存器的第0位(奇偶检验)
unsigned char code Tab[]={0xfe,0xfd,0xfb,0xf7,0xef,0xdf,0xbf,0x7f};
                           //流水灯控制码,该数组被定义为全局变量
/* * * * * * * * * * * * * * * * * * * * * * * * * * * * * * * * * * * *
函数功能:向 PC 发送 1 字节数据
* * * * * * * * * * * * * * * * * * * * * * * * * * * * * * * * * * * */
void Send(unsigned char dat)
{
  ACC=dat;
  TB8=p;                    //将奇偶检验位写入 TB8
  SBUF=dat;                 //将待发送数据写入发送缓冲器
  while(TI==0)              //若发送标志位没有置"1"(正在发送),就等待
    ;                      //空操作
  TI=0;                    //用软件将 TI 清 0
}
/* * * * * * * * * * * * * * * * * * * * * * * * * * * * * * * * * * * *
函数功能:延时约150 ms
* * * * * * * * * * * * * * * * * * * * * * * * * * * * * * * * * * * */
void delay(void)
{
  unsigned char m,n;
  for(m=0;m<200;m++)
  for(n=0;n<250;n++)
      ;
}
/* * * * * * * * * * * * * * * * * * * * * * * * * * * * * * * * * * * *
```

函数功能:主函数

```
* * * * * * * * * * * * * * * * * * * * * * * * * * * * * * * * * * * * * /
void main(void)
{
  unsigned char i;
  TMOD = 0x20;              //TMOD = 00100000B,定时器 T1 工作于方式 2
  SCON = 0xc0;             //SCON = 11000000B,串行口工作于方式 3,
                          //SM2 置 0,不使用多机通信,TB8 置 0
  PCON = 0x00;            //PCON = 00000000B,波特率 9 600 Bd
  TH1 = 0xfd;             //根据规定给定时器 T1 高 8 位赋初值
  TL1 = 0xfd;             //根据规定给定时器 T1 低 8 位赋初值
  TR1 = 1;               //启动定时器 T1
  while(1)
    {
      for(i = 0;i<8;i++)    //一共 8 位流水灯控制码
        {
          Send(Tab[i]);     //发送数据 i
          delay();        //每 150 ms 发送一次数据(等待 150 ms 后再发送一次数据)
        }
    }
}
```

(2)单片机 U2 的数据接收程序。先建立一个文件目录"ex 8.3",再建立子文件夹"re-
ceive",然后建立"receive"工程项目,最后建立源程序文件"receive. c",输入如下源程序:

```
//技能训练 8.3.2:数据接收程序
#include<reg51.h>          //包含单片机寄存器的头文件
sbit p = PSW^0;
/* * * * * * * * * * * * * * * * * * * * * * * * * * * * * * * * * * * * *
函数功能:接收 1 字节数据
* * * * * * * * * * * * * * * * * * * * * * * * * * * * * * * * * * * * * /
unsigned char Receive(void)
{
  unsigned char dat;
  while(RI == 0)           //只要接收中断标志位 RI 没有被置"1"
      ;                   //等待,直至接收完毕(RI = 1)
  RI = 0;                //为了接收下一帧数据,需要将 RI 清 0
  ACC = SBUF;            //将接收缓冲器中的数据存于 ACC
  if(RB8 == p)           //只有奇偶检验成功才能接收数据
    {
      dat = ACC;          //将数据存入 dat
      return dat;         //将接收的数据返回
    }
}
```

```
/* * * * * * * * * * * * * * * * * * * * * * * * * * * * * * * * *
函数功能:主函数
* * * * * * * * * * * * * * * * * * * * * * * * * * * * * * * * */
void main(void)
{
    TMOD = 0x20;              //定时器 T1 工作于方式 2
    SCON = 0xd0;              //SCON = 11010000B,串行口工作于方式 3,允许接收(REN = 1)
    PCON = 0x00;              //PCON = 00000000B,波特率 9 600 Bd
    TH1 = 0xfd;               //根据规定给定时器高 8 位 T1 赋初值
    TL1 = 0xfd;               //根据规定给定时器低 8 位 T1 赋初值
    TR1 = 1;                  //启动定时器 T1
    REN = 1;                  //允许接收
    while(1)
    {
        P1 = Receive();       //将接收到的数据送 P1 口显示
    }
}
```

3. 利用 Proteus 仿真软件仿真

经 Keil C51 软件编译通过后,可利用 Proteus 仿真软件进行仿真。在 Proteus ISIS 编辑环境中绘制仿真电路图,或者打开计算机中的"仿真训练 8\ex8.3"文件夹内的"ex8.3. DSN"仿真原理图文件,将编译好的"ex8.3. hex"文件载入 AT89C51。启动仿真,即可看到单片机 U2 的 P1 口 8 个 LED 流水点亮。

【技能训练 8.4】 单片机向计算机发送数据

单片机向计算机发送数据的电路原理图如图 8-15 所示,要求单片机 U1 通过其串行口 TXD 端向计算机发送一组数据"0xab"。图 8-15 中集成电路芯片 MAX232 的作用是为了将单片机的输出信号转化为计算机能够识别的信号。

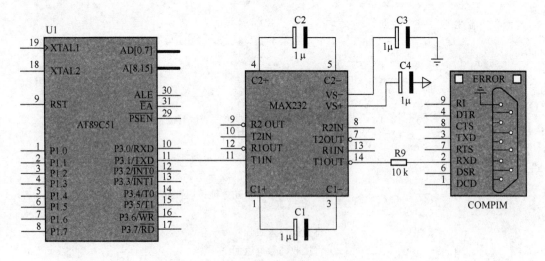

图 8-15 单片机向计算机发送数据的电路原理图

1. 实现方法

要实现单片机和计算机的通信,首先需要解决单片机和计算机的电平转换问题,而这个转换可由专门的集成电路芯片 MAX232 完成。

为了能够在计算机端看到单片机发出数据,较好的方法是借助于调试软件“串口调试助手”(该软件可免费从网上下载),运行界面如图 8-16 所示,可设定串口号、波特率、检验位等参数,非常方便。

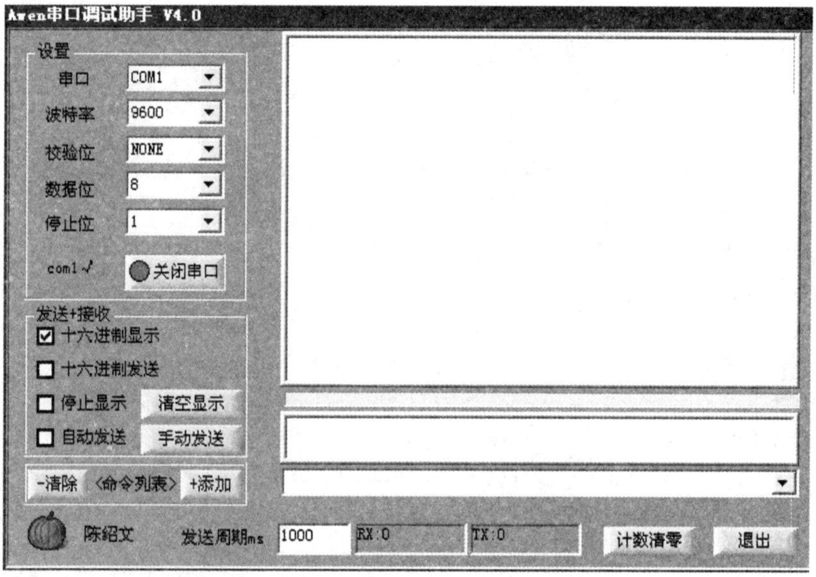

图 8-16 串口调试助手软件的运行界面

单片机向计算机发送数据程序设计方法和向单片机发送数据的方法完全一样,所以本训练仍使用技能训练 8.2 所编写的程序向计算机发送数据。

2. 单片机向计算机发送数据的程序设计

先建立文件夹“ex8.4”,然后建立“ex8.4”工程项目,最后建立源程序文件“ex8.4.c”,输入如下源程序:

```
//技能训练8.4:单片机向计算机发送数据
#include<reg51.h>              //包含单片机寄存器的头文件
unsigned char code Tab[ ]={0xFE,0xFD,0xFB,0xF7,0xEF,0xDF,0xBF,0x7F};
                             //流水灯控制码,该数组被定义为全局变量
/* * * * * * * * * * * * * * * * * * * * * * * * * * * * * * * * * * * * *
函数功能:向 PC 发送 1 字节数据
* * * * * * * * * * * * * * * * * * * * * * * * * * * * * * * * * * * * */
void Send(unsigned char dat)
{
   SBUF=dat;                  //将待发送数据写入发送缓冲器
   while(TI==0)               //若发送中断标志位没有置“1”(正在发送),就等待
     ;                        //空操作
   TI=0;                      //用软件将 TI 清 0
```

199

```
    }
    /* * * * * * * * * * * * * * * * * * * * * * * * * * * * * * * * * * * * *
函数功能:延时约 150ms
    * * * * * * * * * * * * * * * * * * * * * * * * * * * * * * * * * * * */
void delay(void)
{
    unsigned char m,n;
    for(m=0;m<200;m++)
    for(n=0;n<250;n++)
        ;
}
    /* * * * * * * * * * * * * * * * * * * * * * * * * * * * * * * * * * * * *
函数功能:主函数
    * * * * * * * * * * * * * * * * * * * * * * * * * * * * * * * * * * * */
void main(void)
{
    unsigned char i;
    TMOD=0x20;                    //TMOD=00100000B,定时器 T1 工作于方式 2
    SCON=0x40;                    //SCON=01000000B,串行口工作于方式 1
    PCON=0x00;                    //PCON=00000000B,波特率 9 600 Bd
    TH1=0xfd;                     //根据规定给定时器 T1 高 8 位赋初值
    TL1=0xfd;                     //根据规定给定时器 T1 低 8 位赋初值
    TR1=1;                        //启动定时器 T1
    while(1)
    {
        for(i=0;i<8;i++)          //一共 8 位流水灯控制码
        {
            Send(Tab[i]);  //发送数据 i
                delay();          //每 150 ms 发送一次数据(等待 150 ms 再发送一次数据)
        }
    }
}
```

3. 利用 Proteus 仿真软件仿真

经 Keil C51 软件编译通过后,可利用 Proteus 仿真软件进行仿真。在 Proteus ISIS 编辑环境中绘制仿真电路图,或者打开计算机中的"仿真训练 8\ex8.4"文件夹内的"ex8.4.DSN"仿真原理图文件,将编译好的"ex8.4.hex"文件载入 AT89C51。启动仿真,即可看到 8 个 LED 流水点亮。

【技能训练 8.5】 单片机接收计算机发出的数据

步骤:用单片机接收计算机送出的数据,并把接收的数据送 P1 口 8 个 LED 显示。单片机接收计算机发出的数据的电路原理图如图 8-17 所示。

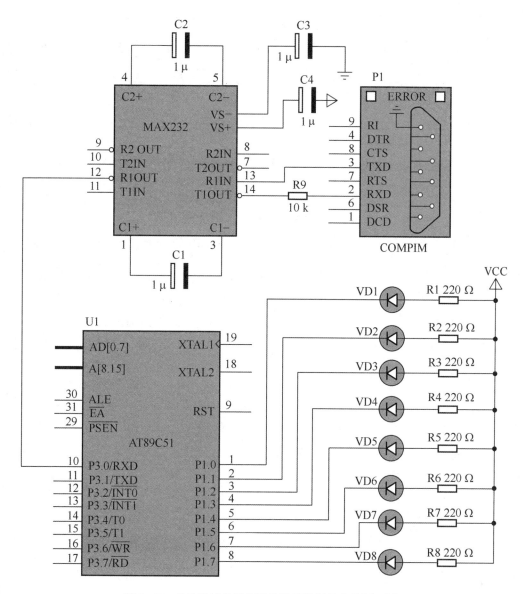

图 8-17　单片机接收计算机发送的数据的电路原理图

1. 实现方法

为了能使计算机向单片机发送数据,需要借助串口调试助手,其波特率等参数的设置同技能训练 8.4,但要求将图 8-16 中的"十六进制发送"前的复选框选中,表示要向单片机发送十六进制数据。

单片机接收计算机发送数据的程序和接收单片机发送数据的程序完全一样,所以本训练程序仍采用技能训练 8.2 中的接收程序。

2. 单片机接收计算机发出的数据的程序设计

先建立文件夹"ex8.5",然后建立"ex8.5"工程项目,最后建立源程序文件"ex8.5.c",输入如下源程序:

//技能训练 8.5:单片机接收计算机发出的数据

```c
#include<reg51.h>                    //包含单片机寄存器的头文件
/* * * * * * * * * * * * * * * * * * * * * * * * * * * * * * * * * * * *
函数功能:接收1字节数据
* * * * * * * * * * * * * * * * * * * * * * * * * * * * * * * * * * * * */
  unsigned char Receive(void)
{
  unsigned char dat;
  while(RI==0)                      //只要接收中断标志位 RI 没有被置"1"
      ;                            //等待,直至接收完毕(RI=1)
   RI=0;                           //为了接收下一帧数据,需要将 RI 清0
   dat=SBUF;                       //将接收缓冲器中的数据存于 dat
   return dat;
}
/* * * * * * * * * * * * * * * * * * * * * * * * * * * * * * * * * * * *
函数功能:主函数
* * * * * * * * * * * * * * * * * * * * * * * * * * * * * * * * * * * * */
void main(void)
{
  TMOD=0x20;                       //定时器 T1 工作于方式 2
  SCON=0x50;                       //SCON=01010000B,串行口工作于方式1,允许接收(REN=1)
  PCON=0x00;                       //PCON=00000000B,波特率 9600Bd
  TH1=0xfd;                        //根据规定给定时器 T1 高 8 位赋初值
  TL1=0xfd;                        //根据规定给定时器 T1 低 8 位赋初值
  TR1=1;                           //启动定时器 T1
  REN=1;                           //允许接收
  while(1)
  {
    P1=Receive();                  //将接收到的数据送 P1 口显示
  }
}
```

3. 利用 Proteus 仿真软件仿真

经 Keil C51 软件编译通过后,可利用 Proteus 仿真软件进行仿真。在 Proteus ISIS 编辑环境中绘制仿真电路图,或者打开计算机中的"仿真训练 8\ex8.5"文件夹内的"ex8.5.DSN"仿真原理图文件,将编译好的"ex8.5.hex"文件载入 AT89C51。启动仿真,即可看到单片机 P1口的高 4 位 LED 熄灭,低 4 位 LED 点亮。

自我测试

8-1 串行数据传送与并行数据传送相比的主要优点和用途是什么?

8-2 简述 MCS-51 单片机串行口 4 种工作方式接收和发送数据的过程。

8-3　串行口有几种工作方式？各种方式的波特率如何确定？

8-4　定时器 1 作为串行口波特率发生器时，为什么常采用方式 2？

8-5　简述串口通信的初始化步骤。

8-6　使用 AT89S52 的串行口按方式 1 进行串行数据通信，假定波特率为 2 400 Bd，以中断方式传送数据，试编写全双工通信程序。

8-7　简述多机通信过程。

项目 **9**　8 路温度采集监控电路设计与实现

📖 **学习目标**

（1）了解 I²C 总线的接口器件 AT24C02 和芯片 X5045 的传输协议与数据传送。

（2）掌握 DS18B20 的内部结构、工作步骤及通信协议。

（3）掌握 I/O 口进行键盘、显示以及温度采集电路设计。

（4）能利用 AT89S52 单片机及 DS18B20 单线数字传感器，通过 C 语言程序实现 8 路温度采集监控。

（5）完成单片机输入/输出控制系统的设计、运行及调试。

⏳ **项目描述**

本项目是利用 AT89S52 单片机和总线的接口器件 AT24C02 进行显示与读写操作；用芯片 X5045 进行显示与读写操作；用 DS18B20 进行温度检测及显示。具体内容如下：

（1）将数据"0x0f"写入 AT24C02 再读出送 P1 口显示。

（2）将按键次数写入 AT24C02，再读出送 LCD 显示。

（3）对 I²C 总线上挂接两个 AT24C02 的读写操作。

（4）DS18B20 温度检测及其液晶显示。

（5）将流水灯控制码写入 X5045 并读出送 P1 口显示。

（6）对 SPI 总线上挂接两个 X5045 的读写操作。

🔧 **知识链接**

MCS-51 单片机具有很强的外部扩展功能。其外部扩展都是通过三总线进行的。

（1）地址总线（AB）。地址总线用于传送单片机输出的地址信号，宽度为 16 位，可以寻址 64KB 的外 ROM 和外 RAM。由 P0 口经锁存器提供低 8 位地址线 A0 ~A7，P2 口提供高 8 位地址线 A8 ~A15。由于 P0 口是数据、地址分时复用，所以 P0 口输出的低 8 位地址必须用地址锁存器进行锁存。

（2）数据总线（DB）。数据总线是由 P0 口提供的，宽度为 8 位。

（3）控制总线（CB）。控制总线实际上是单片机输出的一组控制信号。

MCS-51 单片机通过三总线扩展外围设备的总体结构图如图 9-1 所示。

由上述可见，单片机与外围器件用 8 根数据总线进行数据交换，再加上一些地址总线和控制总线，占用了大量的单片机 I/O 口，这不仅造成单片机资源的浪费，甚至还会影响单片机其他功能的实现。因此，近年来越来越多的新型外围器件采用了串行接口，绝大多数单片机应用系统的外围扩展接口也从并行方式过渡到了串行方式。

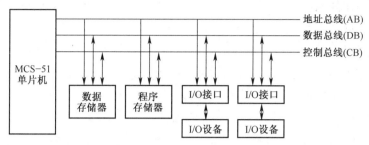

图 9-1　MCS-51 单片机通过三总线扩展外围设备的总体结构图

一、I²C 总线器件及应用

I²C 是 Inter Integrated Circuit Bus(内部集成电路总线)的缩写。它是 Philips 公司研发的一种双向二线制总线,用于单片机及其外围设备,是近年来应用较多的串行总线之一。

I²C 总线的优点是简单、有效,并且占用的空间非常小,减少了电路板的空间和芯片引脚的数量,降低了互连成本。总线的长度可高达 8 m,最多可支持 40 个器件。目前具备 I²C 接口的芯片已有很多,如 AT24C 系列 EEPROM、PCF8563 日历时钟芯片、PCF8576 LCD 驱动器及 PCF8591 A/D 转换器等。

1. I²C 总线接口

I²C 总线只有两根信号线:一根是双向的数据/地址总线 SDA(Serial Data Line);另一根是串行时钟总线 SCL(Serial Clock Line)。所有连接到 I²C 总线上的设备的串行数据线都接到总线的 SDA 上,而设备的串行时钟总线都接到总线的 SCL 上。图 9-2 为典型单片机 I²C 总线外围扩展系统示意图。

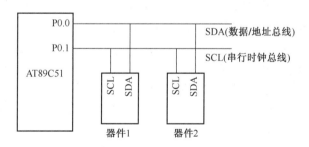

图 9-2　典型单片机 I²C 总线外围扩展系统示意图

一个单片机外围系统可以扩展多个 I²C 总线器件,每个器件需要设定不同的地址。这样单片机可以根据器件的不同地址进行识别并与之进行相互间的数据传输。挂接到总线上的所有外围器件的外设接口都是总线上的节点。在任何时刻,总线上只有一个主控器件实现总线的控制操作。

I²C 总线的数据传输速率在标准工作方式下为 100 kbit/s。在快速方式下,最高传输速率可达 400 kbit/s。需要说明的是,应用时两根总线必须接在 5~10 kΩ 的上拉电阻器上。

当某个器件向总线发送信息时,它就是发生器(又称主器件)。而当其从总线上接收信息时,该器件称为接收器(又称从器件)。主器件用于向启动总线上传送数据并产生时钟信号以开放传送的器件,此时任何被寻址的器件均被认为是从器件。I²C 总线器件完全由挂接在总线上的主器件送出的地址和数据控制。

2. I²C 总线器件地址

I²C 总线是由数据/地址总线 SDA 和串行时钟总线 SCL 构成的串行总线,可发送和接收数据。在单片机与被控器件之间、器件与器件之间均可进行双向信息传送。外围器件并联在总线上,就像电话机一样只有拨通各自号码才能工作,所以每个器件都有唯一的地址。器件地址共 7 位,它与方向位构成 I²C 总线器件的寻址字节 SLA。表 9-1 列出 I²C 总线器件寻址字节 SLA。

表 9-1　I²C 总线器件寻址字节 SLA

位	D7	D6	D5	D4	D3	D2	D1	D0
含义	DA3	DA2	DA1	DA0	A2	A1	A0	R/W

(1)DA3、DA2、DA1 和 DA0:器件的地址位,是 I²C 总线外围接口器件固有的地址编码,器件在出厂时就已经给定了(使用者不能改变)。例如,I²C 总线器件 AT24C×× 系列器件的地址为 1010。

(2)A2、A1 和 A0:引脚地址位,是由 I²C 总线外围器件的地址端口根据接地或接电源的不同而形成的地址数据(由使用者控制)。

(3)R/W:数据方向位,规定了总线上主节点对从节点的数据方向。R/W = 1 时,为接收;R/W = 0 时,为发送。

3. I²C 总线上的时钟信号

I²C 总线上的时钟信号是挂接在串行时钟总线 SCL 上的所有器件的时钟信号逻辑与运算的结果。SCL 上由高电平到低电平的跳变将影响到这些器件。一旦某个器件的时钟信号下跳变为低电平,将使 SCL 一直保持低电平,所有器件开始低电平期。此时,低电平期短的器件的时钟由低至高的跳变并不能影响 SCL 的状态,于是这些器件将进入高电平等待状态。

当所有器件的时钟信号都跳变为高电平时,低电平期结束,SCL 被释放返回高电平,即所有的器件都同时开始它们的高电平期。其后,第一个结束高电平期的器件又使 SCL 的信号变成低电平,这样就在 SCL 上产生一个同步时钟。可见,时钟低电平时间由低电平期最长的器件确定,而时钟高电平时间由时钟高电平期最短的器件确定。

4. I²C 总线的传输协议与数据传送

(1)起始和停止条件。在数据传送过程中,必须确认数据传送的开始和结束。在技术规范中,开始和结束信号(又称启动和停止信号)的定义如图 9-3 所示。

①开始信号:SCL 为高电平时,SDA 由高电平向低电平跳变,开始传送数据。

②结束信号:SCL 为高电平时,SDA 由低电平向高电平跳变,结束传送数据。

开始信号和结束信号都是由主器件产生的。在开始信号后,总线被认为处于忙状态,其他器件不能再产生开始信号。主器件在结束信号后退出主器件角色,经过一段时间,总线才被认为是空闲的。

(2)数据格式。在 I²C 总线开始信号后,送出的第一个字节数据是用来选择从器件地址的。其中,前7位为地址码,第8位为数据方向位(R/W)。数据方向位为"0"表示发送,即主器件把信息写到所选择的从器件;数据方向位为"1"表示主器件将从从器件读信息。开始信号后,系统中的各个器件将自己的地址和主器件送到总线上的地址进行比较,如果两者一致,则该器件为被主器件寻址的器件。

I²C总线的数据传输采用时钟脉冲逐位串行传送方式,时序如图9-4所示。在SCL的低电平期间,SDA上高、低电平能变化,即数据允许变化;在SCL高电平期间,SDA上数据保持稳定,不允许变化。因为此时SDA状态的改变已被用来表示起始和停止条件,以便接收器件的采样接收。

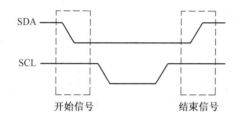

图9-3　起始和停止条件

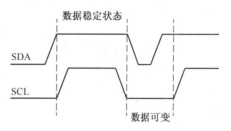

图9-4　I²C总线的数据传输时序

(3)响应。I²C总线协议规定:每传送一个数据(含地址及命令字)后,都要有一个应答信号(又称应答位,用ACK表示),以确定数据传送是否正确。应答位的时钟脉冲由主机产生,发送器件需要在应答时钟脉冲的高电平期间释放(送高电平)数据/地址总线SDA,转由接收器件控制。通常接收器件在这个时钟脉冲内必须向SDA传送低电平,以产生有效的应答信号,表示接收正常。若接收器件不能接收或不产生应答信号时,则保持SDA为高电平。此时,主机产生一个停止信号,表示接收异常,使传送异常结束。

当主机为接收器件时,主机对最后一个字节不应答,以向发送器件表示数据传送结束。此时,发送器件应释放SDA,以便主机产生一个停止信号。

5. I²C总线接口器件 AT24C02

AT24C02是美国Atmel公司生产的低功耗CMOS串行EEPROM(电可擦编程只读存储器),它内含256×8位存储空间,具有工作电压宽(2.5~5.5 V)、擦写次数多(大于10 000次)、写入速度快(小于10 ms),并且掉电后数据可保存40年以上。图9-5为AT24C02的封装图。

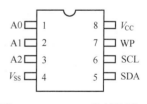

图9-5　AT24C02的封装图

(1)A0、A1、A2:器件地址输入端。

(2)SCL:串行时钟。在该引脚信号的上升沿时,系统将数据输入到器件内;在下降沿时,数据从器件内向外输出。

(3)SDA:串行数据。可双向输入或输出数据。

(4)WP:硬件写保护。当该引脚信号为高电平时,禁止写入数据;为低电平时,可正常读写数据。

(5)V_{CC}:电源,通常接+5 V。

(6)V_{SS}:接地。

二、DS18B20 温度传感器

(一) 认识 DS18B20

1.DS18B20 的引脚功能

I^2C 总线器件与单片机之间的通信需要 2 根线,而单总线器件与单片机间的数据通信只要 1 根线,DS18B20 是美国 DALLAS 公司生产的单总线数字传感器,是继 DS1820 之后推出的一种改进型智能温度传感器。它可以直接读出被测温度值,采用"一线总线"与单片机相连,减少了外部的硬件电路,具有低成本和易使用的特点。

DS18B20 具有微型化、低功耗、高性能、抗干扰能力强等优点,特别适合于构成多点温度测控系统,可直接将温度转化成串行数字信号进行处理。而且每片 DS18B20 都有唯一的产品序列号并存储在内部 ROM 中,以便在构成大型温度测控系统时在单总线上挂接任意多个 DS18B20 芯片,为测量系统的构建引入全新概念。它采用单根信号线,既可以传输时钟信号。又可以传输数据信号,而数据又可双向传输,因而这种总线技术具有线路简单、成本低廉、便于扩展和维护等优点。本项目介绍常见的单总线数字温度传感器 DS18B20 的使用方法及其应用。图 9-6 所示为单总线数字温度传感器 DS18B20 的外形及引脚排列。

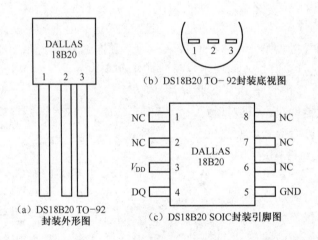

(b) DS18B20 TO-92 封装底视图

(a) DS18B20 TO-92
封装外形图

(c) DS18B20 SOIC封装引脚图

图 9-6　单总线数字温度传感器 DS18B20 的外形及引脚排列

DQ—数字信号输入/输出端;GND—电源池;V_{DD}—外接线电源端;NC—空引脚

下面以 TO-92 封装为例,说明 DS18B20 引脚,见表 9-2。

表 9-2　DS18B20 引脚说明

引　脚	符　号	说　明
1	GND	接地
2	DQ	数据输入/输出引脚
3	V_{DD}	可选的 VDD 引脚

2.DS18B20 的供电方式

用于读写和温度转换的电源可以从数据本身获得,无须外部电源。DS18B20 可以设置成两种供电方式,即寄生电源方式(数据总线供电方式)和外部供电方式。

(1)寄生电源方式。寄生电源方式是在信号线处于高电平期间把能量存储在内部寄生电容里,在信号线处于低电平期间消耗电容器上的电能工作,直到高电平到来再给寄生电源(电容器)充电。要想使 DS18B20 能够进行精确的温度转换,I/O 口线必须在转换期间保证供电,用 MOSFET 把 I/O 口线直接拉到电源上就可以实现,如图 9-7(a)所示。

寄生电源有两个好处:进行远距离测温时,无须外部电源;可以在没有常规电源的条件下读 ROM(注:温度高于 100 ℃,不要使用,因为 DS18B20 在这种温度下表现出的漏电流比较大,通信可能无法进行;使用寄生电源方式时,V_{DD} 引脚必须接地)。

(2)外部供电方式。外部供电方式是从 V_{DD} 引脚接入一个外部电源,如图 9-7(b)所示。

DS18B20 采取寄生电源方式可以 1 根导线,但完成温度测量的时间较长。若采用外部供电方式则多用 1 根导线,但测量速度快(注:当采用外部供电方式时,GND 引脚不能悬空)。

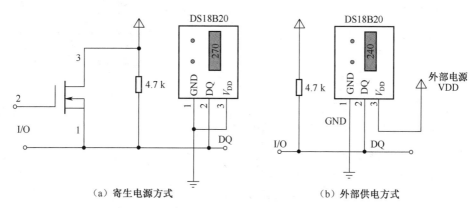

(a)寄生电源方式　　　　　　　　(b)外部供电方式

图 9-7　DS18B20 的供电方式

3.DS18B20 的应用特性

(1)采用单总线技术,与单片机通信只需要 1 根 I/O 口线,无须外部器件,在 1 根线上可以挂接多个 DS18B20 芯片。

(2)每个 DS18B20 具有一个独有的,不可以修改的 64 位序列号,根据序列号访问对应的器件。

(3)低压供电,电源范围为 3~5.5 V,可以本地供电,也可以通过数据线供电(寄生电源方式)。

(4)零待机功耗。

(5)测量温度范围 -55~+125 ℃,在 -10~+85 ℃范围内,误差为 ±5 ℃。

(6)DS18B20 的分辨率由用户通过 EEPROM 设置为 9~12 位。

(7)可编辑数据为 9~12 位,转换 12 位温度的时间为 750 ms(最大)。

(8)用户可自行设定报警上下限温度。

(9)报警搜索命令可识别和寻址哪个器件的温度超出预定值。

(10)应用包括温度控制、工业系统、消费品、温度计或任何温度测量系统。

(二) DS18B20 的内部结构及功能

1. DS18B20 的内部结构

DS18B20 的内部结构如图 9-8 所示,主要包括 64 位 ROM、温度敏感元件、非易失性温度报警触发器 TH 和 TL、配置寄存器、高速暂存器等。图 9-8 中,DQ 为数字信号输入/输出端;VDD 为外接供电电源输入端。

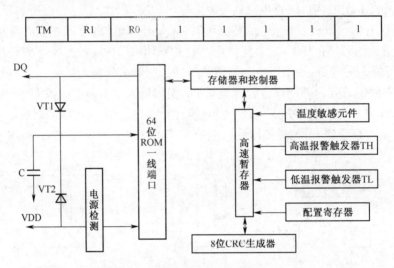

图 9-8　DS18B20 的内部结构

ROM 中 64 位序列号是出厂前就被光刻好的,它是 DS18B20 的地址序列码,作用是使每个 DS18B20 的地址都不相同,这样就可以实现在 1 根总线上挂接多个 DS18B20 的目的。非易失性温度报警触发器 TH 和 TL 可通过软件写入用户报警上下限值。高速暂存器中的第 5 个字节为配置寄存器,设置后可更改 DS18B20 的测温分辨率以获得所需精度的数值,DS18B20 数据格式和各位定义如下:

其中,TM 是测试模式位,用于设置 DS18B20 是工作模式还是测试模式,DS18B20 出厂时该位被写入"0",用户不能更改;低 5 位一直都是 1;R1 和 R0 用来设置分辨率,表 9-3 列出了配置寄存器与分辨率的关系。出厂时,R0=1,R1=1(即 12 位分辨率),用户可以根据需要修改配置寄存器以获得合适的分辨率。

表 9-3　配置寄存器与分辨率的关系

R0	R1	分辨率/位	最大转换时间/ms
0	0	9	93.75
0	1	10	187.5
1	0	11	375
1	1	12	750

非易失性温度报警触发器 TH 和 TL、配置寄存器均由 1 字节的高速暂存器 EEPROM 组成。高速暂存器是一个 9 字节的存储器,格式分配如下:

温度低位	温度高位	TH	TL	配置	保留	保留	保留	8位CRC

LSB　　　　　　　　　　　　　　　　　　　　　　　　　　　　　　　　　　　　　　MSB

当温度转换命令发出后,经转换所得的温度值以2字节补码形式存放高速暂存寄存器的第1个字节和第2个字节中。单片机可以通过单总线接口读到该数据,读取时低位在前、高位在后。第3字节、第4字节和第5字节分别是TH、TL、配置寄存器的临时副本,每一次加电复位时被刷新;第6字节、第7字节和第8字节未用,表现为全逻辑1;第9字节读出的是前面所有8字节的CRC(循环冗余检验码)码,可以用来保证通信正确。一般情况下,用户只使用第1个字节和第2个字节。

表9-4列出了DS18B20温度采集转化后所得到的16位数据,存储在DS18B20的两个8位RAM中,二进制中的前5位是符号位。如果测得的温度大于或等于0,符号位为0,只要将测得的数值除以16即可得到实际温度;如果测得的温度小于0,符号位为1,测得的数值取反加1除以16即可得到实际温度。

表9-4　DS18B20温度采集转化后所得到的16位数据

温度/℃	二进制表示																十六进制
	符号位(5位)																
+125	0	0	0	0	0	1	1	1	1	1	0	1	0	0	0	0	07D0H
+25.0625	0	0	0	0	0	0	0	1	1	0	0	1	0	0	0	1	0191H
−25.0625	1	1	1	1	1	1	1	0	0	1	1	0	1	1	1	1	FE6FH
−55	1	1	1	1	1	1	0	0	1	0	0	1	0	0	0	0	FC90H

下面通过一个例子介绍温度转换的计算方法。

当DS18B20采集到+125℃时,输出为07D0H,则

$$实际温度 = \frac{07D0H}{16} = \frac{0 \times 16^3 + 7 \times 16^2 + 13 \times 16^1 + 0 \times 16^0}{16}℃ = 125\ ℃$$

当DS18B20采集到−55℃时,输出为FC90H,则应先将11位数据取反加1得0370H(符号位不变,也不进行计算),则

$$实际温度 = \frac{0370H}{16} = \frac{0 \times 16^3 + 3 \times 16^2 + 7 \times 16^1 + 0 \times 10^0}{16}℃ = 55\ ℃$$

负号需要对检测结果进行逻辑判断后再予以显示。

2.DS18B20的工作时序

DS18B20的工作时序包括初始化时序、写时序和读时序,如图9-9所示。

(1)初始化:单片机将数据线的电平拉低480~960 μs后释放,等待15~60 μs,单总线器件即可输出一持续60~240 μs的低电平(存在脉冲),单片机收到此应答后即可进行操作。

(2)写时序:当主机将数据线的电平从高拉到低时,形成写时序,有写"0"和写"1"两种时序。写时序开始后,DS18B20在15~60 μs期间从数据总线上采样。如果采样到低电平,则向DS18B20写"0";如果采样到高电平,则向DS18B20写"1"。两个独立的时序间至少需要1 μs的恢复时间(拉高总线电平)。

(3)读时序:当主机从DS18B20读取数据时,产生读时序。此时,主机将数据线的电平从

高拉到低使读时序被初始化。如果此后 15 μs 内,主机在总线上采样到低电平,则从 DS18B20 读"0";如果此后 15 μs 内,主机在总线上采样到高电平,则从 DS18B20 读"1"。

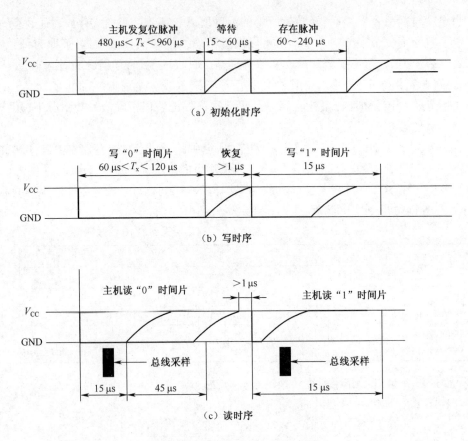

图 9-9　DS18B20 的基本工作时序

3.DS18B20 的功能命令

DS18B20 所有的功能命令均为 8 位长,常用功能命令见表 9-5。

表 9-5　DS18B20 的功能命令

功 能 描 述	代 码
启动温度转换	44H
读取暂存器内容	BEH
读 DS18B20 的序列号(总线上仅有 1 个 DS18B20 时使用)	33H
将数据写入暂存器的第 2 个字节和第 3 个字节中	4EH
匹配 ROM(总线上有多个 DS18B20 时使用)	55H
搜索 ROM(使单片机识别所有 DS18B20 的 64 位编码)	F0H
报警搜索(仅温度测量报警时使用)	ECH
跳过读序列号的操作(总线上仅有 1 个 DS18B20 时使用)	CCH
读电源供给方式,0 为寄生电源方式;1 为外部电源方式	B4H

(三) 8 路温度采集监控电路设计

1. 温度采集电路设计

DQ 引脚电路：DS18B20 是支持"一线总线"接口的温度传感器，能通过一个单总线接口进行发送或接收信息，在电路设计上，可以把 8 个 DS18B20 的 DQ 引脚分别接到 P2 口的 8 个引脚。另外，每个 DQ 引脚还需要接 4.7 kΩ 上拉电阻器和电源，如图 9-10 所示。

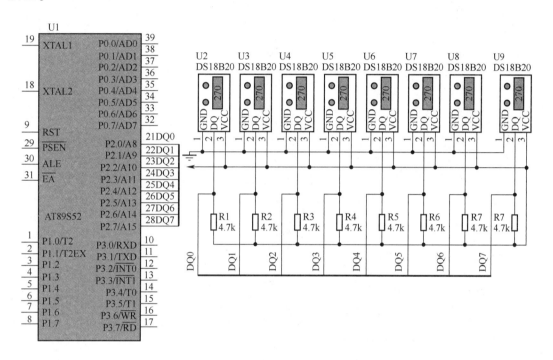

图 9-10　8 路温度采集电路

2. 监控电路设计

(1) 键盘电路设计。8 路温度采集监控系统有两种工作模式。用 MODE 按键进行工作模式切换，在手动模式下按 UP 键通道加 1，按 DOWN 键通道减 1。这 3 个键分别接到 P3 口的 P3.0 引脚、P3.1 引脚和 P3.2 引脚，如图 9-11 所示。

(2) 显示电路设计。显示采用数码管，数码管显示有静态串行显示和动态扫描显示等方式，这里选择数码管动态扫描显示方式。数码管动态扫描显示电路由 6 个共阴极数码管、74LS245 及电阻器等组成。P0 口输出显示段码，经由一片 74LS245 驱动输出给数码管，P1 口输出位码(片选)，如图 9-12 所示。

3. 8 路温度采集监控电路设计与实现

通过前面的温度采集电路和监控电路设计，下面利用 Proteus 仿真软件实现 8 路温度采集监控电路设计，如图 9-13 所示。

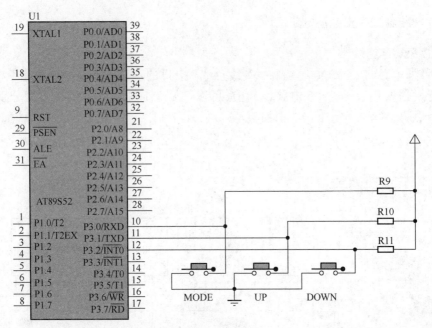

图 9-11　键盘电路

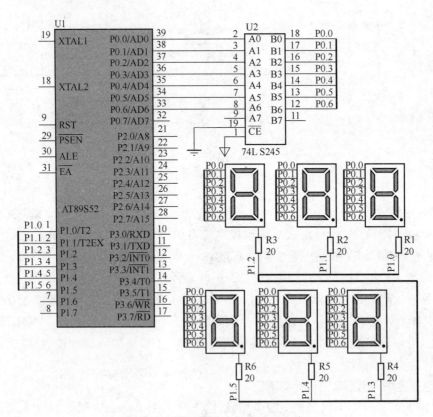

图 9-12　数码管动态扫描显示电路

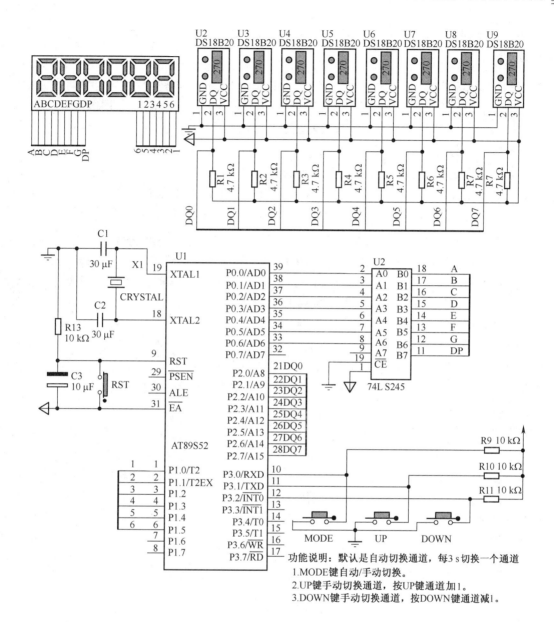

图 9-13 8路温度采集监控电路

运行 Proteus 仿真软件,新建"8 路温度采集监控系统"设计文件。按图 9-13 所示放置并编辑 AT89S52、CRYSATL、CAP、CAP - ELEC、RES、74LS245、DS18B20(温度传感器)、BUTTON、7SEG-MPX6-CC(6 位数码管动态扫描显示器件)等元器件。完成 8 路温度采集监控系统电路设计后,进行电气规则检测,直至检测成功。

说明:由于图 9-12 中数码管动态扫描显示电路的 6 个共阴极数码管仿真效果不好,故这里使用 7SEG-MPX6-CC 进行仿真。

三、SPI 总线接口芯片及其应用

SPI(Serial Peripheral Interface)是 Motorola 公司提出的总线标准。SPI 总线属于同步串行接口,用于与各外围器件进行通信。近年来 SPI 在单片机应用系统中被广泛采用,具有 SPI 总线接口的器件很多,其中 X5045 是目前应用较为广泛的芯片。本项目以 X5045 芯片为例,介绍 SPI 总线接口芯片与单片机的连接方法及其应用。

SPI 串行总线简介

与 I²C 总线和单总线器件不同,SPI 总线器件与单片机的连接需要 3 根线,即时钟线 SCK、数据线 MOSI(主机发送、从机接收)和 MISO(主机接收、从机发送)。

由于外围扩展多个 SPI 总线器件时,SPI 总线器件无法通过数据线译码选择,因此带有 SPI 接口的外围器件都必须有片选端口$\overline{CS}$。在扩展单个 SPI 外围器件时,$\overline{CS}$总线可以接地,也可以通过 I/O 口来控制;在扩展多个外围 SPI 总线器件时,单片机分别通过 I/O 口来分时选通外围器件(每个时刻只能选通一个 SPI 总线器件进行读写操作)。在对 SPI 总线器件进行写操作时,数据的传输需要在同步脉冲作用下,按照高位在前、低位在后的顺序进行。

SPI 总线具有较高的数据传输速率,最高传输速率可达 1.05 Mbit/s。

(1)X5045 的功能。X5045 具有加电复位功能和降压管理功能,还具有看门狗定时器和块保护功能的串行 EEPROM。X5045 有助于简化应用系统设计,减少印制电路板的占用面积,提高可靠性。

①加电复位功能:在通电时产生一个时间足够长的复位信号,以保证单片机正常工作前,振荡电路已处于稳定状态。

②看门狗功能:如果在规定的时间内单片机没有在$\overline{CS}$引脚上产生规定的电平变化(喂狗信号),芯片内的看门狗电路将产生复位信号。利用该功能,可让单片机"死机"后自动重新复位并开始工作。(注意:不要认为程序正确,单片机就可正确运行,实际工作环境的各种干扰常会导致单片机"死机")。

③降压管理功能:当电源电压下降到一定值后,虽然单片机仍能工作,但工作可能已经不正常了,或者极易受到干扰。此时,让单片机复位是最好的选择。

④串行 EEPROM:串行 EEPROM 具有块保护功能,擦写次数大于 1 000 000 次,数据能够保存 100 年。

图 9-14 为 X5045 的引脚图。表 9-6 列出了各引脚功能。

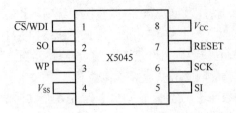

图 9-14　X5045 的引脚图

表 9-6 X5045 各引脚功能

引 脚 号	名 称	功 能 描 述
1	$\overline{CS}$/WDI	片选输入端:当 CS 为高电平时,芯片未被选中;当 CS 为低电平时,芯片被选中
2	SO	串行输出端:数据在 SCK 的下降沿输出
3	WP	写保护端:该引脚接地,写操作被禁止;该引脚为高电平时,所有功能正常
4	V_{SS}	接地
5	SI	串行输入端:数据在 SCK 的上升沿写入(高位在前)
6	SCK	串行时钟端:控制数据的输入与输出
7	RESET	复位输出端:用于电源检测和看门狗超时输出
8	V_{CC}	电源

(2)X5045 的使用方法。详述如下:

①加电复位。当器件通电并超过规定值时,X5045 内部的复位电路将会产生一个约 200 ms 的复位脉冲,使单片机正常复位。

②电压跌落检测。工作过程中,X5045 能不断检测 V_{CC} 端的电压。在电压跌落到一定值后,将产生一个复位脉冲,使单片机停止工作。这个复位脉冲一直有效,直到 V_{CC} 下降到 1 V 以下。如果 V_{CC} 在降落后又升高,则当超过规定值后约 200 ms,复位信号消失,使得单片机可以继续工作。

③看门狗定时器。看门狗定时器电路通过监测 WDI 输入来判断单片机工作是否正常。在规定的时间内,单片机必须在 WDI 引脚产生一个由高到低的电平变化;否则,X5045 将产生一个复位信号。

④SPI 串行编程 EEPROM。EEPROM 除了可以由 WP 引脚置高电平保护外,还可以通过软件保护。通过设置 X5045 的状态寄存器可以改变看门狗定时器的定时周期和被保护块的大小。状态寄存器的定义见表 9-7,看门狗定时器溢出时间设定见表 9-8,EEPROM 数据保护的地址空间见表 9-9。

表 9-7 状态寄存器(默认值是 00H)

位	7	6	5	4	3	2	1	0
含义	0	0	WD1	WD0	BL1	BL1	WEL	WIP

表 9-8 看门狗定时器溢出时间设定

状态寄存器		看门狗定时器
WD1	WD0	溢出时间/ms
0	0	1 400
0	1	600
1	0	200
1	1	禁止

表 9-9 EEPROM 数据保护的地址空间

状态寄存器		保护的地址空间
BL1	BL0	
0	0	不保护
0	1	180H~1FFH
1	0	100H~1FFH
1	1	000H~1FFH

其中,WIP 位为忙碌标志位,WIP = 1 表示 X5045 正忙于向 EEPROM 写数据,此时不能向 X5045 写数据;WIP = 0 表示可以向 X5045 写数据。WEL 为写使能锁存器的状态位,WEL = 1 表示允许写;WEL = 0 表示禁止写。

⑤芯片操作。X5045 共有 6 条垂直指令,见表 9-10。所有的指令、地址和数据都是以高位在前的方式传送的。输入的数据在$\overline{CS}$变为低电平后 SCK 的第一个上升沿被采样。

表 9-10　X5045 指令表

指　令　名　称	指　令　格　式	操　作
WREN	0000 0110(0x06)	写使能锁存器允许写
WRDI	0000 0100(0x04)	写使能锁存器禁止写
RDSR	0000 0101(0x05)	读状态寄存器
WRSR	0000 0001(0x01)	写状态寄存器
READ	0000 A8011	读出
WRITE	0000 A8010	写入

a. 向存储器写入数据的协议:首先将$\overline{CS}$接地以选中芯片,然后写入 WREN(写允许)指令,接着将$\overline{CS}$的信号拉至高电平,再次将$\overline{CS}$接地,随后写入 WRITE 指令。WRITE 指令的第 3 位用于确定存储器的上半区和下半区。如果没有在 WREN 和 WRITE 两个指令之间将$\overline{CS}$的信号变为高电平,WRITE 指令将被忽略。最后需要将$\overline{CS}$的信号变为高电平。

b. 从存储器读出数据的协议:首先将$\overline{CS}$接地以选中芯片,然后写入 READ(读出)指令。READ 指令的第 3 位用于确定存储器的上半区和下半区。在读操作指令和地址码发送完毕后,所有选中地址单元的数据将通过引脚 SO 送出。最后需要将$\overline{CS}$的信号变为高电平。

项目实施

【技能训练 9.1】　将数据"0x0f"写入 AT24C02 再读出送 P1 口显示

使用单片机将数据"0x0f"写入 AT24C02,然后将其读出并送 P1 口的 8 个 LED 显示。采用的电路原理图及其仿真效果如图 9-15 所示。

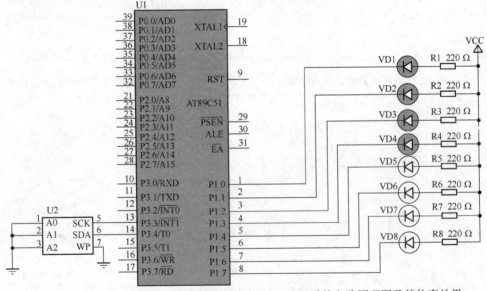

图 9-15　将数据"0x0f"写入 AT24C02 再读出送 P1 口显示的电路原理图及其仿真效果

1. 实现方法

对 AT24C02（I^{2}C 器件）的基本操作有两种：一种是读数据；另一种是写数据。

读操作：开始→写入"读"命令→写入欲读的地址→读数据→结束。

写操作：开始→写入"写"命令→写入欲写的地址→写数据→应答→结束。

2. 将数据"0x0f"写入 AT24C02 再读出送 P1 口显示的程序设计

先建立文件夹"ex9.1"，然后建立"ex9.1"工程项目，最后建立源程序文件"ex9.1.c"，输入如下源程序：

```
//技能训练9.1:将数据"0x0f"写入 AT24C02 再读出送 P1 口显示
#include <reg51.h>          //包含单片机寄存器的头文件
#include <intrins.h>        //包含_nop_()函数定义的头文件
#define OP_READ 0xa1        //器件地址以及读取操作,0xa1 即为 1010 0001B
#define OP_WRITE 0xa0       //器件地址以及写入操作,0xa0 即为 1010 0000B
sbit SDA = P3^4;            //将串行数据/地址总线 SDA 位定义为 P3.4 引脚
sbit SCL = P3^3;            //将串行时钟总线 SCL 位定义为 P3.3 引脚
/* * * * * * * * * * * * * * * * * * * * * * * * * * * * * * * * * * * * *
函数功能:延时 1ms
(3j+2) * i = (3×33+2)×10 = 1010(μs),可以认为是 1 ms
* * * * * * * * * * * * * * * * * * * * * * * * * * * * * * * * * * * * */
void delay1ms()
{
  unsigned char i,j;
  for(i = 0;i<10;i++)
  for(j = 0;j<33;j++)
    ;
}
/* * * * * * * * * * * * * * * * * * * * * * * * * * * * * * * * * * * * *
函数功能:延时若干毫秒
入口参数:n
* * * * * * * * * * * * * * * * * * * * * * * * * * * * * * * * * * * * */
void delaynms(unsigned char n)
{
  unsigned char i;
  for(i = 0;i<n;i++)
  delay1ms();
}
/* * * * * * * * * * * * * * * * * * * * * * * * * * * * * * * * * * * * *
函数功能:开始数据传送
* * * * * * * * * * * * * * * * * * * * * * * * * * * * * * * * * * * * */
void start()
//开始位
{
```

```
    SDA = 1;                    //SDA 初始化为高电平"1"
    SCL = 1;                    //开始数据传送时,要求 SCL 为高电平"1"
    _nop_();                    //等待 1 个机器周期
    _nop_();                    //等待 1 个机器周期
    _nop_();                    //等待 1 个机器周期
    _nop_();                    //等待 1 个机器周期
    SDA = 0;                    //SDA 的下降沿被认为是开始信号
    _nop_();                    //等待 1 个机器周期
    _nop_();                    //等待 1 个机器周期
    _nop_();                    //等待 1 个机器周期
    SCL = 0;                    //SCL 为低电平时,SDA 上数据才允许变化(即允许以后的数据传递)
}
/* * * * * * * * * * * * * * * * * * * * * * * * * * * * * * * * * * *
函数功能:结束数据传送
* * * * * * * * * * * * * * * * * * * * * * * * * * * * * * * * * * */
void stop()
//停止位
{
    SDA = 0;                    //SDA 初始化为低电平"0"
    SCL = 1;                    //结束数据传送时,要求 SCL 为高电平"1"
    _nop_();                    //等待 1 个机器周期
    _nop_();                    //等待 1 个机器周期
    _nop_();                    //等待 1 个机器周期
    _nop_();                    //等待 1 个机器周期
    SDA = 1;                    //SDA 的上升沿被认为是结束信号
    _nop_();                    //等待 1 个机器周期
    _nop_();                    //等待 1 个机器周期
    _nop_();                    //等待 1 个机器周期
    _nop_();                    //等待 1 个机器周期
    SDA = 0;
    SCL = 0;
}
/* * * * * * * * * * * * * * * * * * * * * * * * * * * * * * * * * * *
函数功能:从 AT24Cxx 读取数据
出口参数:x
* * * * * * * * * * * * * * * * * * * * * * * * * * * * * * * * * * */
unsigned char ReadData()
//从 AT24Cxx 移入数据到 MCU
{
    unsigned char i;
    unsigned char x;            //存储从 AT24Cxx 中读出的数据
```

```
for(i = 0; i < 8; i++)
{
  SCL = 1;                      //SCL 置为高电平
  x<<=1;                        //将 x 中的各二进制位向左移 1 位
  x|=(unsigned char)SDA;        //将 SDA 上的数据通过按位"或"运算存入 x 中
  SCL = 0;                      //在 SCL 的下降沿读出数据
}
return(x);                      //将读取的数据返回
}
```

/* *

函数功能:向 AT24Cxx 的当前地址写入数据

入口参数:y (存储待写入的数据)

* /

```
//在调用此数据写入函数前需要首先调用开始函数 start(),所以 SCL = 0
bit WriteCurrent(unsigned char y)
{
  unsigned char i;
  bit ack_bit;              //存储应答位
  for(i = 0; i < 8; i++)    //循环移入 8 个位
  {
    SDA = (bit)(y&0x80);    //通过按位"与"运算将最高位数据送到 SDA
                            //因为传送时高位在前、低位在后
    _nop_();                //等待 1 个机器周期
    SCL = 1;                //在 SCL 的上升沿将数据写入 AT24Cxx
    _nop_();                //等待 1 个机器周期
    _nop_();                //等待 1 个机器周期
    SCL = 0;                //将 SCL 重新置为低电平,以在 SCL 上形成传送数据所需的 8 个脉冲
    y <<= 1;                //将 y 中的各二进制位向左移 1 位
  }
  SDA = 1;                  //发送设备(主机)应在时钟脉冲的高电平期间(SCL =1)释放 SDA 线,
                            //以让 SDA 线转由接收设备(AT24Cxx)控制
  _nop_();                  //等待 1 个机器周期
  _nop_();                  //等待 1 个机器周期
  SCL = 1;                  //根据上述规定,SCL 应为高电平
  _nop_();                  //等待 1 个机器周期
  _nop_();                  //等待 1 个机器周期
  _nop_();                  //等待 1 个机器周期
  _nop_();                  //等待 1 个机器周期
  ack_bit = SDA             //接收设备(AT24Cxx)向 SDA 送低电平,表示已经接收到 1 字节;
                            //若送高电平,表示没有接收到,传送异常
  SCL = 0;                  //SCL 为低电平时,SDA 上数据才允许变化(即允许以后的数据传递)
  return  ack_bit;          //返回 AT24Cxx 应答位
```

```
}
/* * * * * * * * * * * * * * * * * * * * * * * * * * * * * * * * * * * * *
函数功能:向 AT24Cxx 中的指定地址写入数据
入口参数:add(存储指定的地址);dat(存储待写入的数据)
* * * * * * * * * * * * * * * * * * * * * * * * * * * * * * * * * * * * * /
void WriteSet(unsigned char add, unsigned char dat)
//在指定地址 addr 处写入数据 WriteCurrent
{
  start();                    //开始数据传递
  WriteCurrent(OP_WRITE);     //选择要操作的 AT24Cxx 芯片,并告知要对其写入数据
  WriteCurrent(add);          //写入指定地址
  WriteCurrent(dat);          //向当前地址(上面指定的地址)写入数据
  stop();                     //停止数据传递
  delaynms(4);                //1 字节的写入周期为 1 ms,最好延时 1 ms 以上
}
/* * * * * * * * * * * * * * * * * * * * * * * * * * * * * * * * * * * * *
函数功能:从 AT24Cxx 中的当前地址读取数据
出口参数:x(存储读取的数据)
* * * * * * * * * * * * * * * * * * * * * * * * * * * * * * * * * * * * * /
unsigned char ReadCurrent()
{
  unsigned char x;
  start();                    //开始数据传递
  WriteCurrent(OP_READ);      //选择要操作的 AT24Cxx 芯片,并告知要读取其数据
  x=ReadData();               //将读取的数据存入 x
  stop();                     //停止数据传递
  return x;                   //返回读取的数据
}
/* * * * * * * * * * * * * * * * * * * * * * * * * * * * * * * * * * * * *
函数功能:从 AT24Cxx 中的指定地址读取数据
入口参数:set_addr
出口参数:x
* * * * * * * * * * * * * * * * * * * * * * * * * * * * * * * * * * * * * /
unsigned char ReadSet(unsigned char set_addr)
//在指定地址读取
{
  start();                    //开始数据传递
  WriteCurrent(OP_WRITE);     //选择要操作的 AT24Cxx 芯片,并告知要对其写入数据
  WriteCurrent(set_addr);     //写入指定地址
  return(ReadCurrent());      //从指定地址读取数据并返回
}
/* * * * * * * * * * * * * * * * * * * * * * * * * * * * * * * * * * * * *
函数功能:主函数
* * * * * * * * * * * * * * * * * * * * * * * * * * * * * * * * * * * * * /
Void main(void)
{
```

```
SDA = 1;                     //SDA=1,SCL=1,使主从设备处于空闲状态
SCL = 1;
WriteSet(0x36,0x0f);         //在指定地址"0x36"中写入数据"0x0f"
P1=ReadSet(0x36);            //从指定地址"0x36 中读取数据并送 P1 口显示
}
```

3. 利用 Proteus 仿真软件仿真

经 Keil C51 软件编译通过后,可利用 Proteus 仿真软件进行仿真。在 Proteus ISIS 编辑环境中绘制仿真电路图,或者打开计算机中的"仿真训练 \ 项目 9 \ ex9.1"文件夹内的"ex9.1.DSN"仿真原理图文件,将编译好的"ex9.1.hex"文件载入 AT89C51。启动仿真,即可以看到 P1 口高 4 位 lED 点亮,而低 4 位 LED 熄灭,表明输出为"00001111B",即"0x0f",与预期结果相同。

【技能训练9.2】 将按键次数写入 AT24C02,再读出送 LCD 显示

这是一个综合性训练,将按键次数写入 AT24C02,再读出送 LCD 显示采用的电路原理图及其仿真效果如图 9-16 所示。

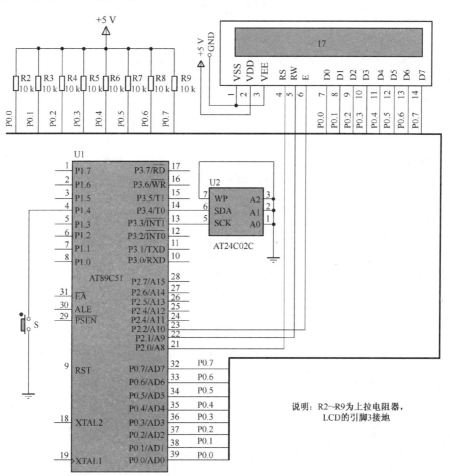

图 9-16 将按键次数写入 AT24C02,再读出送 LCD 显示的电路原理图及其仿真效果

1. 实现方法

先对按键进行软件消抖,再通过编程,在按下按键 S 时,将计数变量加 1,然后再利用技能训练 9.1 的方法将计数变量的值写入 AT24C02 芯片并读出送 LCD 显示。图 9-17 所示为本训练的软件流程图。

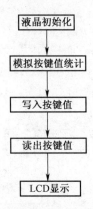

图 9-17 技能训练 9.2 的软件流程图

2. 将按键次数写入 AT24C02,再读出送 LCD 显示的程序设计

先建立文件夹"ex9.2",然后建立"ex9.2"工程项目,最后建立源程序文件"ex9.2.c"。输入如下源程序:

```c
//技能训练 9.2:将按键次数写入 AT24C02,再读出送 LCD 显示
#include<reg51.h>              //包含单片机寄存器的头文件
#include<intrins.h>           //包含_nop_()函数定义的头文件
sbit RS=P2^0;                 //寄存器选择位,将 RS 位定义为 P2.0 引脚
sbit RW=P2^1;                 //读写选择位,将 RW 位定义为 P2.1 引脚
sbit E=P2^2;                  //使能信号位,将 E 位定义为 P2.2 引脚
sbit BF=P0^7;                 //忙碌标志位,,将 BF 位定义为 P0.7 引脚
sbit S=P1^4;                  //将 S 位定义为 P1.4 引脚
#define OP_READ 0xa1          //器件地址以及读取操作,0xa1 即为 1010 0001B
#define OP_WRITE 0xa0         //器件地址以及写入操作,0xa0 即为 1010 0000B
sbit SDA=P3^4;               //将串行数据/地址总线 SDA 位定义为 P3.4 引脚
sbit SCL=P3^3;               //将串行时钟总线 SCL 位定义为 P3.3 引脚
unsigned char code digit[ ]={"0123456789"};//定义字符数组显示数字
/* * * * * * * * * * * * * * * * * * * * * * * * * * * * * * * * * * *
函数功能:延时 1 ms
(3j+2)*i=(3×33+2)×10=1010(μs),可以认为是 1 ms
* * * * * * * * * * * * * * * * * * * * * * * * * * * * * * * * * * * */
void delay1ms()
{
    unsigned char i,j;
    for(i=0;i<10;i++)
    for(j=0;j<33;j++)
```

```
            ;
}
/* * * * * * * * * * * * * * * * * * * * * * * * * * * * * * * * *
函数功能:延时若干毫秒
入口参数:n
* * * * * * * * * * * * * * * * * * * * * * * * * * * * * * * * * */
void delaynms( unsigned char n)
{
  unsigned char i;
  for(i = 0;i<n;i++)
  delay1ms();
}
/* * * * * * * * * * * * * * * * * * * * * * * * * * * * * * * * *
以下是对液晶模块的操作程序
* * * * * * * * * * * * * * * * * * * * * * * * * * * * * * * * * */
/* * * * * * * * * * * * * * * * * * * * * * * * * * * * * * * * *
函数功能:判断液晶模块的忙碌状态
返回值:result。result = 1,忙碌;result = 0,不忙
* * * * * * * * * * * * * * * * * * * * * * * * * * * * * * * * * */
unsigned char BusyTest(void)
{
  bit result;
  RS = 0;                  //根据规定,RS 为低电平,RW 为高电平时,可以读状态
  RW = 1;
  E = 1;                   //E = 1,才允许读写
  _nop_();                 //空操作
  _nop_();
  _nop_();
  _nop_();                 //空操作 4 个机器周期,给硬件反应时间
  result = BF;             //将忙碌标志电平赋给 result
  E = 0;                   //将 E 恢复低电平
  return result;
}
/* * * * * * * * * * * * * * * * * * * * * * * * * * * * * * * * *
函数功能:将模式设置指令或显示地址写入液晶模块
入口参数:dictate
* * * * * * * * * * * * * * * * * * * * * * * * * * * * * * * * * */
void WriteInstruction (unsigned char dictate)
{
    while(BusyTest( )= =1);  //如果忙就等待
    RS = 0;                            //根据规定,RS 和 RW 同时为低电平时,可以写入指令
    RW = 0;
```

```
    E = 0;                      //E 置低电平,根据表 5-2,写指令时,E 为高脉冲,
                                //就是让 E 从 0 到 1 发生正跳变,所以应先置"0"
    _nop_();
    _nop_();                    //空操作 2 个机器周期,给硬件反应时间
    P0 = dictate;               //将数据送入 P0 口,即写入指令或地址
    _nop_();
    _nop_();
    _nop_();
    _nop_();                    //空操作 4 个机器周期,给硬件反应时间
    E = 1;                      //E 置高电平
    _nop_();
    _nop_();
    _nop_();
    _nop_();                    //空操作 4 个机器周期,给硬件反应时间
    E = 0;                      //当 E 由高电平跳变成低电平时,液晶模块开始执行命令
}
/* * * * * * * * * * * * * * * * * * * * * * * * * * * * * * * * * * * *
函数功能:指定字符显示的实际地址
入口参数:x
* * * * * * * * * * * * * * * * * * * * * * * * * * * * * * * * * * * * * /
void WriteAddress(unsigned char x)
{
    WriteInstruction(x |0x80);  //显示位置的确定方法规定为"80H+地址码 x"
}
/* * * * * * * * * * * * * * * * * * * * * * * * * * * * * * * * * * * *
函数功能:将数据(字符的标准 ASCII 码)写入液晶模块
入口参数:y(为字符常量)
* * * * * * * * * * * * * * * * * * * * * * * * * * * * * * * * * * * * * /
void WriteData(unsigned char y)
{
    while(BusyTest() = =1);
    RS = 1;                     //RS 为高电平,RW 为低电平时,可以写入数据
    RW = 0;
    E = 0;                      //E 置低电平,根据表 5-2,写指令时,E 为高脉冲,
                                //就是让 E 从 0 到 1 发生正跳变,所以应先置"0"
    P0 = y;                     //将数据送入 P0 口,即将数据写入液晶模块
    _nop_();
    _nop_();
    _nop_();
    _nop_();                    //空操作 4 个机器周期,给硬件反应时间
    E = 1;                      //E 置高电平
    _nop_();
```

```
    _nop_();
    _nop_();
    _nop_();                    //空操作4个机器周期,给硬件反应时间
    E=0;                        //当E由高电平跳变成低电平时,液晶模块开始执行命令
}
```
/* *
函数功能:对LCD的显示模式进行初始化设置
* */
```
void LcdInitiate(void)
{
    delaynms(15);               //延时15 ms,首次写指令时应给LCD一段较长的反应时间
    WriteInstruction(0x38);     //显示模式设置:16×2显示,5×7点阵,8位数据接口
    delaynms(5);                //延时5 ms,给硬件一段反应时间
    WriteInstruction(0x38);
    delaynms(5);
    WriteInstruction(0x38);     //连续3次,确保初始化成功
    delaynms(5);
    WriteInstruction(0x0c);     //显示模式设置:显示开,无光标,光标不闪烁
    delaynms(5);
    WriteInstruction(0x06);     //显示模式设置:光标右移,字符不移
    delaynms(5);
    WriteInstruction(0x01);     //清屏幕指令,将以前的显示内容清除
    delaynms(5);
}
```
/* *
函数功能:显示时
* */
```
void Display(unsigned char x)
{
    unsigned char i,j;
    i=x/10;                     //取整运算,求得十位数字
    j=x%10;                     //取余运算,求得个位数字
    WriteAddress(0x44);         //写显示地址,将十位数字显示在第2行第5列
    WriteData(digit[i]);        //将十位数字的字符常量写入LCD
    WriteData(digit[j]);        //将个位数字的字符常量写入LCD
}
```
/* *
以下是对AT24C02的读写操作程序
* */
/* *
函数功能:开始数据传送
* */

```
void start()
//开始位
{
  SDA = 1;              //SDA 初始化为高电平"1"
  SCL = 1;              //开始数据传送时,要求 SCL 为高电平"1"
  _nop_();              //等待 1 个机器周期
  _nop_();              //等待 1 个机器周期
  SDA = 0;              //SDA 的下降沿被认为是开始信号
  _nop_();              //等待 1 个机器周期
  _nop_();              //等待 1 个机器周期
  _nop_();              //等待 1 个机器周期
  _nop_();              //等待 1 个机器周期
  SCL = 0;              //SCL 为低电平时,SDA 上数据才允许变化(即允许以后的数据传递)
}
/* * * * * * * * * * * * * * * * * * * * * * * * * * * * * * * * * * * *
函数功能:结束数据传送
* * * * * * * * * * * * * * * * * * * * * * * * * * * * * * * * * * * */
void stop()
//停止位
{
  SDA = 0;              //SDA 初始化为低电平"0"
  _nop_();              //等待 1 个机器周期
  _nop_();              //等待 1 个机器周期
  SCL = 1;              //结束数据传送时,要求 SCL 为高电平"1"
  _nop_();              //等待 1 个机器周期
  _nop_();              //等待 1 个机器周期
  _nop_();              //等待 1 个机器周期
  _nop_();              //等待 1 个机器周期
  SDA = 1;              //SDA 的上升沿被认为是结束信号
}
/* * * * * * * * * * * * * * * * * * * * * * * * * * * * * * * * * * *
函数功能:从 AT24Cxx 读取数据
出口参数:x
* * * * * * * * * * * * * * * * * * * * * * * * * * * * * * * * * * * */
unsigned char ReadData()
//从 AT24Cxx 移入数据到 MCU
{
  unsigned char i;
  unsigned char x;     //存储从 AT24Cxx 中读出的数据
  for(i = 0; i < 8; i++)
  {
    SCL = 1;           //SCL 置为高电平
```

```
    x<<=1;                      //将 x 中的各二进制位向左移 1 位
    x|=(unsigned char)SDA;      //将 SDA 上的数据通过按位"或"运算存入 x 中
    SCL = 0;                    //在 SCL 的下降沿读出数据
  }
  return(x);                    //将读取的数据返回
}
```

/ *

函数功能:向 AT24Cxx 的当前地址写入数据

入口参数:y (存储待写入的数据)

* /

```
//在调用此数据写入函数前需要首先调用开始函数 start(),所以 SCL=0
bit WriteCurrent(unsigned char y)
{
  unsigned char i;
  bit ack_bit;                  //存储应答位
  for(i = 0; i < 8; i++)        //循环移入 8 个位
  {
    SDA = (bit)(y&0x80);        //通过按位"与"运算将最高位数据送到 SDA
                                //因为传送时高位在前、低位在后
    _nop_();                    //等待 1 个机器周期
    SCL = 1;                    //在 SCL 的上升沿将数据写入 AT24Cxx
    _nop_();                    //等待 1 个机器周期
    _nop_();                    //等待 1 个机器周期
    SCL = 0;                    //将 SCL 重新置为低电平,以在 SCL 上形成传送数据所需的 8 个脉冲
    y <<= 1;                    //将 y 中的各二进制位向左移 1 位
  }
  SDA = 1;                      //发送设备(主机)应在时钟脉冲的高电平期间(SCL=1)释放 SDA 线,
                                //以让 SDA 线转由接收设备(AT24Cxx)控制
  _nop_();                      //等待 1 个机器周期
  _nop_();                      //等待 1 个机器周期
  SCL = 1;                      //根据上述规定,SCL 应为高电平
  _nop_();                      //等待 1 个机器周期
  _nop_();                      //等待 1 个机器周期
  _nop_();                      //等待 1 个机器周期
  _nop_();                      //等待 1 个机器周期
  ack_bit = SDA;                //接收设备(AT24Cxx)向 SDA 送低电平,表示已经接收到 1 字节;
                                //若送高电平,表示没有接收到,传送异常
  SCL = 0;                      //SCL 为低电平时,SDA 上数据才允许变化(即允许以后的数据传递)
  return  ack_bit;              //返回 AT24Cxx 应答位
}
```

/ *

函数功能:向 AT24Cxx 中的指定地址写入数据

入口参数:add(存储指定的地址);dat(存储待写入的数据)

* */

```c
void WriteSet(unsigned char add, unsigned char dat)
//在指定地址 addr 处写入数据 WriteCurrent
{
  start();                   //开始数据传递
  WriteCurrent(OP_WRITE);    //选择要操作的 AT24Cxx 芯片,并告知要对其写入数据
  WriteCurrent(add);         //写入指定地址
  WriteCurrent(dat);         //向当前地址(上面指定的地址)写入数据
  stop();                    //停止数据传递
  delaynms(4);               //1 字节的写入周期为 1 ms,最好延时 1 ms 以上
}
```

/* *

函数功能:从 AT24Cxx 中的当前地址读取数据

出口参数:x(存储读取的数据)

* */

```c
unsigned char ReadCurrent()
{
  unsigned char x;
  start();                   //开始数据传递
  WriteCurrent(OP_READ);     //选择要操作的 AT24Cxx 芯片,并告知要读取其数据
  x=ReadData();              //将读取的数据存入 x
  stop();                    //停止数据传递
  return x;                  //返回读取的数据
}
```

/* *

函数功能:从 AT24Cxx 中的指定地址读取数据

入口参数:set_add

出口参数:x

* */

```c
unsigned char ReadSet(unsigned char set_add)
//在指定地址读取
{
  start();                   //开始数据传递
  WriteCurrent(OP_WRITE);    //选择要操作的 AT24Cxx 芯片,并告知要对其写入数据
  WriteCurrent(set_add);     //写入指定地址
  return(ReadCurrent());     //从指定地址读出数据并返回
}
```

/* *

函数功能:主函数

* */

```c
void main(void)
```

```
{
    unsigned char sum;          //储存计数值
    unsigned char x;            //储存从 AT24C02 读出的值
    LcdInitiate();              //调用 LCD 初始化函数
    sum = 0;                    //将计数值初始化为 0
    while(1)                    //无限循环
    {
        if(S == 0)              //如果该键被按下
        {
            delaynms(80);       //软件消抖,延时 80ms
            if(S == 0)          //确实该键被按下
            sum++;              //按键值加 1
            if(sum == 99)       //如果计满 99
            sum = 0;            //清 0,重新开始计数
        }
        WriteSet(0x01,sum);     //将按键值写入 AT24C02 中的指定地址"0x01"
        x = ReadSet(0x01);      //从 AT24C02 中读出按键值
        Display(x);             //将按键值用 LCD 显示
    }
}
```

3. 利用 Proteus 仿真软件仿真

经 Keil C51 软件编译通过后,可利用 Proteus 仿真软件进行仿真。在 Proteus ISIS 编辑环境中绘制仿真电路图,或者打开计算机中的"仿真训练\项目 9\ex9.2"文件夹内的"ex9.2. DSN"仿真原理图文件,将编译好的"ex9.2. hex"文件载入 AT89S52。启动仿真,即可以看到用鼠标按下按键 S 时,液晶显示的数字就随之加 1,与预期的结果相同。

【技能训练 9.3】 对 I²C 总线上挂接两个 AT24C02 的读写操作

对 I²C 总线上挂接两个 AT24C02 进行读写操作采用的电路原理图及其仿真效果如图 9-18 所示。要求先将数据"0xaa"(即二进制数据 10101010B)写入第 1 个 AT24C02(图 9-18 中 U2)的指定地址"0x36",再将该数据读出后存入第 2 个 AT24C02(图 9-18 中 U3)的指定地址"0x48",最后读出该数据并送 P1 口,用 8 个 LED 显示验证。

1. 实现方法

由于第 1 个 AT24C02(U2)的 3 个地址位(A0A1A2)均接地(低电平),第 2 个 AT24C02(U3)的 3 个地址位(A0A1A2)均接电源(高电平)。因此,第 1 个 AT24C02 的 3 个地址位为"000";第 2 个 AT24C02 的 3 个地址位为"111"。在写命令时,指明要操作的器件地址,即可对不同的 AT24C02 进行操作。

软件流程:指明两个器件的地址→将数据写入第 1 个器件→从第 1 个器件读出数据→将读出的数据写入第 2 个器件→从第 2 个器件读出数据→将读出的数据送 P1 口,用 8 个 LED 显示验证。

2. 对 I²C 总线上挂接两个 AT24C02 的读写操作的程序设计

先建立文件夹"ex9.3",然后建立"ex9.3"工程项目,最后建立源程序文件"ex9.3. c",输

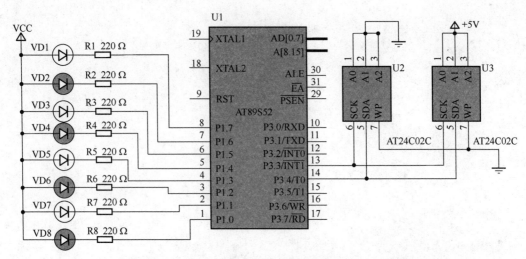

图 9-18　对 I^2C 总线上挂接两个 AT24C02 的读写操作的电路原理图及其仿真效果

入如下源程序:

```
//训练任务9.3:对I2C总线上挂接多个AT24C02的读写操作
#include <reg51.h>          //包含单片机寄存器的头文件
#include <intrins.h>        //包含_nop_()函数定义的头文件
#dcfine OP_READ1 0xa1       //器件1地址以及读取操作,0xa1即为1010 0001B
#define OP_WRITE1 0xa0      //器件1地址以及写入操作,0xa0即为1010 0000B
#define OP_READ2 0xaf       //器件2地址以及读取操作,0xaf即为1010 1111B
#define OP_WRITE2 0xae      //器件2地址以及写入操作,0xae即为1010 1110B
sbit SDA = P3^4;            //将串行数据/地址总线SDA位定义为P3.4引脚
sbit SCL = P3^3;            //将串行时钟总线SCL位定义为P3.3引脚
/* * * * * * * * * * * * * * * * * * * * * * * * * * * * * * * *
函数功能:延时1ms
(3j+2) * i = (3×33+2)×10 = 1010(μs),可以认为是1 ms
* * * * * * * * * * * * * * * * * * * * * * * * * * * * * * * * * /
void delay1ms()
{
    unsigned char i,j;
    for(i = 0;i<10;i++)
    for(j = 0;j<33;j++)
            ;
}
/* * * * * * * * * * * * * * * * * * * * * * * * * * * * * * * *
函数功能:延时若干毫秒
入口参数:n
* * * * * * * * * * * * * * * * * * * * * * * * * * * * * * * * * /
void delaynms(unsigned char n)
{
```

```
    unsigned char i;
    for(i = 0;i<n;i++)
    delay1ms();
}
```

/* *

函数功能:开始数据传送

* /

```
void start()
//开始位
{
    SDA = 1;                 //SDA 初始化为高电平"1"
    SCL = 1;                 //开始数据传送时,要求 SCL 为高电平"1"
    _nop_();                 //等待 1 个机器周期
    _nop_();                 //等待 1 个机器周期
    SDA = 0;                 //SDA 的下降沿被认为是开始信号
    _nop_();                 //等待 1 个机器周期
    _nop_();                 //等待 1 个机器周期
    _nop_();                 //等待 1 个机器周期
    _nop_();                 //等待 1 个机器周期
    SCL = 0;                 //SCL 为低电平时,SDA 上数据才允许变化(即允许以后的数据传递)
    _nop_();                 //等待 1 个机器周期
}
```

/* *

函数功能:结束数据传送

* /

```
void stop()
//停止位
{
    SDA = 0;                 //SDA 初始化为低电平"0"
    _nop_();                 //等待 1 个机器周期
    _nop_();                 //等待 1 个机器周期
    SCL = 1;                 //结束数据传送时,要求 SCL 为高电平"1"
    _nop_();                 //等待 1 个机器周期
    _nop_();                 //等待 1 个机器周期
    _nop_();                 //等待 1 个机器周期
    _nop_();                 //等待 1 个机器周期
    _nop_();                 //等待 1 个机器周期
    SDA = 1;                 //SDA 的上升沿被认为是结束信号
}
```

/* *

函数功能:从 AT24Cxx 读取数据

出口参数:x

```
* * * * * * * * * * * * * * * * * * * * * * * * * * * * * * * * * * * * */
unsigned char ReadData()
//从 AT24Cxx 移入数据到 MCU
{
  unsigned char i;
  unsigned char x;              //存储从 AT24Cxx 中读出的数据
  for(i = 0; i < 8; i++)
  {
    SCL = 1;                    //SCL 置为高电平
    x<<=1;                      //将 x 中的各二进制位向左移 1 位
    x|=(unsigned char)SDA;      //将 SDA 上的数据通过按位"或"运算存入 x 中
    SCL = 0;                    //在 SCL 的下降沿读出数据
  }
  return(x);                    //将读取的数据返回
}

/* * * * * * * * * * * * * * * * * * * * * * * * * * * * * * * * * * * *
函数功能:向 AT24Cxx 的当前地址写入数据
入口参数:y (储存待写入的数据)
* * * * * * * * * * * * * * * * * * * * * * * * * * * * * * * * * * * * */
//在调用此数据写入函数前需首先调用开始函数 start(),所以 SCL=0
bit WriteCurrent(unsigned char y)
{
    unsigned char i;
    bit ack_bit;               //存储应答位
    for(i = 0; i < 8;i++)      //循环移入 8 个位
    {
      SDA = (bit)(y&0x80);     //通过按位"与"运算将最高位数据送到 SDA
                               //因为传送时高位在前、低位在后
      _nop_();                 //等待 1 个机器周期
      SCL = 1;                 //在 SCL 的上升沿将数据写入 AT24Cxx
      _nop_();                 //等待 1 个机器周期
      _nop_();                 //等待 1 个机器周期
      SCL = 0;                 //将 SCL 重新置为低电平,以在 SCL 上形成传送数据所需的 8 个脉冲
      y <<= 1;                 //将 y 中的各二进制位向左移 1 位
    }
    SDA = 1;                   //发送设备(主机)应在时钟脉冲的高电平期间(SCL=1)释放
                               //SDA 线以让 SDA 线转由接收设备(AT24Cxx)控制
    _nop_();                   //等待 1 个机器周期
    _nop_();                   //等待 1 个机器周期
    SCL = 1;                   //根据上述规定,SCL 应为高电平
    _nop_();                   //等待 1 个机器周期
```

```
    _nop_();                 //等待 1 个机器周期
    _nop_();                 //等待 1 个机器周期
    _nop_();                 //等待 1 个机器周期
    ack_bit = SDA;           //接收设备(AT24Cxx)向 SDA 送低电平,表示已经接收到 1 字节;
                             //若送高电平,表示没有接收到,传送异常
    SCL = 0;                 //SCL 为低电平时,SDA 上数据才允许变化(即允许以后的数据传递)
    return  ack_bit;         //返回 AT24Cxx 应答位
}
/* * * * * * * * * * * * * * * * * * * * * * * * * * * * * * * * * * * * *
函数功能:向第 1 个 AT24Cxx 中的指定地址写入数据
入口参数:add (存储指定的地址);dat(存储待写入的数据)
* * * * * * * * * * * * * * * * * * * * * * * * * * * * * * * * * * * * */
void WriteSet1(unsigned char add, unsigned char dat)
//在指定地址 addr 处写入数据 WriteCurrent
{
    start();                 //开始数据传递
    WriteCurrent(OP_WRITE1);//选择要操作的第 1 个 AT24Cxx 芯片,并告知要对其写入数据
    WriteCurrent(add);       //写入指定地址
    WriteCurrent(dat);       //向当前地址(上面指定的地址)写入数据
    stop();                  //停止数据传递
    delaynms(4);             //1 字节的写入周期为 1ms, 最好延时 1ms 以上
}
/* * * * * * * * * * * * * * * * * * * * * * * * * * * * * * * * * * * * *
函数功能:向第 2 个 AT24Cxx 中的指定地址写入数据
入口参数:add (存储指定的地址);dat(存储待写入的数据)
* * * * * * * * * * * * * * * * * * * * * * * * * * * * * * * * * * * * */
void WriteSet2(unsigned char add, unsigned char dat)
//在指定地址 addr 处写入数据 WriteCurrent
{
    start();                 //开始数据传递
    WriteCurrent(OP_WRITE2);//选择要操作的第 2 个 AT24Cxx 芯片,并告知要对其写入数据
    WriteCurrent(add);       //写入指定地址
    WriteCurrent(dat);       //向当前地址(上面指定的地址)写入数据
    stop();                  //停止数据传递
    delaynms(4);             //1 字节的写入周期为 1ms, 最好延时 1ms 以上
}
/* * * * * * * * * * * * * * * * * * * * * * * * * * * * * * * * * * * * *
函数功能:从第 1 个 AT24Cxx 中的当前地址读取数据
出口参数:x (储存读出的数据)
* * * * * * * * * * * * * * * * * * * * * * * * * * * * * * * * * * * * */
unsigned char ReadCurrent1()
{
```

```
   unsigned char x;
   start();                  //开始数据传递
   WriteCurrent(OP_READ1);   //选择要操作的第 1 个 AT24Cxx 芯片,并告知要读取其数据
   x=ReadData();             //将读取的数据存入 x
   stop();                   //停止数据传递
   return x;                 //返回读取的数据
}
/* * * * * * * * * * * * * * * * * * * * * * * * * * * * * * * * * * * * * *
```
函数功能:从第 2 个 AT24Cxx 中的当前地址读取数据
出口参数:x(储存读出的数据)
```
* * * * * * * * * * * * * * * * * * * * * * * * * * * * * * * * * * * * * * */
unsigned char ReadCurrent2()
{
   unsigned char x;
   start();                  //开始数据传递
   WriteCurrent(OP_READ2);   //选择要操作的第 2 个 AT24Cxx 芯片,并告知要读其数据
   x=ReadData();             //将读取的数据存入 x
   stop();                   //停止数据传递
   return x;                 //返回读取的数据
}
/* * * * * * * * * * * * * * * * * * * * * * * * * * * * * * * * * * * * * *
```
函数功能:从第 1 个 AT24Cxx 中的指定地址读取数据
入口参数:set_addr
出口参数:x
```
* * * * * * * * * * * * * * * * * * * * * * * * * * * * * * * * * * * * * * */
unsigned char ReadSet1(unsigned char set_addr)
   //在指定地址读取
   {
   start();                     //开始数据传递
   WriteCurrent(OP_WRITE1);     //选择要操作的第 1 个 AT24Cxx 芯片,并告知要对其写入数据
   WriteCurrent(set_addr);      //写入指定地址
   return(ReadCurrent1());      //从第 1 个 AT24Cxx 芯片指定地址读取数据并返回
}
/* * * * * * * * * * * * * * * * * * * * * * * * * * * * * * * * * * * * * *
```
函数功能:从第 2 个 AT24Cxx 中的指定地址读取数据
入口参数:set_addr
出口参数:x
```
* * * * * * * * * * * * * * * * * * * * * * * * * * * * * * * * * * * * * * */
unsigned char ReadSet2(unsigned char set_addr)
   //在指定地址读取
   {
   start();                     //开始数据传递
```

```
    WriteCurrent(OP_WRITE2);//选择要操作的第 2 个 AT24Cxx 芯片,并告知要对其写入数据
    WriteCurrent(set_addr);  //写入指定地址
    return(ReadCurrent2()); //从第 2 个 AT24Cxx 芯片指定地址读取数据并返回
}
/* * * * * * * * * * * * * * * * * * * * * * * * * * * * * * * * * * * *
函数功能:主函数
* * * * * * * * * * * * * * * * * * * * * * * * * * * * * * * * * * * */
Void main(void)
{
    unsigned char x;
    SDA = 1;                   //SDA=1,SCL=1,使主从设备处于空闲状态
    SCL = 1;
    WriteSet1(0x36,0xaa);  //将数据"0xaa"写入第 1 个 AT24C02 的指定地址"0x36"
    x=ReadSet1(0x36);      //从第 2 个 AT24C02 中的指定地址"0x36"读取数据
    WriteSet2(0x48,x);     //将读取的数据写入第 2 个 AT24C02 的指定地址"0x48"
    P1=ReadSet2(0x48);     //从第 2 个 AT24C02 中的指定地址读取的数据送 P1 口显示验证
}
```

3. 利用 Proteus 仿真软件仿真

经 Keil C51 软件编译通过后,可利用 Proteus 仿真软件进行仿真。在 Proteus ISIS 编辑环境中绘制仿真电路图,或者打开计算机中的"仿真训练\项目 9\ex9.3"文件夹内的"ex9.3.DSN"仿真原理图文件,将编译好的"ex9.3.hex"文件载入 AT89S52。启动仿真,即可以看到 P1 口的输出为 10101010 即"0xaa",与预期结果相同。

【技能训练 9.4】 DS18B20 温度检测及其液晶显示

使用数字温度传感器 DS18B20 检测温度,并通过 1602 型 LCD 显示检测结果。采用的电路原理图及其仿真效果如图 9-19 所示。

1. 实现方法

(1)DS18B20 的操作。根据单总线协议,使用 DS18B20 的步骤是初始化→识别→数据交换。由于本任务的单总线上仅挂接 1 个 DS18B20,允许单片机不必读取 64 位序列码而直接对 DS18B20 操作,因此可以使用跳过读序列号的操作命令(CCH);然后对 DS18B20 发出启动温度转换的操作命令(44H);等待转换完成后,再次将 DS18B20 初始化并跳过读序列号操作,接着向 DS18B20 发出读暂存器的操作命令(BEH),即可读出温度值。

(2)温度值的 LCD 显示。温度值的 LCD 显示方法可参考项目 8。

(3)软件流程:开始→初始化 DS18B20→跳过读序列号→启动温度转换→延时等待→初始化 DS18B20→跳过读序列号→读取温度。

2. DS18B20 温度检测及其液晶显示的程序设计

先建立文件夹"ex9.4",然后建立"ex9.4"工程项目,最后建立源程序文件"ex9.4.c",输入如下源程序:

```
//技能训练 9.4  DS18B20 温度检测及其液晶显示
#include<reg51.h>                         //包含单片机寄存器的头文件
#include<intrins.h>                       //包含_nop_()函数定义的头文件
```

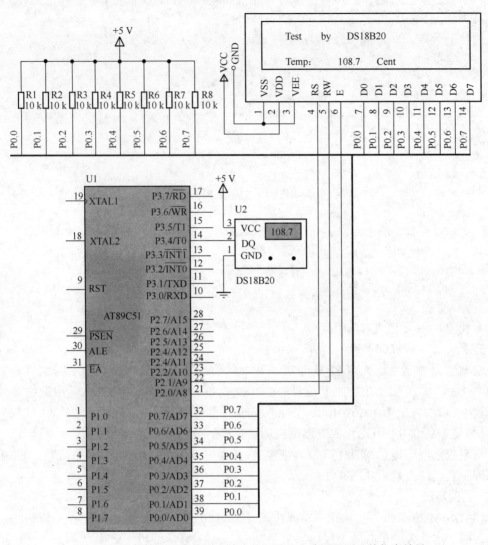

图 9-19 DS18B20 温度检测及其液晶显示的电路原理图及其仿真效果

```
unsigned char code digit[10]={"0123456789"};    //定义字符数组显示数字
unsigned char code Str[]={"Test by DS18B20"};    //说明显示的是温度
unsigned char code Error[]={"Error! Check!"};    //说明没有检测到 DS18B20
unsigned char code Temp[]={"Temp:"};             //说明显示的是温度
unsigned char code Cent[]={"Cent"};              //温度单位
/* * * * * * * * * * * * * * * * * * * * * * * * * * * * * * * * * * * * *
以下是对液晶模块的操作程序
 * * * * * * * * * * * * * * * * * * * * * * * * * * * * * * * * * * * * */
sbit RS=P2^0;           //寄存器选择位,将 RS 位定义为 P2.0 引脚
sbit RW=P2^1;           //读写选择位,将 RW 位定义为 P2.1 引脚
sbit E=P2^2;            //使能信号位,将 E 位定义为 P2.2 引脚
sbit BF=P0^7;           //忙碌标志位,,将 BF 位定义为 P0.7 引脚
```

```
/* * * * * * * * * * * * * * * * * * * * * * * * * * * * * * * * * *
```
函数功能:延时 1ms

$(3j+2) * i = (3 \times 33 + 2) \times 10 = 1010(\mu s)$,可以认为是 1 ms
```
* * * * * * * * * * * * * * * * * * * * * * * * * * * * * * * * * */
void delay1ms()
{
  unsigned char i,j;
  for(i=0;i<10;i++)
  for(j=0;j<33;j++)
      ;
}
/* * * * * * * * * * * * * * * * * * * * * * * * * * * * * * * * * *
```
函数功能:延时若干毫秒

入口参数:n
```
* * * * * * * * * * * * * * * * * * * * * * * * * * * * * * * * * */
void delaynms(unsigned char n)
{
  unsigned char i;
  for(i=0;i<n;i++)
  delay1ms();
}
/* * * * * * * * * * * * * * * * * * * * * * * * * * * * * * * * * *
```
函数功能:判断液晶模块的忙碌状态

返回值:result。result=1,忙碌;result=0,不忙
```
* * * * * * * * * * * * * * * * * * * * * * * * * * * * * * * * * */
bit BusyTest(void)
{
  bit result;
  RS=0;                      //根据规定,RS 为低电平,RW 为高电平时,可以读状态
  RW=1;
  E=1;                       //E=1,才允许读写
  _nop_();                   //空操作
  _nop_();
  _nop_();
  _nop_();                   //空操作 4 个机器周期,给硬件反应时间
  result=BF;                 //将忙碌标志电平赋给 result
  E=0;                       //将 E 恢复低电平
  return result;
}
/* * * * * * * * * * * * * * * * * * * * * * * * * * * * * * * * * *
```
函数功能:将模式设置指令或显示地址写入液晶模块

入口参数:dictate

```
* * * * * * * * * * * * * * * * * * * * * * * * * * * * * * * * * * * * /
void WriteInstruction (unsigned char dictate)
{
  while(BusyTest()==1);          //如果忙就等待
  RS=0;                          //根据规定,RS 和 RW 同时为低电平时,可以写入指令
  RW=0;
  E=0;                           //E 置低电平,根据表 5-2,写指令时,E 为高脉冲,
                                 //就是让 E 从 0 到 1 发生正跳变,所以应先置"0"
  _nop_();
  _nop_();                       //空操作 2 个机器周期,给硬件反应时间
  P0=dictate;                    //将数据送入 P0 口,即写入指令或地址
  _nop_();
  _nop_();
  _nop_();
  _nop_();                       //空操作 4 个机器周期,给硬件反应时间
  E=1;                           //E 置高电平
  _nop_();
  _nop_();
  _nop_();
  _nop_();                       //空操作 4 个机器周期,给硬件反应时间
  E=0;                           //当 E 由高电平跳变成低电平时,液晶模块开始执行命令
}
/* * * * * * * * * * * * * * * * * * * * * * * * * * * * * * * * * * * *
函数功能:指定字符显示的实际地址
入口参数:x
* * * * * * * * * * * * * * * * * * * * * * * * * * * * * * * * * * * * /
void WriteAddress(unsigned char x)
{
  WriteInstruction(x|0x80);  //显示位置的确定方法规定为"80H+地址码 x"
}
/* * * * * * * * * * * * * * * * * * * * * * * * * * * * * * * * * * * *
函数功能:将数据(字符的标准 ASCII 码)写入液晶模块
入口参数:y(为字符常量)
* * * * * * * * * * * * * * * * * * * * * * * * * * * * * * * * * * * * /
void WriteData(unsigned char y)
{
  while(BusyTest()==1);
  RS=1;                          //RS 为高电平,RW 为低电平时,可以写入数据
  RW=0;
  E=0;                           //E 置低电平,根据表 5-2,写指令时,E 为高脉冲,
                                 //就是让 E 从 0 到 1 发生正跳变,所以应先置"0"
  P0=y;                          //将数据送入 P0 口,即将数据写入液晶模块
```

```
    _nop_();
    _nop_();
    _nop_();
    _nop_();                          //空操作 4 个机器周期,给硬件反应时间
    E = 1;                            //E 置高电平
    _nop_();
    _nop_();
    _nop_();
    _nop_();                          //空操作 4 个机器周期,给硬件反应时间
    E = 0;                            //当 E 由高电平跳变成低电平时,液晶模块开始执行命令
}
```

```
/* * * * * * * * * * * * * * * * * * * * * * * * * * * * * * * * * * * *
函数功能:对 LCD 的显示模式进行初始化设置
* * * * * * * * * * * * * * * * * * * * * * * * * * * * * * * * * * * * */
void LcdInitiate(void)
{
    delaynms(15);                     //延时 15 ms,首次写指令时应给 LCD 一段较长的反应时间
    WriteInstruction(0x38);           //显示模式设置:16×2 显示,5×7 点阵,8 位数据接口
    delaynms(5);                      //延时 5 ms,给硬件一段反应时间
    WriteInstruction(0x38);
    delaynms(5);                      //延时 5 ms,给硬件一段反应时间
    WriteInstruction(0x38);           //连续 3 次,确保初始化成功
    delaynms(5);                      //延时 5 ms,给硬件一段反应时间
    WriteInstruction(0x0c);           //显示模式设置:显示开,无光标,光标不闪烁
    delaynms(5);                      //延时 5 ms,给硬件一段反应时间
    WriteInstruction(0x06);           //显示模式设置:光标右移,字符不移
    delaynms(5);                      //延时 5 ms,给硬件一段反应时间
    WriteInstruction(0x01);           //清屏幕指令,将以前的显示内容清除
    delaynms(5);                      //延时 5 ms,给硬件一段反应时间
}
```

```
/* * * * * * * * * * * * * * * * * * * * * * * * * * * * * * * * * * * *
以下是 DS18B20 的操作程序
* * * * * * * * * * * * * * * * * * * * * * * * * * * * * * * * * * * * */
sbit DQ = P3^3;
unsigned char time;                   //设置全局变量,专门用于严格延时
/* * * * * * * * * * * * * * * * * * * * * * * * * * * * * * * * * * * *
函数功能:将 DS18B20 传感器初始化,读取应答信号
出口参数:flag
* * * * * * * * * * * * * * * * * * * * * * * * * * * * * * * * * * * * */
bit Init_DS18B20(void)
{
    bit flag;                         //存储 DS18B20 是否存在的标志,flag = 0,表示存在;
```

```
                                        //flag=1,表示不存在
    DQ = 1;                             //先将数据线拉高
    for(time=0;time<2;time++)           //略微延时约 6 μs
      ;
    DQ = 0;                             //再将数据线从高拉低,要求保持 480~960 μs
    for(time=0;time<200;time++)         //略微延时约 600 μs
      ;
                                        //以向 DS18B20 发出一持续 480~960 μs 的低电平复位脉冲
    DQ = 1;                             //释放数据线(将数据线拉高)
    for(time=0;time<10;time++)
      ;                                 //延时约 30 μs(释放总线后需等待 15~60 μs 让 DS18B20 输
                                        //出存在脉冲)
    flag=DQ;                            //让单片机检测是否输出了存在脉冲(DQ=0 表示存在)
    for(time=0;time<200;time++)         //延时足够长时间,等待存在脉冲输出完毕
      ;
    return (flag);                      //返回检测成功标志
}
/* * * * * * * * * * * * * * * * * * * * * * * * * * * * * * * * * * *
函数功能:从 DS18B20 读取 1 字节数据
出口参数:dat
* * * * * * * * * * * * * * * * * * * * * * * * * * * * * * * * * * */
unsigned char ReadOneChar(void)
{
    unsigned char i=0;
    unsigned char dat;                  //存储读出的 1 字节数据
    for (i=0;i<8;i++)
    {
        DQ =1;                          //先将数据线拉高
        _nop_();                        //等待 1 个机器周期
        DQ = 0;                         //单片机从 DS18B20 读数据时,将数据线从高拉低
                                        //即启动读时序
        dat>>=1;
        _nop_();                        //等待 1 个机器周期
        DQ = 1                          //将数据线人为拉高,为单片机检测 DS18B20 的
                                        //输出电平做准备
        for(time=0;time<2;time++)
            ;                           //延时约 6 μs,使主机在 15 μs 内采样
        if(DQ==1)
        dat |=0x80;                     //如果读到的数据是 1,则将 1 存入 dat
            else
        dat |=0x00;                     //如果读到的数据是 0,则将 0 存入 dat
                                        //将单片机检测到的电平信号 DQ 存入 r[i]
        for(time=0;time<8;time++)
```

```
      ;                        //延时 3 μs,两个读时序之间必须有大于 1 μs 的恢
                               //复期
    }
  return(dat);                 //返回读取的十进制数据
}
/* * * * * * * * * * * * * * * * * * * * * * * * * * * * * * * * * *
函数功能:向 DS18B20 写入 1 字节数据
入口参数:dat
 * * * * * * * * * * * * * * * * * * * * * * * * * * * * * * * * * * * /
WriteOneChar(unsigned char dat)
{
  unsigned char i = 0;
  for (i = 0; i<8; i++)
   {
    DQ = 1;                    //先将数据线拉高
    _nop_();                   //等待 1 个机器周期
    DQ = 0;                    //将数据线从高拉低时即启动写时序
    DQ = dat&0x01;             //利用与运算取出要写的某位二进制数据,
                               //并将其送到数据线上等待 DS18B20 采样
    for(time = 0;time<10;time++)
      ;                        //延时约 30 μs,DS18B20 在拉低后 15~60 μs 期间从数据线
                               //上采样
    DQ = 1;                    //释放数据线
    for(time = 0;time<1;time++)
      ;                        //延时 3 μs,两个写时序间至少需要 1 μs 的恢复期
    dat>>= 1;                  //将 dat 中的各二进制位数据右移 1 位
   }
  for(time = 0;time<4;time++)
    ;                          //稍作延时,给硬件一段反应时间
}
/* * * * * * * * * * * * * * * * * * * * * * * * * * * * * * * * * *
以下是与温度有关的显示设置
 * * * * * * * * * * * * * * * * * * * * * * * * * * * * * * * * * * * /
/* * * * * * * * * * * * * * * * * * * * * * * * * * * * * * * * * *
函数功能:显示没有检测到 DS18B20
 * * * * * * * * * * * * * * * * * * * * * * * * * * * * * * * * * * * /
void display_error(void)
{
  unsigned char i;
  WriteAddress(0x00);          //写显示地址,将在第 1 行第 1 列开始显示
  i = 0;                       //从第 1 个字符开始显示
  while(Error[i] ! = '\0')     //只要没有写到结束标志,就继续写
```

```
    {
      WriteData(Error[i]);          //将字符常量写入 LCD
      i++;                          //指向下一个字符
      delaynms(100);                //延时 100 ms,以看清关于显示的说明
    }
    while(1)                        //进入死循环,等待查明原因
    ;
}
/* * * * * * * * * * * * * * * * * * * * * * * * * * * * * * * * * * * *
函数功能:显示说明信息
* * * * * * * * * * * * * * * * * * * * * * * * * * * * * * * * * * * * * */
void display_explain(void)
{
  unsigned char i;
  WriteAddress(0x00);              //写显示地址,将在第 1 行第 1 列开始显示
  i = 0;                           //从第 1 个字符开始显示
  while(Str[i] ! = '\0')          //只要没有写到结束标志,就继续写
  {
    WriteData(Str[i]);            //将字符常量写入 LCD
    i++;                          //指向下一个字符
    delaynms(100);                //延时 100 ms,以看清关于显示的说明
  }
}
/* * * * * * * * * * * * * * * * * * * * * * * * * * * * * * * * * * * *
函数功能:显示温度符号
* * * * * * * * * * * * * * * * * * * * * * * * * * * * * * * * * * * * * */
void display_symbol(void)
{
  unsigned char i;
  WriteAddress(0x40);              //写显示地址,将在第 2 行第 1 列开始显示
  i = 0;                           //从第 1 个字符开始显示
  while(Temp[i] ! = '\0')         //只要没有写到结束标志,就继续写
  {
    WriteData(Temp[i]);           //将字符常量写入 LCD
    i++;                          //指向下一个字符
    delaynms(50);                 //延时 1 ms,给硬件一段反应时间
  }
}
/* * * * * * * * * * * * * * * * * * * * * * * * * * * * * * * * * * * *
函数功能:显示温度的小数点
* * * * * * * * * * * * * * * * * * * * * * * * * * * * * * * * * * * * * */
void display_dot(void)
```

```
        {
            WriteAddress(0x49);              //写显示地址,将在第 2 行第 10 列开始显示
            WriteData('.');                  //将小数点的字符常量写入 LCD
            delaynms(50);                    //延时 1 ms,给硬件一段反应时间
        }
/* * * * * * * * * * * * * * * * * * * * * * * * * * * * * * * * * * * * *
函数功能:显示温度的单位(Cent)
 * * * * * * * * * * * * * * * * * * * * * * * * * * * * * * * * * * * * */
void display_cent(void)
        {
            unsigned char i;
            WriteAddress(0x4c);              //写显示地址,将在第 2 行第 13 列开始显示
            i = 0;                           //从第 1 个字符开始显示
            while(Cent[i] ! = '\0')          //只要没有写到结束标志,就继续写
                {
                    WriteData(Cent[i]);      //将字符常量写入 LCD
                    i++;                     //指向下一个字符
                    delaynms(50);            //延时 1 ms,给硬件一段反应时间
                }
        }
/* * * * * * * * * * * * * * * * * * * * * * * * * * * * * * * * * * * * *
函数功能:显示温度的整数部分
入口参数:x
 * * * * * * * * * * * * * * * * * * * * * * * * * * * * * * * * * * * * */
void display_temp1(unsigned char x)
        {
            unsigned char j,k,l;            //j,k,l 分别储存温度的百位、十位和个位
            j = x/100;                       //取百位
            k = (x%100)/10;                  //取十位
            l = x%10;                        //取个位
            WriteAddress(0x46);              //写显示地址,将在第 2 行第 7 列开始显示
            WriteData(digit[j]);             //将百位数字的字符常量写入 LCD
            WriteData(digit[k]);             //将十位数字的字符常量写入 LCD
            WriteData(digit[l]);             //将个位数字的字符常量写入 LCD
            delaynms(50);                    //延时 1 ms,给硬件一段反应时间
        }
/* * * * * * * * * * * * * * * * * * * * * * * * * * * * * * * * * * * * *
函数功能:显示温度的小数部分
入口参数:x
 * * * * * * * * * * * * * * * * * * * * * * * * * * * * * * * * * * * * */
void display_temp2(unsigned char x)
        {
```

```
    WriteAddress(0x4a);          //写显示地址,将在第 2 行第 11 列开始显示
    WriteData(digit[x]);         //将小数部分的第 1 位数字字符常量写入 LCD
    delaynms(50);                //延时 1 ms,给硬件一段反应时间
}
```

/* *

函数功能:做好读温度的准备

* /

```
void ReadyReadTemp(void)
{
    Init_DS18B20();              //将 DS18B20 初始化
    WriteOneChar(0xCC);          //跳过读序列号的操作
    WriteOneChar(0x44);          //启动温度转换
    for(time=0;time<100;time++)
    ;                            //温度转换需要一段时间
    Init_DS18B20();              //将 DS18B20 初始化
    WriteOneChar(0xCC);          //跳过读序列号的操作
    WriteOneChar(0xBE);          //读取温度寄存器,前两个分别是温度的低位和高位
}
```

/* *　* *

函数功能:主函数

* /

```
void main(void)
{
    unsigned char TL;            //存储暂存器的温度低位
    unsigned char TH;            //存储暂存器的温度高位
    unsigned char TN;            //存储温度的整数部分
    unsigned char TD;            //存储温度的小数部分
    LcdInitiate();               //将液晶初始化
    delaynms(5);                 //延时 5 ms,给硬件一段反应时间
    if(Init_DS18B20()==1)
    display_error();
    display_explain();
    display_symbol();            //显示温度说明
    display_dot();               //显示温度的小数点
    display_cent();              //显示温度的单位
    while(1)                     //不断检测并显示温度
    {
      ReadyReadTemp();           //读温度准备
      TL=ReadOneChar();          //先读的是温度值低位
      TH=ReadOneChar();          //接着读的是温度值高位
      TN=TH*16+TL/16;            //实际温度值=(TH*256+TL)/16,即 TH*16+TL/16
                                 //这样得出的是温度的整数部分,小数部分被舍去了
```

```
TD=(TL%16)*10/16;        //计算温度的小数部分,将余数乘以 10 再除以 16
                         //取整,这样得到的是温度小数部分的第 1 位数字
                         //(保留 1 位小数)
display_temp1(TN);       //显示温度的整数部分
display_temp2(TD);       //显示温度的小数部分
delaynms(10);
  }
}
```

3. 利用 Proteus 仿真软件仿真

经 Keil C51 软件编译通过后,可利用 Proteus 仿真软件进行仿真。在 Proteus ISIS 编辑环境中绘制仿真电路图,或者打开计算机中的"仿真训练\项目 9\ex9.4"文件夹内的"ex9.4.DSN"仿真原理图文件,将编译好的"ex9.4.hex"文件载入 AT89C51。启动仿真,即可以看到图 9-19 所示的仿真效果。

【技能训练 9.5】　将流水灯控制码写入 X5045 并读出送 P1 口显示

将流水灯控制码写入 X5045 并读出送 P1 口显示采用的电路原理图如图 9-20 所示。

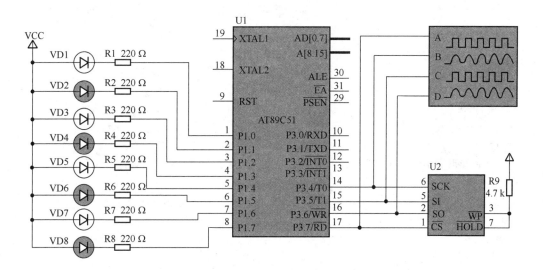

图 9-20　X5045 与单片机的接口电路原理图

1. 实现方法

对 X5045 的读写操作:根据 X5045 的通信协议,只要在时钟数据 SCK 的下降沿,让单片机对数据线 MISO(引脚 SO)采样,就可以读出数据,实现"读"操作。在 SCK 的上升沿,让单片机将要写的数据发送到数据线 MOSI(引脚 SI),即可将数据写入 X5045,实现"写"的操作。因为本训练要写入一系列数据,所以对 X5045 读写操作时,需要先指定第 1 个待写数据的地址。下一个数据的地址为上一个数据的地址加 1。

2. 将流水灯控制码写入 X5045 并读出送 P1 口显示的程序设计

先建立文件夹"ex9.5",然后建立"ex9.5"工程项目,最后建立源程序文件"ex9.5.c",输入如下源程序:

```
//技能训练 9.5:将流水灯控制码写入 X5045 并读出送 P1 口显示
#include<reg51.h>          //包含单片机寄存器的头文件
#include<intrins.h>        //包含_nop_()函数定义的头文件
sbit SCK = P3^4;           //将 SCK 位定义为 P3.4 引脚
sbit SI = P3^5;            //将 SI 位定义为 P3.5 引脚
sbit SO = P3^6;            //将 SO 位定义为 P3.6 引脚
sbit CS = P3^7;            //将 CS 位定义为 P3.7 引脚
#define WREN 0x06          //写使能锁存器允许
#define WRDI 0x04          //写使能锁存器禁止
#define WRSR 0x01          //写状态寄存器
#define READ 0x03          //读出
#define WRITE 0x02         //写入
/* * * * * * * * * * * * * * * * * * * * * * * * * * * * * * * * *
函数功能:延时 1ms
(3j+2) * i = (3×33+2)×10 = 1010(μs),可以认为是 1 ms
* * * * * * * * * * * * * * * * * * * * * * * * * * * * * * * * * */
void delay1ms()
{
    unsigned char i,j;
    for(i = 0;i<10;i++)
    for(j = 0;j<33;j++)
        ;
}
/* * * * * * * * * * * * * * * * * * * * * * * * * * * * * * * * *
函数功能:延时若干毫秒
入口参数:n
* * * * * * * * * * * * * * * * * * * * * * * * * * * * * * * * * */
void delaynms(unsigned char n)
{
    unsigned char i;
    for(i = 0;i<n;i++)
    delay1ms();
}
/* * * * * * * * * * * * * * * * * * * * * * * * * * * * * * * * *
函数功能:从 X5045 的当前地址读出数据
出口参数:x
* * * * * * * * * * * * * * * * * * * * * * * * * * * * * * * * * */
unsigned char ReadCurrent(void)
{
    unsigned char i;
    unsigned char x = 0x00;//存储从 X5045 中读取的数据
    SCK = 1;               //将 SCK 置于已知的高电平状态
```

```
    for(i = 0; i < 8; i++)
    {
      SCK = 1;                  //拉高 SCK
      SCK = 0;                  //在 SCK 的下降沿输出数据
      x<<=1;                    //将 x 中的各二进制位向左移 1 位,因为首先读出的是字节的最高位数据
      x |=(unsigned char)SO;    //将 SO 上的数据通过按位"或"运算存入 x
    }
    return(x);                  //将读取的数据返回
}
/* * * * * * * * * * * * * * * * * * * * * * * * * * * * * * * * * * *
函数功能:写数据到 X5045 的当前地址
入口参数:dat
* * * * * * * * * * * * * * * * * * * * * * * * * * * * * * * * * * * */
void WriteCurrent(unsigned char dat)
{
    unsigned char i;
    SCK = 0;                    //将 SCK 置于已知的低电平状态
    for(i = 0; i < 8; i++)      //循环移入 8 个位
    {
      SI =(bit)(dat&0x80);/     //通过按位"与"运算将最高位数据送到 SI
                                //因为传送时高位在前、低位在后
      SCK = 0;
      SCK = 1;                  //在 SCK 上升沿写入数据
      dat<<=1;                  //将 y 中的各二进制位向左移 1 位,因为首先写入的是字节的最高位
    }
}
/* * * * * * * * * * * * * * * * * * * * * * * * * * * * * * * * * * *
函数功能:写状态寄存器 ,可以设置看门狗的溢出时间及数据保护
入口参数:rs;                   //存储寄存器状态值
* * * * * * * * * * * * * * * * * * * * * * * * * * * * * * * * * * * */
void WriteSR(unsigned char rs)
{
  CS = 0;                       //拉低 CS,选中 X5045
  WriteCurrent(WREN);           //写使能锁存器允许
  CS = 1;                       //拉高 CS
  CS = 0;                       //重新拉低 CS,否则下面的写寄存器状态指令将被丢弃
  WriteCurrent(WRSR);           //写状态寄存器
  WriteCurrent(rs);             //写入新设定的寄存器状态值
  CS = 1;                       //拉高 CS
}
/* * * * * * * * * * * * * * * * * * * * * * * * * * * * * * * * * * *
函数功能:写数据到 X5045 的指定地址
```

入口参数:addr

```
* * * * * * * * * * * * * * * * * * * * * * * * * * * * * * * * * * * * * * * */
void WriteSet(unsigned char dat,unsigned char addr)
{
    SCK = 0;                        //将 SCK 置于已知状态
    CS = 0;                         //拉低 CS,选中 X5045
    WriteCurrent(WREN);             //写使能锁存器允许
    CS = 1;                         //拉高 CS
    CS = 0;                         //重新拉低 CS,否则下面的写入指令将被丢弃
    WriteCurrent(WRITE);            //写入指令
    WriteCurrent(addr);             //写入指定地址
    WriteCurrent(dat);              //写入数据
    CS = 1;                         //拉高 CS
    SCK = 0                         //将 SCK 置于已知状态
}

/* * * * * * * * * * * * * * * * * * * * * * * * * * * * * * * * * * * * * * * *
函数功能:从 X5045 的指定地址读出数据
入口参数:addr
出口参数:dat
* * * * * * * * * * * * * * * * * * * * * * * * * * * * * * * * * * * * * * * */
unsigned char ReadSet(unsigned char addr)
{
    unsigned char dat;
    SCK = 0;                        //将 SCK 置于已知状态
    CS = 0;                         //拉低 CS,选中 X5045
    WriteCurrent(READ);             //开始读
    WriteCurrent(addr);             //写入指定地址
    dat = ReadCurrent();            //读出数据
    CS = 1;                         //拉高 CS
    SCK = 0;                        //将 SCK 置于已知状态
    return dat;                     //返回读取的数据
}

/* * * * * * * * * * * * * * * * * * * * * * * * * * * * * * * * * * * * * * * *
函数功能:看门狗复位程序
* * * * * * * * * * * * * * * * * * * * * * * * * * * * * * * * * * * * * * * */
void WatchDog(void)
{
    CS = 1;                         //拉高 CS
    CS = 0;                         //CS 引脚的一个下降沿复位看门狗定时器
    CS = 1;                         //拉高 CS
}

/* * * * * * * * * * * * * * * * * * * * * * * * * * * * * * * * * * * * * * * *
```

函数功能:主函数

```
* * * * * * * * * * * * * * * * * * * * * * * * * * * * * * * * * /
void main(void)
{
    WriteSR(0x12);              //写状态寄存器(设定看门狗溢出时间为 600 ms,写不保护)
    delaynms(10);               //X5045 的写入周期约为 10 ms
    while(1)
    {
        WriteSet(0xaa,0x10);    //将数据"0xaa"写入指定地址"0x10"
        delaynms(10);           //X5045 的写入周期约为 10 ms
        P1 = ReadSet(0x10);     //将数据读出送 P1 口显示
        WatchDog();             //复位看门狗定时器
    }
}
```

3. 利用 Proteus 仿真软件仿真

经 Keil C51 软件编译通过后,可利用 Proteus 仿真软件进行仿真。在 Proteus ISIS 编辑环境中绘制仿真电路图,或者打开计算机中的"仿真训练\项目 9\ex9.5"文件夹内的"ex9.5. DSN"仿真原理图文件,将编译好的"ex9.5. hex"文件载入 AT89S52。启动仿真,首先看到虚拟示波器输出不断变化的波形(正在写入流水灯控制码);等待片刻,P1 口的 8 个 LED 开始流水灯点亮(从 X5045 中读出流水灯控制码)。

【技能训练 9.6】　对 SPI 总线上挂接两个 X5045 的读写操作

对 SIP 总线上挂接两个 X5045 的读写操作,要求先将"0xaa"写入第 1 个 X5045(U2)的指定地址"0x10",读出后写入第 2 个 X5045(U3)的指定地址"0x20",最后读取该数据并送 P1 口显示验证。采用的电路原理图及其仿真效果如图 9-21 所示。

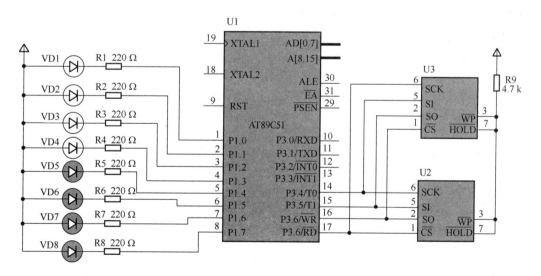

图 9-21　对两个 X5045 进行操作的接口电路原理图

1. 实现方法

（1）X5045 芯片的区别。当 SPI 总线上挂接多个 X5045 芯片（或其他 SPI 总线器件）时，在同一时刻只能对其中之一进行操作。操作时，只要 1 个 X5045 芯片的片选端 $\overline{CS}$ 信号为低电平，而其他 X5045 芯片的片选端 $\overline{CS}$ 保持高电平即可。

（2）对 X5045 芯片的读写。对 X5045 芯片的读写方法同技能训练 9.4。

2. 对 SPI 总线上挂接两个 X5045 的读写操作的程序设计

先建立文件夹"ex9.6"，然后建立"ex9.6"工程项目，最后建立源程序文件"ex9.6.c"，输入如下源程序：

```
//技能训练 9.6:对 SPI 总线上挂接两个 X5045 的读写操作
#include<reg51.h>          //包含单片机寄存器的头文件
#include<intrins.h>        //包含_nop_()函数定义的头文件
sbit SCK=P3^4;             //将 SCK 位定义为 P3.4 引脚
sbit SI=P3^5;              //将 SI 位定义为 P3.5 引脚
sbit SO=P3^6;              //将 SO 位定义为 P3.6 引脚
sbit CS=P3^7;              //将 SCK 位定义为 P3.7 引脚
#define WREN 0x06          //写使能锁存器允许
#define WRDI 0x04          //写使能锁存器禁止
#define WRSR 0x01          //写状态寄存器
#define READ 0x03          //读取
#define WRITE 0x02         //写入
unsigned char lamp[ ]={0xff,0xfe,0xfd,0xfb,0xf7,0xef,0xdf,0xbf,0x7f,0x7f,
0xbf,0xdf,0xef,0xf7,0xfb,0xfd,0xfe,0xff,0xff,0xfe,0xfc,0xfb,0xf0,0xe0,0xc0,0x80,
0x00,0xe7,0xdb,0xbd,0x7e,0xff,0xff,0x3c,0x18,0x00,0x81,0xc3,0xe7,0xff,0xff,0x7e,
0xbd,0xdb,0xe7,0xbd,0xdb,0x7e,0xff,0xaa};          //流水灯控制码
/*****************************************
函数功能:延时 1ms
(3j+2)*i=(3×33+2)×10=1010(μs),可以认为是 1 ms
*****************************************/
void delay1ms()
{
    unsigned char i,j;
    for(i=0;i<10;i++)
    for(j=0;j<33;j++)
        ;
}
/*****************************************
函数功能:延时若干毫秒
入口参数:n
*****************************************/
void delaynms(unsigned char n)
{
```

```
   unsigned char i;
   for(i = 0;i<n;i++)
   delay1ms();
}
```

/* *
函数功能:从 X5045 的当前地址读取数据
出口参数:x
 * /

```
unsigned char ReadCurrent(void)
{
   unsigned char i;
   unsigned char x = 0x00;      //存储从 X5045 中读取的数据
   SCK = 1;                     //将 SCK 置于已知的高电平状态
   for(i = 0; i < 8; i++)
   {
       SCK = 1;                 //拉高 SCK
       SCK = 0;                 //在 SCK 的下降沿输出数据
       x<<= 1;                  //将 x 中的各二进制位向左移 1 位,因为首先读出的是字节的最高位
     x |=(unsigned char)SO;     //将 SO 上的数据通过按位"或"运算存入 x
   }
return(x);                      //将读取的数据返回
}
```

/* *
函数功能:写数据到 X5045 的当前地址
入口参数:dat
 * /

```
void WriteCurrent(unsigned char dat)
{
   unsigned char i;
   SCK = 0;                     //将 SCK 置于已知的低电平状态
   for(i = 0; i < 8; i++)       //循环移入 8 个位
   {
     SI =(bit)(dat&0x80);       //通过按位"与"运算将最高位数据送到 SI
                                //因为传送时高位在前、低位在后
     SCK = 0;
     SCK = 1;                   //在 SCK 上升沿写入数据
     dat<<= 1;                  //将 y 中的各二进制位向左移 1 位,因为首先写入的是字节的最高位
   }
}
```

/* *
函数功能:写状态寄存器,可以设置看门狗定时器的溢出时间及数据保护

入口参数:rs;   //存储寄存器状态值
```
* * * * * * * * * * * * * * * * * * * * * * * * * * * * * * * * * * * * * * * /
void WriteSR(unsigned char rs)
{
  CS = 0;                       //拉低 CS,选中 X5045
  WriteCurrent(WREN);           //写使能锁存器允许
  CS = 1;                       //拉高 CS
  CS = 0;                       //重新拉低 CS,否则下面的写寄存器状态指令将被丢弃
  WriteCurrent(WRSR);           //写寄存器状态
  WriteCurrent(rs);             //写入新设定的寄存器状态值
  CS = 1;                       //拉高 CS
}
```
```
/* * * * * * * * * * * * * * * * * * * * * * * * * * * * * * * * * * * * * * *
```
函数功能:写数据到 X5045 的指定地址
入口参数:addr
```
* * * * * * * * * * * * * * * * * * * * * * * * * * * * * * * * * * * * * * * /
void WriteSet(unsigned char dat,unsigned char addr)
{
  SCK = 0;                      //将 SCK 置于已知的低电平状态
  CS = 0;                       //拉低 CS,选中 X5045
  WriteCurrent(WREN);           //写使能锁存器允许
  CS = 1;                       //拉高 CS
  CS = 0;                       //重新拉低 CS,否则下面的写入指令将被丢弃
  WriteCurrent(WRITE);          //写入指令
  WriteCurrent(addr);           //写入指定地址
  WriteCurrent(dat);            //写入数据
  CS = 1;                       //拉高 CS
  SCK = 0;                      //将 SCK 置于已知的低电平状态
}
```
```
/* * * * * * * * * * * * * * * * * * * * * * * * * * * * * * * * * * * * * * *
```
函数功能:从 X5045 的指定地址读出数据
入口参数:addr
出口参数:dat
```
* * * * * * * * * * * * * * * * * * * * * * * * * * * * * * * * * * * * * * * /
unsigned char ReadSet(unsigned char addr)
{
  unsigned char dat;
  SCK = 0;                      //将 SCK 置于已知的低电平状态
  CS = 0;                       //拉低 CS,选中 X5045
  WriteCurrent(READ);           //开始读
  WriteCurrent(addr);           //写入指定地址
  dat = ReadCurrent();          //读出数据
```

```
  CS = 1;                      //拉高 CS
  SCK = 0;                     //将 SCK 置于已知的低电平状态
  return dat;                  //返回读取的数据
}
/* * * * * * * * * * * * * * * * * * * * * * * * * * * * * * * * * * *
函数功能:看门狗定时器复位程序
* * * * * * * * * * * * * * * * * * * * * * * * * * * * * * * * * * * */
void WatchDog(void)
{
  CS = 1;                      //拉高 CS
  CS = 0;                      //CS 引脚的一个下降沿复位看门狗定时器
  CS = 1;                      //拉高 CS
}
/* * * * * * * * * * * * * * * * * * * * * * * * * * * * * * * * * * *
函数功能:主函数
* * * * * * * * * * * * * * * * * * * * * * * * * * * * * * * * * * * */
void main(void)
{
  unsigned char i;
  WriteSR(0x12);               //写状态寄存器(设定看门狗定时器溢出时间为 600 ms,写不保护)
  delaynms(10);                //X5045 的写入周期约为 10 ms
  for(i = 0;i<50;i++)
  {
    WriteSet(lamp[i],0x00+i);//将数据"0xaa"写入指定地址"0x10"
    delaynms(10);              //X5045 的写入周期约为 10 ms
  }
  while(1)
  {
    for(i = 0;i<50;i++)
  {
    P1 = ReadSet(0x00+i);  //将数据读出送 P1 口显示
    delaynms(100);
    WatchDog();
  }
  }
}
```

3. 利用 Proteus 仿真软件仿真

经 Keil C51 软件编译通过后,可利用 Proteus 仿真软件进行仿真。在 Proteus ISIS 编辑环境中绘制仿真电路图,或者打开计算机中的"仿真训练\项目 9\ex9.6"文件夹内的"ex9.6.DSN"仿真原理图文件,将编译好的"ex9.6.hex"文件载入 AT89C51。启动仿真,即可看到 P1 口的高 4 位 LED 点亮,而低 4 位 LED 熄灭,表明输出为 11110000B,即 0xf0,可见对两个 X5045 的读写操作是正确的。

![自我测试]

9-1　I²C 总线的特点是什么? 简述 I²C 总线的通信原理并画出 I²C 器件与接口电路原理图。

9-2　已知 AT24C02 与 AT89C51 单片机的接口电路如图 9-16 所示,编写程序将字符串"The date is 2008-10-2"写入 AT24C02 芯片,然后再读出该字符串,并通过 1602 型 LCD 显示。结果用 Proteus 仿真软件仿真和实验板验证。

9-3　DS18B20 的初始化协议的规定是什么? 画出 DS18B20 初始化的时序波形图。

9-4　SPI 总线的特点是什么? 简述 SPI 通信原理并画出 X5045 与 AT89C51 单片机的接口电路。

9-5　X5045 读写协议的规定是什么? 试编写 X5045 的读写程序。

9-6　使用 DS18B20 温度传感器设计一个数字式温度计。要求测量温度范围为-50~+100 ℃。精度误差在 0.1 ℃以内,4 位共阴极 LED 数码管动态扫描显示。

学习目标

(1)掌握模/数(A/D)、数/模(D/A)转换的概念。

(2)掌握 ADC0832 的功能及应用。

(3)掌握 ADC0832、DAC0832 与单片机的连接及编程。

(4)掌握 ADC0832、DAC0832 典型应用的技能。

(5)能完成单片机与 ADC0832、模/数转换芯片的电路和 C 语言程序设计,掌握 ADC0832、DAC0832 与单片机的连接及编程技能。

项目描述

使用 AT89S52 单片机,实现 ADC0832、DAC0832 应用训练。具体内容如下:

(1)利用 ADC0832 设计一个 5 V 直流数字电压表并通过 1602 型 LCD 显示出来。

(2)利用 DAC0832 将数字信号转换为 0~+5 V 的锯齿波电压。

知识链接

一、模/数(A/D)转换器件的基本知识

在工业控制和智能化仪表中,常用单片机进行实时控制及实时数据处理。由于单片机所能处理的信息必须是数字量,而控制或测量对象的有关参量往往是连续变化的模拟量,如温度、电压、速度和压力等,因此必须将模拟量转换成数字量。模拟量转换成数字量的过程就是模/数(A/D)转换,能实现 A/D 转换的设备称为 A/D 转换器或 ADC。

1.A/D 转换基本知识

A/D 转换过程如图 10-1 所示,模拟信号经采样、保持、量化和编码后就可以转换为数字信号。这个转换过程可以由专用的集成芯片完成,使用非常方便。A/D 转换器分为逐次逼近式 A/D 转换器、双积分式 A/D 转换器、并行式 A/D 转换器。逐次逼近式 A/D 转换器在精度、价格和转换速度上都适中,是目前最常用的 A/D 转换器;双积分式 A/D 转换器具有精度高、抗干扰性好、价格低廉等优点,但转换速度较慢,经常用于对速度要求不高的仪器仪表中;并行式 A/D 转换器是一种用编码技术实现的高速 A/D 转换器,转换速度快,价格高,通常用于视频信号处理等场合。

2. 逐次逼近式 A/D 转换器的转换原理

图 10-2 是逐次逼近式 A/D 转换器的工作原理图。由图 10-2 可见,ADC 由比较器、D/A

转换器、逐次比较寄存器和控制逻辑组成。

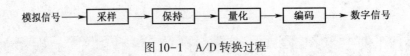

图 10-1　A/D 转换过程

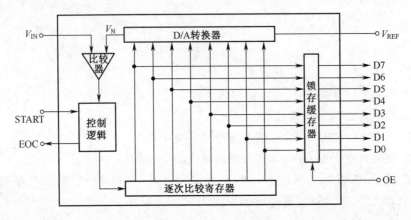

图 10-2　逐次逼近式 A/D 转换器的工作原理图

在时钟脉冲的同步下，控制逻辑先使 N 位寄存器的 D7 位置 1(其余位为 0)，此时该寄存器输出的内容为 80H，此值经 D/A 转换器转换为模拟量输出 V_N，与待转换的模拟信号 V_{IN} 相比较，若 V_{IN} 大于或等于 V_N 则比较器输出为 1。于是在时钟脉冲的同步下，保留 D7 = 1，并使下一位 D6 = 1，所得新值(C0H)再经 D/A 转换器转换得到新的 V_N，再与 V_{IN} 比较，重复前述过程；反之，若使 D7 = 1 后，经比较，若 V_{IN} 小于 V_N，则使 D7 = 0，D6 = 1，所得新值 V_N 再与 V_{IN} 比较，重复前述过程。依次类推，从 D7 到 D0 都比较完毕，转换便结束。转换结束时，控制逻辑使 EOC 变为高电平，表示 A/D 转换结束，此时的 D7~D0 即为对应于模拟输入信号 V_{IN} 的数字量。

3. 双积分式 A/D 转换器的转换原理

图 10-3 是双积分式 A/D 转换器的工作原理图。控制逻辑先对未知的输入模拟电压 V_{IN} 进行固定时间 T 积分，然后转为对标准电压进行反向积分，直至积分输出返回起始值。对标准电压的积分时间 T_1(或 T_2) 正比于模拟输入电压 V_{IN}。输入电压大，则反向积分时间长。用高频率标准时钟脉冲来测量积分时间 T_1(或 T_2)，即可得到对应于模拟电压 V_{IN} 的数字量。

4. A/D 转换器的主要技术指标

(1)转换时间。从发出启动转换命令到转换结束获得整个数字信号为止所需要的时间称为转换时间。

(2)分辨率。分辨率表示转换器对微小输入量变化的敏感程度，通常用转换器输出数字量的位数来表示。例如，8 位 A/D 转换器的数字输出量的变化范围为 0~255，当输入电压的满刻度为 5 V 时，数字量每变化一个数字所对应输入模拟电压的值为 5 V/255 = 19.6 mV，分辨能力就是 19.6 mV。当检测信号要求较高时，需要采用分辨率高的 A/D 转换器。目前常用的 A/D 转换集成芯片的转换位数有 8 位、10 位、12 位和 14 位等。

（3）转换精度。转换精度是指转换后所得的结果相对于实际值的准确度,可以用满量程的百分比来表示,如±0.05%。

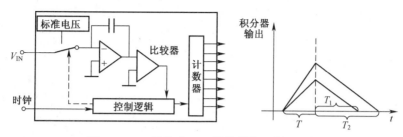

图 10-3　双积分式 A/D 转换器的工作原理图

5. A/D 转换器 ADC0832

A/D 转换器的种类非常多,本项目以具有串行接口的 ADC0832 为例来介绍 A/D 转换器的使用方法。ADC0832 芯片是由美国国家半导体公司生产的一种 8 位分辨率、双通道 A/D 转换芯片,具有体积小、兼容性强、性价比高等优点,应用非常广泛。

ADC0832 是 8 引脚双列直插式双通道 A/D 转换器,引脚排列如图 10-4 所示。它能分别对两路模拟信号实现 A/D 转换,可以在单端输入方式和差分输入方式下工作。

ADC0832 各引脚说明如下:

$\overline{CS}$:片选端,低电平时选中芯片。

CH0:模拟输入通道 0。

CH1:模拟输入通道 1。

GND:接地端。

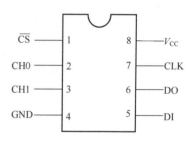

图 10-4　ADC0832 的引脚排列

DI:数据信号输入,选择通道控制。

DO:数据信号输出,转换数据输出。

CLK:时钟输入端。

V_{CC}:电源输入端。

6. ADC0832 的控制原理

ADC0832 的工作时序如图 10-5 所示。当 ADC0832 未工作时,必须将片选端$\overline{CS}$置于高电平。此时,芯片禁用。当要进行 A/D 转换时,应将片选端$\overline{CS}$置于低电平并保持到转换结束。芯片开始工作后,还须让单片机向芯片的 CLK 端输入时钟脉冲,在第 1 个时钟脉冲的下降沿之前 DI 端的信号必须是高电平,表示起始信号。在第 2 个时钟脉冲和第 3 个时钟脉冲的下降沿之前 DI 端则应输入 2 位数据用于选择通道功能。

当 DI 依次输入 1、0 时,只对 CH0 通道进行单通道转换。

当 DI 依次输入 1、1 时,只对 CH1 通道进行单通道转换。

当 DI 依次输入 0、0 时,将 CH0 作为正输入端"IN+",CH1 作为负输入端"IN-";

当 DI 依次输入 0、1 时,将 CH0 作为负输入端"IN-",CH1 作为正输入端"IN+"。

在第 3 个时钟脉冲下降沿后,DI 端的输入电平就失去了作用,此后数据输出端 DO 开始输出转换后的数据。在第 4 个时钟脉冲的下降沿输出转换后数据的最高位,直到第 11 个时钟脉冲下降沿输出数据的最低位。至此,1 字节的数据输出完成。然后,从此位开始输出下一个相反字节的数据,即从第 11 个时钟脉冲的下降沿输出数据的最低位,直到第 19 个时钟脉冲数据输出完成,也标志着一次 A/D 转换完成。后一相反字节的 8 个数据位作为检验位使用,一般只读出第 1 个字节的前 8 个数据位即能满足要求。对于后 8 位数据,可以让片选端$\overline{CS}$置于高电平而将其丢弃。

正常情况下,ADC0832 与单片机的接口应为 4 条数据线,分别是$\overline{CS}$、CLK、DO、DI。但由于 DO 和 DI 两个端口在通信时并未同时使用,而是先由 DI 端口输入 2 位数据(0 或 1)来选择通道控制,再由 DO 端口输出数据。因此,在 I/O 口资源紧张时,可以将 DO 和 DI 并联在一根数据线上使用。

作为单通道模拟信号输入时,ADC0832 的输入电压 V_I 范围为 0~5 V。当输入电压 $V_I=0$ 时,转换后的值 VAL=0x00;而当 $V_I=5$ V 时,转换后的值 VAL=0xff,即十进制数 255。所以,转换后的输出值(数字量 D)为

$$D = \frac{255}{5} \times V = 51\ V$$

式中,D 为转换后的数字;V 为输入的模拟电压。

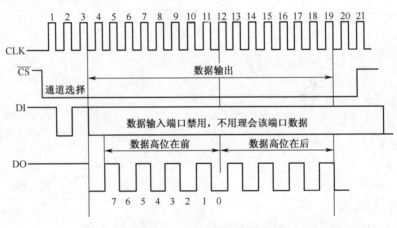

图 10-5　ADC0832 的工作时序

二、数/模(D/A)转换器件的基本知识

单片机在执行内部程序后,往往要向外部受控部件输出控制信号,但它输出的信号是数字量,而大多数受控部件只能接收模拟量,这就需要在单片机的输出端加上 D/A 转换器,将数字量转换成模拟量。

1.D/A 转换器 DAC0832

D/A 转换器的种类非常多,本任务以应用较多的 DAC0832 为例来介绍 D/A 转换器的使用方法。DAC0832 是一个 8 位分辨率的双列直插式 D/A 转换器,引脚排列如图 10-6 所示。

DAC0832 各引脚功能说明如下:

DI0~DI7:8 位数据输入端,TTL 电平,有效时间大于 90 ns。

ILE:数据锁存允许信号输入端,高电平有效。

$\overline{CS}$:片选信号输入端,低电平有效。

$\overline{WR1}$:输入锁存器写信号选通信号输入端。

$\overline{XFER}$:数据传送控制信号输入端,低电平有效。

$\overline{WR2}$:DAC 寄存器写信号选通信号输入端。

Iout1:模拟电流输出端 1,当 DI0~DI7 端都为"1"时,Iout1 最大。

Iout2:模拟电流输出端2,该端的电阻值与 Iout1 之和为一常数,即 Iout1 最大时它的值最小。一般在单极性输出时,Iout2 接地;在双极性输出时,Iout2 接运算放大器。

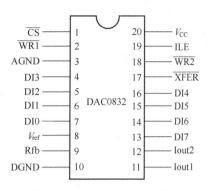

图 10-6　DAC0832 的引脚排列

Rfb:反馈信号输入端,芯片内已有反馈电阻。

V_{CC}:电源输入端,可接+5~+10 V 电压。

V_{ref}:基准电压输入端,可接-5~-10 V 电压,它决定了 D/A 转换器输出电压的范围。

AGND:模拟信号地,它是工作电源和基准电源的参考地。

DGND:数字信号地,它是工作电源地和数字电路地。

2.DAC0832 的使用

在只要求有一路模拟量输出或几路模拟量不需要同时输出的场合,DAC0832 和 MCS-51 单片机的接口电路如图 10-7 所示。图 10-7 中,V_{CC}、ILE 并联于+5 V 电源,$\overline{WR1}$、$\overline{WR2}$并联

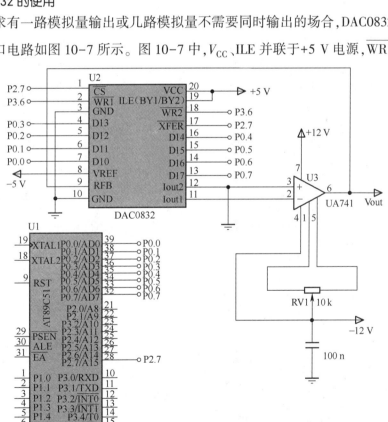

图 10-7　DAC0832 与 MCS-51 系列单片机的接口电路

于单片机的 P3.6 引脚；$\overline{CS}$、$\overline{XFER}$ 并联于单片机的 P2.7 引脚（片选端）。此时，使 DAC0832 相当于一个单片机外部扩展的存储器，地址为 7FFFH。只要采用对片外存储器寻址的方法将数据写入该地址，DAC0832 就会自动开始 D/A 转换。

（1）选中 DAC0832。单片机通过 P2.7 送出一个低电平到 DAC0832 的 $\overline{CS}$ 和 $\overline{XFER}$ 引脚，由 P3.6 引脚送低电平到 $\overline{WR1}$ 和 $\overline{WR2}$ 引脚，DAC0832 就被选中。

（2）向 DAC0832 输入数据。单片机通过 P0 口向 DAC0832 输入 8 位数据。

（3）DAC0832 对送来的数据进行 D/A 转换，并从 Iout1 端输出信号电流。

DAC0832 的输出是电流型的，但实际应用中往往需要的是电压输出信号，所以电路中需要采用运算放大器 UA741 来实现电流-电压转换。输出电压值为

$$V_O = -D \times \frac{V_{ref}}{255}$$

式中，D 为输出的数据字节，取值范围为 $0 \sim 255$；V_{ref} 为基准电压。所以，只要改变输入 DAC0832 的数字量，输出的电压就会发生变化。

项目实施

【技能训练 10.1】 利用 ADC0832 设计一个 5 V 直流数字电压表并通过 1602 型 LCD 显示出来

利用 ADC0832 设计一个 5 V 直流数字电压表。要求将输入的直流电压转换成数字信号后，通过 1602 型 LCD 显示出来。采用的接口电路原理图及其仿真效果图如图 10-8 所示（本训练仿真图 10-8 中的电源电压为 7.2 V，经串联分压后的输入电压为 3.6 V）。

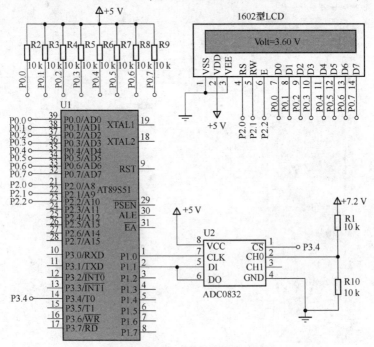

图 10-8　数字电压表的接口电路原理及仿真效果图

1. 实现方法

（1）ADC0832 的启动。首先将 ADC0832 的片选端口 $\overline{\text{CS}}$ 接地（置低电平"0"），然后在第 1 个时钟脉冲下降沿之前将 DI 端置为高电平即可启动 ADC0832。

（2）通道选择的实现。本训练选 CH0 作为模拟信号输入的通道。根据协议，DI 在第 2 个时钟脉冲和第 3 个时钟脉冲的下降沿之前应分别输入 1 和 0。因为数据输入端 DI 与数据输出端 DO 并不同时使用，所以将它们并联在一根数据线（P1.1）上使用。

（3）软件流程图。本训练的软件流程图如图 10-9 所示。

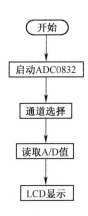

图 10-9　软件流程图

2. 利用 ADC0832 设计一个 5 V 直流数字电压表并通过 1602 型 LCD 显示出来的程序设计

先建立文件夹"ex10.1"，然后建立"ex10.1"工程项目，最后建立源程序文件"ex10.1.c"，输入如下源程序：

```
//技能训练 10.1:利用 ADC0832 设计一个 5 V 直流数字电压表并通过 1602 型 LCD 显示出来
#include<reg51.h>              //包含单片机寄存器的头文件
#include<intrins.h>            //包含_nop_()函数定义的头文件
sbit CS=P3^4;                  //将 CS 位定义为 P3.4 引脚
sbit CLK=P1^0;                 //将 CLK 位定义为 P1.0 引脚
sbit DIO=P1^1;                 //将 DIO 位定义为 P1.1 引脚
unsigned char code digit[10]={"0123456789"};    //定义字符数组显示数字
unsigned char code Str[]={"Volt="};             //说明显示的是电压
/* * * * * * * * * * * * * * * * * * * * * * * * * * * * * * * * * *
以下是对液晶模块的操作程序
 * * * * * * * * * * * * * * * * * * * * * * * * * * * * * * * * * */
sbit RS=P2^0;                  //寄存器选择位,将 RS 位定义为 P2.0 引脚
sbit RW=P2^1;                  //读写选择位,将 RW 位定义为 P2.1 引脚
sbit E=P2^2;                   //使能信号位,将 E 位定义为 P2.2 引脚
sbit BF=P0^7;                  //忙碌标志位,,将 BF 位定义为 P0.7 引脚
/* * * * * * * * * * * * * * * * * * * * * * * * * * * * * * * * * *
函数功能:延时 1ms
```

$(3j+2)*i=(3\times33+2)\times10=1010(\mu s)$，可以认为是 1 ms

```
 * * * * * * * * * * * * * * * * * * * * * * * * * * * * * * * * * * */
void delay1ms()
{
    unsigned char i,j;
    for(i=0;i<10;i++)
    for(j=0;j<33;j++)
        ;
}
/* * * * * * * * * * * * * * * * * * * * * * * * * * * * * * * * * *
```
函数功能:延时若干毫秒
入口参数:n
```
 * * * * * * * * * * * * * * * * * * * * * * * * * * * * * * * * * * */
void delaynms(unsigned char n)
{
    unsigned char i;
    for(i=0;i<n;i++)
    delay1ms();
}
/* * * * * * * * * * * * * * * * * * * * * * * * * * * * * * * * * *
```
函数功能:判断液晶模块的忙碌状态
返回值:result。result=1,忙碌;result=0,不忙
```
 * * * * * * * * * * * * * * * * * * * * * * * * * * * * * * * * * * */
bit BusyTest(void)
{
  bit result;
  RS=0;               //根据规定,RS为低电平,RW为高电平时,可以读状态
  RW=1;
  E=1;                //E=1,才允许读写
  _nop_();            //空操作
  _nop_();
  _nop_();
  _nop_();            //空操作4个机器周期,给硬件反应时间
  result=BF;          //将忙碌标志电平赋给result
  E=0;                //将E恢复低电平
  return result;
}
  /* * * * * * * * * * * * * * * * * * * * * * * * * * * * * * * * *
```
函数功能:将模式设置指令或显示地址写入液晶模块
入口参数:dictate
```
 * * * * * * * * * * * * * * * * * * * * * * * * * * * * * * * * * */
void WriteInstruction (unsigned char dictate)
{
```

```
    while(BusyTest( )= =1);        //如果忙就等待
    RS=0;                          //根据规定,RS 和 RW 同时为低电平时,可以写入指令
    RW=0;
    E=0;                           //E 置低电平,根据表 5-2,写指令时,E 为高脉冲,
                                   //就是让 E 从 0 到 1 发生正跳变,所以应先置"0"
    _nop_( );
    _nop_( );                      //空操作 2 个机器周期,给硬件反应时间
    P0=dictate;                    //将数据送入 P0 口,即写入指令或地址
    _nop_( );
    _nop_( );
    _nop_( );
    _nop_( );                      //空操作 4 个机器周期,给硬件反应时间
    E=1;                           //E 置高电平
    _nop_( );
    _nop_( );
    _nop_( );
    _nop_( );                      //空操作 4 个机器周期,给硬件反应时间
    E=0;                           //当 E 由高电平跳变成低电平时,液晶模块开始执行命令
}
/* * * * * * * * * * * * * * * * * * * * * * * * * * * * * * * * * *
函数功能:指定字符显示的实际地址
入口参数:x
* * * * * * * * * * * * * * * * * * * * * * * * * * * * * * * * * */
void WriteAddress(unsigned char x)
{
    WriteInstruction(x|0x80);      //显示位置的确定方法规定为"80H+地址码 x"
}
/* * * * * * * * * * * * * * * * * * * * * * * * * * * * * * * * * *
函数功能:将数据(字符的标准 ASCII 码)写入液晶模块
入口参数:y(为字符常量)
* * * * * * * * * * * * * * * * * * * * * * * * * * * * * * * * * */
void WriteData(unsigned char y)
{
    while(BusyTest( )= =1);
    RS=1;                          //RS 为高电平,RW 为低电平时,可以写入数据
    RW=0;
    E=0;                           //E 置低电平,根据表 5-2,写指令时,E 为高脉冲,
                                   //就是让 E 从 0 到 1 发生正跳变,所以应先置"0"
    P0=y;                          //将数据送入 P0 口,即将数据写入液晶模块
    _nop_( );
    _nop_( );
    _nop_( );
```

```
        _nop_();                    //空操作 4 个机器周期,给硬件反应时间
        E = 1;                      //E 置高电平
        _nop_();
        _nop_();
        _nop_();
        _nop_();                    //空操作 4 个机器周期,给硬件反应时间
        E = 0;                      //当 E 由高电平跳变成低电平时,液晶模块开始执行命令
}
/* * * * * * * * * * * * * * * * * * * * * * * * * * * * * * * * * * *
函数功能:对 LCD 的显示模式进行初始化设置
* * * * * * * * * * * * * * * * * * * * * * * * * * * * * * * * * * */
void LcdInitiate(void)
{
    delaynms(15);                   //延时 15 ms,首次写指令时应给 LCD 一段较长的反应时间
    WriteInstruction(0x38);         //显示模式设置:16×2 显示,5×7 点阵,8 位数据接口
    delaynms(5);                    //延时 5 ms,给硬件一段反应时间
    WriteInstruction(0x38);
    delaynms(5);                    //延时 5 ms,给硬件一段反应时间
    WriteInstruction(0x38);         //连续 3 次,确保初始化成功
    delaynms(5);                    //延时 5 ms,给硬件一段反应时间
    WriteInstruction(0x0c);         //显示模式设置:显示开,无光标,光标不闪烁
    delaynms(5);                    //延时 5 ms,给硬件一段反应时间
    WriteInstruction(0x06);         //显示模式设置:光标右移,字符不移
    delaynms(5);                    //延时 5 ms,给硬件一段反应时间
    WriteInstruction(0x01);         //清屏幕指令,将以前的显示内容清除
    delaynms(5);                    //延时 5 ms,给硬件一段反应时间
}
/* * * * * * * * * * * * * * * * * * * * * * * * * * * * * * * * * * *
以下是电压显示的说明
* * * * * * * * * * * * * * * * * * * * * * * * * * * * * * * * * * */
/* * * * * * * * * * * * * * * * * * * * * * * * * * * * * * * * * * *
函数功能:显示电压符号
* * * * * * * * * * * * * * * * * * * * * * * * * * * * * * * * * * */
void display_volt(void)
{
    unsigned char i;
    WriteAddress(0x03);             //写显示地址,将在第 2 行第 1 列开始显示
    i = 0;                          //从第一个字符开始显示
    while(Str[i] != '\0');          //只要没有写到结束标志,就继续写
    {
        WriteData(Str[i]);          //将字符常量写入 LCD
        i++;                        //指向下一个字符
```

```
    }
}
/* * * * * * * * * * * * * * * * * * * * * * * * * * * * * * * * * * * * *
```
函数功能:显示电压的小数点
```
 * * * * * * * * * * * * * * * * * * * * * * * * * * * * * * * * * * * * * /
void display_dot(void)
{
  WriteAddress(0x09);          //写显示地址,将在第 1 行第 10 列开始显示
  WriteData('.');             //将小数点的字符常量写入 LCD
}
/* * * * * * * * * * * * * * * * * * * * * * * * * * * * * * * * * * * * *
```
函数功能:显示电压的单位(V)
```
 * * * * * * * * * * * * * * * * * * * * * * * * * * * * * * * * * * * * * /
void display_V(void)
{
  WriteAddress(0x0c);          //写显示地址,将在第 2 行第 13 列开始显示
  WriteData('V');             //将字符常量写入 LCD
}
/* * * * * * * * * * * * * * * * * * * * * * * * * * * * * * * * * * * * *
```
函数功能:显示电压的整数部分

入口参数:x
```
 * * * * * * * * * * * * * * * * * * * * * * * * * * * * * * * * * * * * * /
void display1(unsigned char x)
{
  WriteAddress(0x08);          //写显示地址,将在第 2 行第 7 列开始显示
  WriteData(digit[x]);         //将百位数字的字符常量写入 LCD
}
/* * * * * * * * * * * * * * * * * * * * * * * * * * * * * * * * * * * * *
```
函数功能:显示电压的小数数部分

入口参数:x
```
 * * * * * * * * * * * * * * * * * * * * * * * * * * * * * * * * * * * * * /
void display2(unsigned char x)
{
  unsigned char i,j;
  i = x/10;                    //取十位(小数点后第 1 位)
  j = x%10;                    //取个位(小数点后第 2 位)
  WriteAddress(0x0a);          //写显示地址,将在第 1 行第 11 列开始显示
  WriteData(digit[i]);         //将小数部分的第 1 位数字字符常量写入 LCD
  WriteData(digit[j]);         //将小数部分的第 1 位数字字符常量写入 LCD
}
/* * * * * * * * * * * * * * * * * * * * * * * * * * * * * * * * * * * * *
```
函数功能:将模拟信号转换成数字信号

```
            * * * * * * * * * * * * * * * * * * * * * * * * * * * * * * * * * * * * * */
unsigned char   A_D()
{
  unsigned char i,dat;
   CS=1;                         //一个转换周期开始
   CLK=0;                        //为第1个时钟脉冲做准备
   CS=0;                         //CS置0,片选有效
   DIO=1;                        //DIO置1,规定的起始信号
   CLK=1;                        //第1个时钟脉冲
   CLK=0;                        //第1个时钟脉冲的下降沿,此前DIO必须是高电平
   DIO=1;                        //DIO置1,通道选择信号
   CLK=1;                        //第2个时钟脉冲,第2个时钟脉冲和第3个时钟脉冲下降沿之
                                 //前,DI必须输入2位数据用于选择通道,这里选通道CH0
   CLK=0;                        //第2个时钟脉冲下降沿
   DIO=0;                        //DI置0,选择通道CH0
   CLK=1;                        //第3个时钟脉冲
   CLK=0;                        //第3个时钟脉冲下降沿
   DIO=1;                        //第3个时钟脉冲下降沿之后,输入端DIO失去作用,应置1
   CLK=1;                        //第4个时钟脉冲
   for(i=0;i<8;i++)              //高位在前
     {
       CLK=1;                    //第4个时钟脉冲
       CLK=0;
       dat<<=1;                  //将下面存储的低位数据向右移
       dat|=(unsigned char)DIO;  //将输出数据DIO通过"或"运算存储在dat最低位
     }
     CS=1;                       //片选无效
return dat;                      //将读取的数据返回
}
/* * * * * * * * * * * * * * * * * * * * * * * * * * * * * * * * * * * * * * *
函数功能:主函数
* * * * * * * * * * * * * * * * * * * * * * * * * * * * * * * * * * * * * * * */
Void main(void)
{
  unsigned int AD_val;          //存储A/D转换后的值
  unsigned char Int,Dec;        //分别存储转换后的整数部分与小数部分
  LcdInitiate();                //将液晶初始化
  delaynms(5);                  //延时5 ms,给硬件一段反应时间
  display_volt();               //显示电压说明
  display_dot();                //显示电压的小数点
  display_V();                  //显示电压的单位
  while(1)
```

```
        {
    AD_val = A_D( );                //进行 A/D 转换
    Int =(AD_val)/51;               //计算整数部分
    Dec =(AD_val%51)*100/51;        //计算小数部分
    display1(Int);                  //显示整数部分
    display2(Dec);                  //显示小数部分
    delaynms(250);                  //延时 250 ms
        }
    }
```

3. 利用 Proteus 仿真软件仿真

经 Keil C51 软件编译通过后,可利用 Proteus 仿真软件进行仿真。在 Proteus ISIS 编辑环境中绘制仿真电路图,或者打开计算机中的"仿真训练\项目 10\ex10.1"文件夹内的"ex10.1. DSN"仿真原理图文件,将编译好的"ex10.1. hex"文件载入 AT89C51。启动仿真,即可以看到液晶屏幕上显示出"Volt = 3.60 V",这与输入电压(7.2 V)经串联分压的输入电压(3.6 V)一致,表明软硬件的设计正确。

4. 采用实验板试验

程序仿真无误后,将"ex10.1"的文件夹中的"ex10.1. hex"文件烧录入 AT89C51 芯片中,再将烧录好的单片机插入实验板,通电运行即可看到和仿真类似的试验结果。

【技能训练 10.2】　利用 DAC0832 将数字信号转换为 0~+5 V 的锯齿波电压

用 DAC0832 将数字信号转换为 0~+5 V 的锯齿波电压,采用的电路原理图如图 10-9 所示。

1. 实现方法

如果要使 DAC0832 输出电压是逐渐上升的锯齿波,只要让单片机从 P0.0~P0.7 引脚输出不断增大的数据即可。由于 DAC0832 相当于片外存储器,因此可以采用由"ABSACC. H"头文件所定义的指令"XBYTE[unsigned int]"来实现对 DAC0832 的寻址。例如,下列指令可在外部存储器区域访问地址 0x000F:

```
xval = XBYTE[0x000F];           //将地址"0x000F"中的数据取出送给 xval
XBYTE[0x000F] = 0xA8;           //将数据"0xA8"送入地址"0x000F"
```

2. 利用 DAC0832 将数字信号转换为 0~+5 V 的锯齿波电压的程序设计

先建立文件夹"ex10.2",然后建立"ex10.2"工程项目,最后建立源程序文件"ex10.2. c",输入如下源程序:

```
//技能训练 10.2:利用 DAC0832 将数字信号转换为 0~+5 V 的锯齿波电压
#include<reg51.h>             //包含单片机寄存器的头文件
#include<absacc.h>            //包含对片外存储器地址进行操作的头文件
sbit CS = P2^7;               //将 CS 位定义为 P2.7 引脚
sbit WR12 = P3^6;             //将 WR12 位定义为 P3.6 引脚
void main(void)
{
  unsigned char i;
  CS = 0;                     //输出低电平以选中 DAC0832
```

```
    WR12 = 0;                    //输出低电平以选中 DAC0832
  while(1)
    {
      for(i = 0;i<255;i++)
      XBYTE[0x7fff] = i;         //将数据 i 送入片外地址 07FFFH,实际上就是通过 P0 口将数据送
                                 //入 DAC0832
    }
}
```

3. 利用 Proteus 仿真软件仿真

经 Keil C51 软件编译通过后,可利用 Proteus 仿真软件进行仿真。在 Proteus ISIS 编辑环境中绘制仿真电路图,或者打开计算机中的"仿真训练\项目 10\ex10.2"文件夹内的"ex10.2.DSN"仿真原理图文件,将编译好的"ex10.2.hex"文件载入 AT89C51。最后将示波器连接在输出端,启动仿真后再将示波器的电压幅值设置为 1V/格;分辨率设置为 0.5 ms/格,即可以看到锯齿波电压输出。

用如下语句修改源程序:

```
XBYTE[0x7fff] = 100;   //将数据 100 送入片外地址 07FFFH
```

即将源程序的输入值修改为 100,重新编译,再将修改后的"ex10.2.hex"文件烧录入 AT89C51 芯片中,然后将芯片插入实验板。通电运行,如果万用表测得的电压在 1.96 V 左右,则表明转换结果正确。

4. 采用实验板试验

在没有示波器的情况下,分析 D/A 转换结果是否正确,可采用万用表检测电压的方法来验证转换效果。例如,当输入 DAC0832 的值 D 为 100 时,输出电压 V_0 应为$-100 \times (-5 \text{ V})/255 = 1.96$ V。

自我测试

10-1 A/D 转换和 D/A 转换器的作用分别是什么? 各在什么场合下使用?

10-2 D/A 转换器的主要性能指标有哪些? 设某 DAC 有二进制 14 位,满量程模拟输出电压 10 V,试问它的分辨率和转换精度各为多少?

10-3 决定 ADC0832 模拟电压输入路数的引脚有哪几条?

10-4 简述 ADC0832 的特性。

10-5 ADC0832 的时钟如何提供? 通常采用的频率是多少?

10-6 简述 DAC0832 的用途和特性。

10-7 DAC0832 和 MCS-51 单片机接口时有哪 3 种工作方式? 各有什么特点? 适合在什么场合下使用?

10-8 试编程输出 10 kHz 的方波和三角波。

附录 A 图形符号对照表

图形符号对照表见表 A-1。

表 A-1 图形符号对照表

序 号	名 称	国家标准的画法	软件中的画法
1	电容器		
2	晶振		
3	发光二极管		
4	按钮开关		
5	或非门		

参 考 文 献

[1] 白炽贵,余明飞,罗永.单片机C语言案例教程[M].北京:电子工业出版社,2011.

[2] 李珍,袁秀英,等.单片机习题与实验教程[M].北京:北京航空航天大学出版社,2006.

[3] 李雅轩,等.单片机实训教程[M].北京:北京航空航天大学出版社,2006.

[4] 何立民.单片机高级教程[M].北京:北京航空航天大学出版社,2000.

[5] 李全利.单片机原理及应用技术[M].北京:高等教育出版社,2004.

[6] 徐江海.单片机实用教程[M].北京:机械工业出版社,2006.

[7] 胡汉才.单片机原理及其接口技术[M].北京:清华大学出版社,2004.

[8] 浙江天煌与江苏财经职业技术学院共同研发的单片机实验手册,2005.

[9] 赵俊生.单片机技术项目化基础与实训[M].北京:电子工业出版社,2009.

[10] 王东锋,陈园园,郭向阳.单片机C语言应用100例[M].北京:电子工业出版社,2010.

[11] 赵俊生.单片机技术应用与实训[M].北京:国防工业出版社,2014.